# Konstruktionsbücher

Herausgegeben von Professor Dr.-Ing. G. Pahl

Band 34

S. Winkelmann · H. Harmuth

# Schaltbare Reibkupplungen

Grundlagen, Eigenschaften, Konstruktionen

Springer-Verlag Berlin Heidelberg GmbH 1985

Ing. (grad.) Siegfried Winkelmann

Oberingenieur, Leiter der Konstruktions-Abteilung
für Kupplungen und Werkzeugmaschinen-Getriebe
Zahnradfabrik Friedrichshafen AG, Friedrichshafen

Dipl.-Ing. Harry Harmuth

Oberingenieur, Leiter der Abteilung
Technische Kundenberatung Kupplungen
Fichtel & Sachs AG, Schweinfurt

Dr.-Ing. Gerhard Pahl

Professor, Fachgebiet Maschinenelemente und Konstruktionslehre
der Technischen Hochschule Darmstadt

CIP-Kurztitelaufnahme der Deutschen Bibliothek
Winkelmann, Siegfried: Schaltbare Reibkupplungen: Grundlagen, Eigenschaften, Konstruktionen
S. Winkelmann; H. Harmuth.
Berlin; Heidelberg; New York; Tokyo: Springer, 1985.
(Konstruktionsbücher; Bd. 34)
ISBN 978-3-540-13755-9      ISBN 978-3-642-82363-3 (eBook)
DOI 10.1007/978-3-642-82363-3
NE: Harmuth, Harry; GT



3020/2362 543210

# Vorwort

Dieses Buch wurde von zwei erfahrenen Praktikern aus der kupplungsherstellenden Industrie geschrieben. Die Darstellungsform des gebrachten Stoffes, die Zeichnungen und die Sprachausdrücke entsprechen daher vorrangig denen in der Industrie. Es ist naheliegend, daß dieses Buch Betriebs- und Versuchsingenieure sowie Konstrukteure besonders ansprechen wird. Die beiden Autoren haben sich aber bemüht, die manchmal komplizierte Materie auch in einer allen anderen Technikern, Studenten, Schülern und interessierten Nichtfachleuten zusagenden, leicht verständlichen Form darzulegen. Diesem Ziel dienen auch die zahlreichen einfach gehaltenen Ableitungen bei den Berechnungen.

Das Gebiet der schaltbaren Reibkupplungen erwies sich als zu vielgestaltig, um von einem Autor allein abgehandelt werden zu können. Die Grundlagen, von der Berechnung des Drehmomentes bis zur thermischen Auslegung, sind für alle Reibkupplungen in gleicher Weise gültig, sowohl bei Anwendungen im allgemeinen Maschinenbau als auch im Kraftfahrzeugbau. Die Kraftfahrzeugkupplungen stellen ansonsten durch ihre artspezifischen Anforderungen und durch sehr große Fertigungsstückzahlen heute ein eigenes, klar abgegrenztes Fachgebiet dar. Auch auf ihm wird nicht nur von den Herstellerfirmen, sondern auch von Hochschulinstituten eine bedeutende und das Gesamtgebiet der Reibkupplungen befruchtende forschende Entwicklung getrieben. Dieser Tatsache Rechnung tragend erfolgte die Stoffaufteilung unter den beiden Autoren dieses Buches so, daß Herr Winkelmann, Zahnradfabrik Friedrichshafen AG, die Bearbeitung der Kapitel 1 bis 6 und 11 übernahm, während Herr Harmuth, Fichtel & Sachs AG, die kraftfahrzeugbezogenen Kapitel 7 bis 10 schrieb.

Beide Autoren haben dem VDI-Ausschuß „Wellenkupplungen" angehört, der in mehreren Jahren die VDI-Richtlinie 2241 „Schaltbare fremdbetätigte Reibkupplungen und -bremsen" erarbeitete. Auch dadurch und durch den dortigen regen Gedankenaustausch ist gewährleistet, daß sowohl der heutige Stand der Technik als auch die in der VDI-Richtlinie getroffenen Festlegungen in diesem Werk voll berücksichtigt sind.

Das vorliegende Buch setzt keine besonderen Fachkenntnisse voraus, doch wird der Branchenkundige aus manchen Hinweisen einen ungleich höheren Nutzen ziehen als der nicht mit den Problemen Vertraute. Diese Tatsache ist zwar unvermeidbar, doch hoffen die Autoren, durch die gewählte, einfache Darlegungsform die Differenz möglichst klein zu halten.

Der recht umfangreiche Stoff kann auf mannigfaltige Weise gegliedert werden. Die Schreiber dieses Buches haben sich nach einigen Überlegungen für die vorliegende Einteilung als die praxisgerechteste entschieden. Das schnelle Auffinden eines den eiligen Leser interessierenden Abschnittes erleichtert das angeschlossene Sachverzeichnis. Ein bewußt ausführlich gehaltenes Literaturverzeichnis soll vor allem Anreize zur Vertiefung geben.

Danken möchten die Autoren vor allem den sie beschäftigenden Firmen für die Zustimmung zum Schreiben dieses Buches, für die Unterstützung durch das Zurverfügungstellen der Hilfskräfte, der zahlreichen Unterlagen und für die Genehmigung zur Veröffentlichung vieler Tatsachen, Zahlen und Werte, die bislang als Firmengeheimnis gehütet waren. Besonderen Dank gebührt Herrn Prof. Dr. G. Pahl als Initiator, ohne den dieses Buch nicht entstanden wäre. Auch dem Verlag danken die Autoren für die gute Beratung und sorgfältige Ausführung.

Die Autoren dieses Buches erkannten im Laufe ihrer praktischen Tätigkeit, wie oberflächlich häufig das Wissen über Reibkupplungen und ihren Einsatz ist. Sie möchten daher allen, die auf diesem Fachgebiet Information, Hilfe und Rat suchen, mit dieser ihrer Arbeit helfen. Wenn das gelingt, hat sich für sie die Mühe gelohnt.

Schweinfurt und Friedrichshafen,                         H. Harmuth · S. Winkelmann
im Sommer 1984

# Inhaltsverzeichnis

# Verwendete Formelzeichen

| | | | | |
|---|---|---|---|---|
| $A$ | Fläche | | $P$ | Leistung |
| $B$ | magnetische Induktion | | $Q$ | Schaltarbeit |
| $D$ | Durchmesser | | $R$ | Radius |
| $F$ | Kraft | | $S_\mathrm{h}$ | Schalthäufigkeit |
| $H$ | magnetische Feldstärke | | $S_\mathrm{h\ddot{u}}$ | Übergangsschalthäufigkeit |
| $I$ | Stromstärke | | $T$ | Zeit |
| $J$ | Trägheitsmoment | | $V$ | Volumen |
| $L$ | Lebensdauer | | $W$ | Arbeit |
| $M$ | Drehmoment | | | |

| | | | | |
|---|---|---|---|---|
| $a$ | Temperaturleitzahl | | $n$ | Drehzahl |
| $b$ | Beschleunigung | | $p$ | Flächenpressung, |
| $c$ | spezifische Arbeit | | | Druck eines Mediums |
| $f$ | Rollwiderstandsbeiwert | | $q_\mathrm{A}$ | flächenbezogene Schaltarbeit |
| $f_\mathrm{s}$ | Abstufungsfaktor einer | | $\dot{q}_\mathrm{A}$ | flächenbezogene Schaltleistung |
| | Kupplungsbaureihe | | $r$ | Radius |
| $g$ | Erdbeschleunigung | | $r_\mathrm{m}$ | mittlerer Radius |
| $i$ | Getriebeübersetzung | | $s$ | Dicke, Spalt zwischen Lamellen |
| $k$ | Faktor | | $t$ | Zeit |
| $l$ | Länge | | $w$ | Windungszahl einer Spule |
| $m$ | Masse | | $z$ | Anzahl der Lamellen/Reibflächen |
| $m_\mathrm{K}$ | Kennwert für Drehmomentanstieg | | | |

| | | | | |
|---|---|---|---|---|
| $\alpha$ | Winkelbeschleunigung | | $\mu$ | Reibbeiwert, |
| $\alpha$ | Wärmeübergangskoeffizient | | | Gleitreibungszahl |
| $\delta$ | Schließzeitverhältnis | | $\pi$ | $= 3{,}14159\ldots$ |
| $\eta$ | dynamische Viskosität | | $\varrho$ | Radius |
| $\vartheta$ | Temperatur | | $\varphi$ | Drehwinkel |
| $\Theta$ | magnetische Durchflutung | | $\varphi_\mathrm{s}$ | Stufensprung eines Getriebes |
| $\varkappa$ | Faktor | | $\psi$ | Winkel |
| $\lambda$ | Faktor | | $\omega$ | Winkelgeschwinigkeit |

# 1 Einleitung

Im weit gespannten Bereich über alle technischen Disziplinen bezeichnet das Wort „Kupplung" ein Bauteil mit der Aufgabe, zwei oder mehrere Teile miteinander zu verbinden. Die Lehre von den Maschinenelementen sieht die Kupplung als Verbindungsglied zwischen An- und Abtrieb mit der Aufgabenstellung, ein Drehmoment zu übertragen. Die häufigste Anwendung liegt in der Wellenverbindung. Obwohl diese Beschreibung einfach erscheint, gibt es eine große Zahl von Kupplungsbauformen im Maschinenbau. Um hier eine klare Übersicht darzustellen, war eine „systematische Einteilung der Wellenkupplungen nach ihren Eigenschaften" dringend notwendig [62]. Der Gliederung in „nicht schaltbare" und „schaltbare" Kupplungen folgt bei den letzteren im Bereich der fremdbetätigten Kupplungen die zu den kraftschlüssigen Kupplungen gehörige reibschlüssige Kupplung (Bild 1.1).

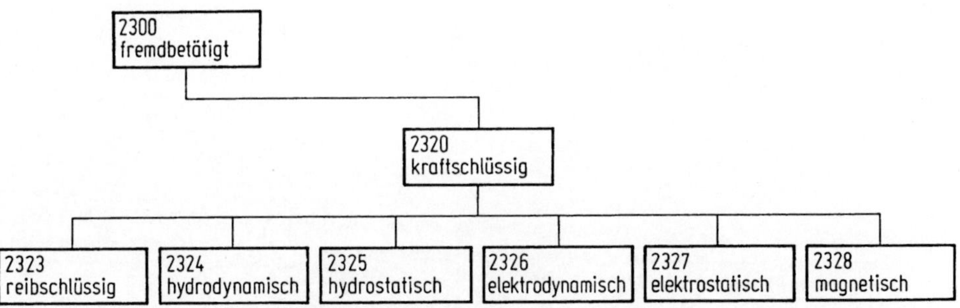

Bild 1.1. Wellenkupplungen, systematische Einteilung nach ihren Eigenschaften. Nach [62]

Dieses Bild gibt nur einen Teil der Gliederung wieder; trotzdem kann man erkennen, daß die reibschlüssigen Kupplungen, die das Thema dieses Buches darstellen, nur einen Zweig des umfangreichen Stammbaumes der Wellenkupplungen darstellen. Innerhalb des Gebietes der Reibkupplungen haben sich verschiedene Bauformen entwickelt, wovon schon Beschreibungen vorliegen [33].

Für die schaltbare fremdbetätigte Reibkupplung liegt eine Definition vor [59]: „Ein Maschinenelement zum Verknüpfen und Trennen eines Energieflusses in Form einer Drehmomentübertragung von einer Antriebswelle zu einer Abtriebswelle durch Erzeugung eines Kraftschlusses mit Hilfe gesteuerter Fremdenergie. Der Kraftschluß beruht dabei auf mechanischem Reibschluß. Die Reibbremse ist eine Reibkupplung mit der besonderen Aufgabe, die Geschwindigkeit einer bewegten Masse zu verringern, deren Bewegung zu verhindern oder ein Lastmoment zu erzeugen.

Es wird begrifflich unterschieden zwischen
Schalten:     Verknüpfen oder Trennen der Drehmomentübertragung;
Betätigen:    Erzeugen oder Aufheben einer Anpreßkraft;
Steuern:      Auslösen der Betätigung".

Das vorliegende Buch soll nicht mit der Beschreibung von Kupplungskonstruktionen beginnen, weil damit das Thema am Endergebnis einer Kette von Aktivitäten angefaßt würde. Die Konstruktionsmethodik erkennt heute, daß in technischen Systemen ein Zusammenhang besteht zwischen Funktion — Wirkprinzip — Gestaltung [28]. Die Reihenfolge der Abschnitte ist in diesem Sinne angeordnet.

Viele Praktiker haben zunehmend Schwierigkeiten, eine Reibkupplung für eine bestimmte Anwendung optimal zu dimensionieren. Das Problem ist oft nicht, eine Kupplung zu konstruieren, dazu lassen sich Erfahrungswerte erfragen und Beispiele heranziehen. Vielmehr liegt das Hindernis im Detail der Einsatzbedingungen. Längst ist es kein Geheimnis mehr, die Kupplungen neben dem Drehmoment auch nach thermischen Gesichtspunkten auszulegen. Dazu muß ermittelt werden, wie hoch die in den Reibflächen der Kupplung anfallende Energie ist. Das ist nur möglich, wenn der dynamische Gesamtvorgang, in den die Kupplung eingebunden ist, genau rechnerisch erfaßt werden kann. Hier liegt der Schlüssel, eine Kupplung hinsichtlich Bauart und Einsatzbedingungen zu optimieren. Bei den Berechnungen werden die auf Seite XI angeführten Symbole verwendet.

# 2 Grundlagen

## 2.1 Drehmoment

Eine schaltbare Kupplung ist ein Maschinenteil, das in den kraftübertragenden Wellenstrang von Maschinen eingebaut wird. Ihre Aufgabe ist das Verknüpfen und Trennen von An- und Abtrieb [59]. Die Kupplung muß die von der Maschinenwelle zugeführte Drehkraft an einen Verbraucher weiterleiten oder von diesem abtrennen.

Innerhalb des Maschinenteils Kupplung kann die Drehkraft durch die Form der in Kontakt befindlichen Bauteile oder durch eine auf sie einwirkende Kraft unter Ausnutzung von Reibung weitergeleitet werden. Im letzteren Fall spricht man von einer reibschlüssigen Kupplung. Derartige Kupplungen sind in der Lage, auch bei Differenzdrehzahlen zwischen Antriebseite und Abtriebseite den Verknüpfvorgang, das Schalten, vorzunehmen. Hierbei besteht immer ein Gleichgewicht zwischen Drehkraft am Antrieb und Abtrieb der Kupplung.

Es gilt grundsätzlich: Bei einer rutschenden (oder schlupfenden) Kupplung gleich welcher Art besteht in jedem Augenblick Gleichgewicht der Drehmomente von Antriebs- und Abtriebsseite

$$M_{\mathrm{an}} = M_{\mathrm{ab}}.$$

Eine rutschende (schlupfende) Kupplung ist kein Getriebe, obwohl der Eindruck eines stufenlosen Getriebes beim Drehzahlübergang entstehen kann.

Kennzeichen von Getrieben ist die Wandlung von Drehmoment und Drehzahl bei konstanter Leistung (ohne Verluste betrachtet):

$$M_{\mathrm{an}}n_{\mathrm{an}} = M_{\mathrm{ab}}n_{\mathrm{ab}} = \mathrm{const} \tag{2.1.1}$$

($M_{\mathrm{an}}$, $M_{\mathrm{ab}}$ Drehmomente; $n_{\mathrm{an}}$, $n_{\mathrm{ab}}$ Drehzahlen).

An der rutschenden Kupplung besteht eine Differenzdrehzahl $\Delta n$ bei Momentengleichgewicht $M_{\mathrm{an}} = M_{\mathrm{ab}} = M$:

$$Mn_{\mathrm{an}} = M(n_{\mathrm{ab}} + \Delta n),$$
$$Mn_{\mathrm{an}} = Mn_{\mathrm{ab}} + M\,\Delta n, \tag{2.1.2}$$
$$\Delta n = n_{\mathrm{an}} - n_{\mathrm{ab}}$$

bei rutschender Kupplung.

Vergleicht man die Gl. (2.1.1) der Getriebe und (2.1.2) der rutschenden Kupplung, zeigt sich für Getriebe die Leistungskonstanz; hingegen bei Kupplungen spaltet sich von der zugeführten Wellenleistung in der Rutschphase der Teil

$$M\,\Delta n = M(n_{\mathrm{an}} - n_{\mathrm{ab}})$$

ab. Erst wenn $\Delta n = 0$ ist, sind die Drehzahlen $n_{\mathrm{an}} = n_{\mathrm{ab}} = n$ und die Antriebsleistung wird verlustlos von der Kupplung übertragen. Die Leistung $M\,\Delta n$ ist bei Reibkupplungen eine während der Rutschphase auftretende Verlustleistung (Näheres s. Abschnitt 2.3).

### 2.1.1 Drehmomentaufbau während der Schaltung

Der Einschaltvorgang einer Reibkupplung zeigt charakteristische Merkmale, welche die konstruktiven Gegebenheiten der Kupplung widerspiegeln. Dazu werden Reibflächen einander bis zum Körperkontakt angenähert und zusammengepreßt. Mit den auf diese Weise entstehenden Reibkräften wird das Drehmoment der Kupplung aufgebaut.

Alle technischen Vorgänge benötigen Zeit. In der Zeit Null geht nichts. Das Oszillogramm einer durch Federkraft eingeschalteten Elektrokupplung ist in Bild 2.1 dargestellt. Bei *1* wird die von Federn belastete, aber vom inneren Haltesystem fixierte Druckplatte freigegeben. Die Zeit von *1* nach *2* vergeht für den Ablauf des Betätigungssystems der Kupplung. Bei *2* hat die Druckplatte den Weg aus der Ruhelage bis zur Reibscheibenanlage zurückgelegt. Alle Spiele sind aufgehoben. Die Federkräfte wirken nun auf die Reibkörper und das Drehmoment baut sich entsprechend der Flanke *3* auf. Außerhalb der Kupplung stellt man fest, daß sich die Drehzahl verändert (*4*).

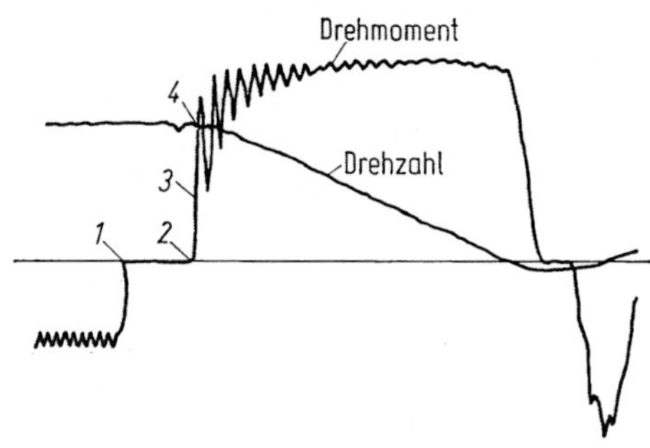


Bild 2.1. Einschaltverhalten einer federbelasteten, elektromagnetisch gelüfteten Bremse, wie Bild 6.8. (Zahnradfabrik Friedrichshafen AG).
*1* Strom abgeschaltet; siehe Text

Ähnlich ist der Ablauf bei einer mit Drucköl betätigten Kupplung (Bild 2.2). Den im Kolbenraum vorhandenen Öldruck zeigt der untere Bildteil. Zunächst schiebt der Kolben gegen die Kraft von Rückdruckfedern die Reibscheiben (Lamellen) zusammen (*1*). Der Kontakt wird härter, was sich am steigenden Öldruck darstellt (*2*). Konform hierzu steigt das Drehmoment (*3*). Die erkennbare Wirkung ist eine veränderte Drehzahl.

An der Kupplung nach Bild 2.1 erkennt man einen Übergang zum steilen Drehmomentanstieg (*2*). Hier kennzeichnet sich ein Kupplungssystem, das bezüglich der wahrnehmbaren Schaltqualität als „hart" eingestuft wird. Im Vergleich dazu zeigt die Kennlinie in Bild 2.2 im Bereich *4* die Tendenz zu einem flachen Drehmomentaufbau. Zu der „weichen" Kupplung gehört nicht nur der flache Übergang zum Drehmomentaufbau,

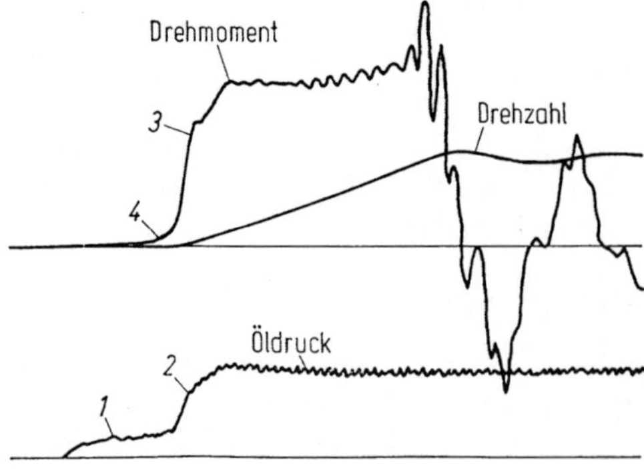


Bild 2.2. Einschaltverhalten einer hydraulisch betätigten Lamellenkupplung, wie Bild 3.6. (Zahnradfabrik Friedrichshafen AG). Siehe Text

sondern auch ein länger dauernder Anstieg im Bereich *3*. Die konstruktive Gestaltung einer Kupplung, Dimensionierung und Form der Teile sowie ihr Werkstoff, die wirkenden Kräfte, das Reibsystem, innere Hemmungen und Maß- mit Formabweichungen ergeben ein spezifisches Drehmomentverhalten. Wesentliche Merkmale sind dabei Elastizitäten und der Reibvorgang. Die Kennlinie in Bild 2.2 kann nach diesen beiden Merkmalen gelesen werden. Der Übergang *4* stellt bevorzugt Elastititäten in den Bauteilen dar, während der Anstieg *3* zu den Verhältnissen in den Reibflächen Aussagen zuläßt. Wie groß die elastischen Verformungen den Bereich *3* beeinflussen, muß man an der Kupplung durch Messungen ermitteln. Als wesentlich zeigt sich, daß für das Schaltverhalten einer Kupplung neben den wichtigen Reibverhältnissen entscheidend ist, wie ihre Bauteile angeordnet und ausgebildet sind.

Dieses Eigenverhalten der Kupplung kann beeinflußt, verändert werden. Bei gleichen Bauteilen kann zunächst die Reibpaarung (Abschnitt 5.3) ausgetauscht werden. Ebenso ergibt sich eine zum Ausgangszustand andere Kennlinie, wenn der Schmierzustand variiert wird.

Sozusagen „von außen" kann die Kupplung in ihrem Einschaltverhalten beeinflußt werden, greift man in die Betätigung ein. Die Anpreßkraft wird auf die Reibflächen in besonderer Weise aufgebracht (Abschnitt 5.2). Manchmal ist es möglich, eine Kraft-Zeit-Funktion darzustellen, um so über die Betätigung die gewünschte Drehmoment-Zeit-Funktion zu erhalten. Aus Bild 2.2 ist ersichtlich, daß dem Druckverlauf der Betätigung der Drehmomentverlauf zeitlich folgt. Zu beachten ist das oft störende Reibverhalten bei Gleitgeschwindigkeiten nahe Null. Beim Übergang auf den Reibwert der Ruhe erfolgt bei vielen Reibbelägen ein Anstieg des Reibwertes. Das führt zu Drehmomentspitzen im Übertragungssystem.

Solange die Kupplung rutscht, besteht eine Differenzdrehzahl zwischen An- und Abtrieb. Die Rutschzeit hängt auch von den zu schaltenden trägen Massen und dem belastenden Drehmoment, dem Lastmoment, ab (Abschnitt 2.2).

Das Schaltverhalten einer Kupplung unterliegt sowohl inneren (kupplungsspezifischen) als auch äußeren (An-/Abtrieb; Kraftmodulation) Einflüssen [17].

### 2.1.2 Berechnung des Drehmomentes

Das Drehmoment wird in einer Reibkupplung durch Reibkräfte erbracht. Ursache der Reibkraft ist eine Normalkraft auf in Reibkontakt befindliche Flächen. Die Reibkraft wirkt in der Ebene der Reibflächen (Abschnitt 5.3). Auf dieser physikalischen Grundlage basieren alle Reibkupplungen.

Ausgehend von der bekannten Beziehung: Drehmoment = Kraft × Hebelarm läßt sich die Gleichung für das Kupplungsdrehmoment ableiten. Bild 2.3 zeigt den prinzipiellen Aufbau einer Kupplung. Bild 2.4 stellt die Teilansicht auf eine Reibfläche dar. Auf die

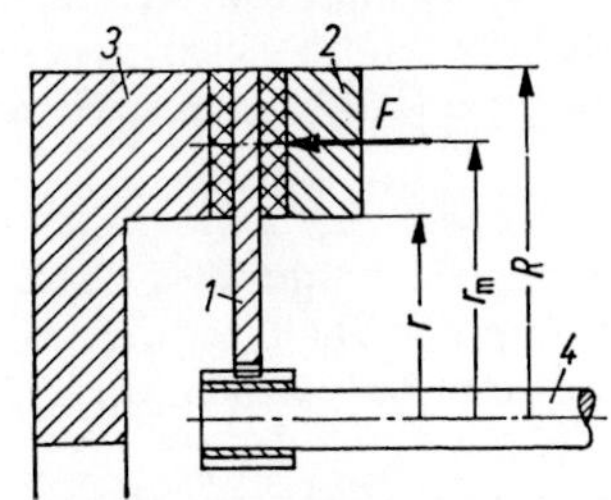

Bild 2.3

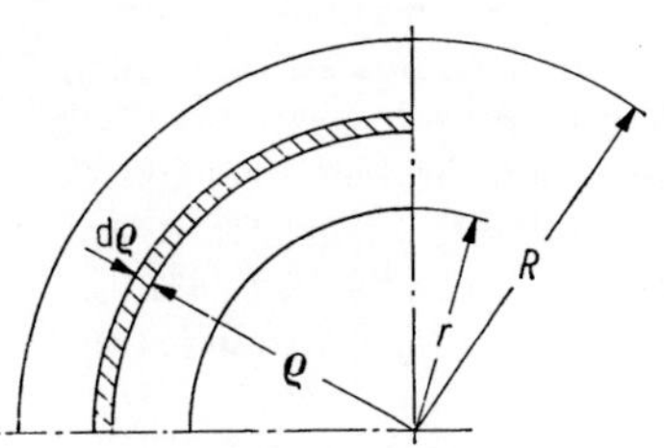

Bild 2.4

Bild 2.3. Prinzipskizze einer Kupplung
Bild 2.4. Siehe Text

Reibfläche $A_R$ wirkt eine Betätigungskraft $F$. Daraus kann die spezifische Reibflächen-pressung errechnet werden.

$$p = \frac{F}{A_R}; \quad A_R = \pi(R^2 - r^2).$$

Nun läßt sich mit dem Reibkoeffizienten $\mu$, der Reibflächenzahl $z$ und einem Radius $r_m$ das Drehmoment $M$ berechnen

$$M = F\mu z r_m = pA_R \mu z r_m. \tag{2.1.3}$$

Gemäß Bild 2.4 ist zu schreiben [7]

$$M = p\mu z 2\pi \int_r^R \varrho^2 \, d\varrho,$$

$$M = p\mu z 2\pi \left[\frac{\varrho^3}{3}\right]_r^R.$$

Werden für $p$ und $A_R$ die zuvor genannten Beziehungen eingesetzt, ergibt sich

$$M = F\mu z \frac{2}{3} \frac{R^3 - r^3}{R^2 - r^2}. \tag{2.1.4}$$

Ein Vergleich der Gl. (2.1.3) und (2.1.4) führt zur Formel für den mittleren Radius

$$r_m = \frac{2}{3} \frac{R^3 - r^3}{R^2 - r^2}.$$

Geläufiger ist

$$r_m = \frac{R + r}{2}. \tag{2.1.5}$$

Diese Form der Gleichung ist offensichtlich einfacher zu handhaben.

Üblicherweise werden die Reibflächen mit Radienverhältnissen $r/R = 0,7 \ldots 0,9$ aus-geführt. Für diese Werte ist der Unterschied der Radien $r_m$ berechnet nach beiden Gleichungen höchstens 1 %. Es ist danach zulässig, mit der vereinfachten Gl. (2.1.5) zu rechnen, wenn man gleichzeitig bedenkt, daß der Reibwert in höherem Maß streut. Somit kann geschrieben werden

$$M = F\mu z \left(\frac{R + r}{2}\right). \tag{2.1.6}$$

In dieser Gleichung sind Hinweise für konstruktive Variationen von Kupplungen enthalten.

Angenommen $F\mu z = $ const. Senkt man beispielsweise die Betätigungskraft, aus welchen Gründen ist hier unerheblich, dann muß die Zahl der Reibflächen im gleichen Verhältnis erhöht werden. In den möglichen Grenzen des Reibwertes (z.B. anderer Reibwerkstoff) kann man über diesen ebenfalls anpassen.

Weiterhin ist man in der Lage, die Faktoren $z(R + r)/2 = $ const zu verändern. Ergibt sich beispielsweise ein großer Radius $(R + r)/2$, genügt für ein bestimmtes Drehmoment eine einzige Reibfläche $z = 1$. Soll die Baugröße der Kupplung halbiert werden, evtl. aus Gründen des Achsabstandes in Getrieben, genügt es, die Reibflächenzahl auf die Anzahl $z = 2$ zu vermehren.

Nach diesen Beispielen ist es möglich, durch Austausch bzw. Variation von Faktoren nach Gl. (2.1.6) für das gleiche Drehmoment unterschiedlich gestaltete Kupplungen zu konzipieren.

Liegt die Entscheidung für eine bestimmte Bauart vor, ergibt sich die Frage, wie im Drehmoment größere oder kleinere Kupplungen des gleichen Aufbaues zu dimensionieren sind.

Ausgangsgleichung ist (2.1.6) sowie $F = pA_R$:

$$M = p\pi(R^2 - r^2)\,\mu z\left(\frac{R + r}{2}\right).$$

Setzt man $r = aR$, ergibt sich

$$M = \left[p\mu z\,\frac{\pi}{2}\,(1 - a^2)\,(1 + a)\right]R^3.$$

In einer Baureihe sollen Pressung $p$, Reibwert $\mu$, Reibflächenzahl $z$ und Radienverhältnis $a$ der Reibfläche konstant sein. Die Gleichung reduziert sich auf die Form

$$M = KR^3.$$

Innerhalb der Baureihe ist

$$K = K_1 = K_2 = \ldots K_n = p\mu z\,\frac{\pi}{2}\,(1 - a^2)\,(1 + a)$$

mit $a = r/R$.

Eine Drehmomentabstufung mit dem Faktor $f_s$ ergibt

$$f_s = \frac{M_2}{M_1} = \left(\frac{R_2}{R_1}\right)^3,$$

$$R_2 = R_1\sqrt[3]{f_s}. \tag{2.1.7}$$

Die Durchmesserabstufung einer Baureihe mit dem Drehmomentfaktor $f_s = 2$ ist danach 1,26. Hätte die Ausgangskonstruktion beispielsweise den Durchmesser 74, wären die entsprechenden Maße der Baureihe mit Drehmomentabstufung 2: 74 — 93 — 117 — 148 ... Zur Realisierung könnte die Normzahlreihe R 10 nach DIN 323 herangezogen werden.

### 2.1.3 Mechanische Verluste

Im ausgeschalteten Zustand ist bei einer Reibkupplung idealerweise kein Kontakt an den Reibflächen vorhanden. Das ist nur möglich, wenn zwischen den Kontaktstellen ein Abstand besteht. Dieser kann sehr gering sein, muß aber einen berührungsfreien Betriebszustand sicherstellen. Soll die Kupplung eingeschaltet werden, muß die Betätigungseinrichtung in Funktion gesetzt werden. Die Reibscheiben werden zunächst zueinander bewegt bis der gesamte Freigang zwischen ihnen, das Lüftspiel, aufgehoben ist. Danach können sie sich an der Druckplatte abstützen und über die Anpreßplatte wird die Kraft eingeleitet. Infolge Elastizitäten und Formabweichungen der Bauteile ergibt sich auch während der Schaltung bei rutschenden, drehmomentübertragenden Reibflächen eine weitere, wenn auch kleine Verschiebung der Reibscheiben.

Die Bilder 6.8 und 6.9 zeigen Kupplungen mit mehreren Reibscheiben; man nennt sie Lamellenkupplungen. Es gibt Innenlamellen und Außenlamellen. Die Bezeichnung richtet sich danach, wo die Lamelle geführt wird: im Innen- oder Außenteil. In der Führung kann die Lamelle axial verschoben werden und in Umfangsrichtung ergibt sich ein starrer Kontakt mit dem Führungskörper.

### 2.1.3.1 Verschiebung des Lamellenpaketes ohne Gegenkraft an der Druckplatte

Jede Lamelle hat eine Masse. Wirkt diese Masse belastend auf ihre Führungsfläche, so entsteht eine Reibkraft, wenn die Lamelle verschoben wird. Die Verschiebekraft wird über die Nachbarlamelle eingeleitet. Das bedeutet Kraftangriff an der Reibfläche. Dieser hat aber ein Drehmoment zur Folge und Stützkräfte in den Führungen, wodurch wiederum eine zusätzliche Reibkraft ausgelöst wird, wenn die Lamelle verschoben wird. Jetzt wirken in der Führung die Reibkraft aus der Masse und aus dem Reibmoment. Daraus ergibt sich eine erhöhte Anlagekraft zur nächsten Lamelle und es entsteht eine noch höhere Reibkraft in der Lamellenführung. Eine mathematische Lösung für diesen Vorgang ist bekannt [24]. Betrachtet man die letzte Lamelle, die $n$-te Lamelle einer Kupplung, dann muß die Lamelle zunächst mit der Kraft

$$F = mg\mu_{\mathrm{F}} = G_{\mathrm{n}}\mu_{\mathrm{F}}$$

verschoben werden ($m$ Lamellenmasse, $g$ Erdbeschleunigung, $G_{\mathrm{n}}$ Lamellengewichtskraft, $\mu_{\mathrm{F}}$ Reibwert der Lamellenführung).

Die Verschiebekraft wird von der nächsten Lamelle, der Lamelle $(n-1)$, aufgebracht. Sie greift am mittleren Reibradius $r_{\mathrm{m}}$ an (Bild 2.5). Daraus entsteht das Reibmoment $M_{\mathrm{n}} = F\mu r_{\mathrm{m}}$. Der Reibwert der Reibpaarung ist $\mu$. Dieses Reibmoment verlangt eine Stützkraft in der Lamellenführung und daraus entsteht, soll die Lamelle verschoben werden, eine zusätzliche Hemmkraft.

Die Verschiebekraft ist nun:

$$F' = F + \frac{M_{\mathrm{n}}}{r_{\mathrm{i}}}\mu_{\mathrm{F}} = G_{\mathrm{n}}\mu_{\mathrm{F}}\left(\left(1 + \mu\mu_{\mathrm{F}}\frac{r_{\mathrm{m}}}{r_{\mathrm{i}}}\right)\right).$$

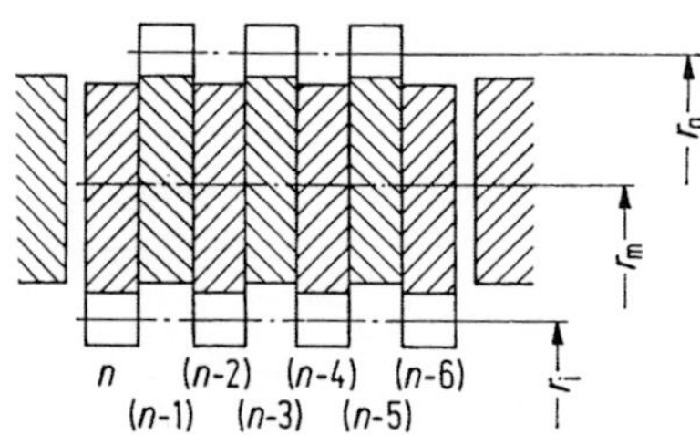


Bild 2.5. Siehe Text

Für die Innenlamelle (mit $r_{\mathrm{i}}$) wird gesetzt

$$a_{\mathrm{i}} = \mu\mu_{\mathrm{F}}r_{\mathrm{m}}/r_{\mathrm{i}},$$

$$F' = G_{\mathrm{n}}\mu_{\mathrm{F}}(1 + a_{\mathrm{i}}).$$

Diese erhöhte Verschiebekraft $F'$ hat wiederum ein Reibmoment im Kontakt zur Lamelle $(n-1)$ zur Folge; und zwar ein höheres als das vorherige. Wird dieser Weg weiter verfolgt, ergibt sich eine geometrische Reihe der Form

$$F_{\mathrm{n}} = G_{\mathrm{n}}\mu_{\mathrm{F}}\frac{1 - a_{\mathrm{i}}^{\mathrm{n}}}{1 - a_{\mathrm{i}}}.$$

Mit $|a_{\mathrm{i}}| < 1$ erhalten wir

$$F_{\mathrm{n}} = \frac{G_{\mathrm{n}}\mu_{\mathrm{F}}}{1 - a_{\mathrm{i}}}. \tag{2.1.8}$$

Die Annahme, daß $|a_i| < 1$ sein kann, ist praktisch richtig. Angenommen, die Reibpaarung hat den (hohen) Wert $\mu = 0{,}5$ die Führung $\mu_F = 0{,}3$. Dann ist das Produkt 0,15. Wäre $r_i = 0{,}5\, r_m$, dann wird $a_i = 0{,}3 < 1$. Die Gl. (2.1.8) kann als praktikabel gelten.

Für die Lamelle $(n - 1)$ (Außenlamelle) gilt analog zu Gl. (2.1.8) allein aus der Gewichtskraft

$$F'_{(n-1)} = \frac{G_{(n-1)}\mu_F}{1 - a_a},$$

$$a_a = \mu\mu_F \frac{r_m}{r_a}.$$

Wird die Lamelle $(n - 1)$ verschoben, dann greift nicht nur die Verschiebekraft aus dem Eigengewicht der Lamelle $(n - 1)$ an, sondern auch die Verschiebekraft der Lamelle $n$. Entsprechend Gl. (2.1.8) ist nun

$$F_{(n-1)} = \frac{1}{1 - a_a}(F_n + F'_{(n-1)}).$$

Diese Entwicklung kann von Lamelle zu Lamelle weitergeführt werden, ergibt aber zum Schluß die Erkenntnis gemäß Gl. (2.1.9)

$$F_x = \frac{1}{1 - a_x}\left(F_{(x+1)} + \frac{\mu_F G_x}{(1 - a_x)}\right). \qquad (2.1.9)$$

Mit dieser Gleichung kann die Verschiebekraft jeder Lamelle errechnet werden. Nach Bild 2.5 gilt für die Innenlamelle $G_i$ und $r_i$ sowie für die Außenlamelle $G_a$ und $r_a$. Der Reibwert in den Führungen soll $\mu_F$ sein. Das dargestellte Lamellenpaket hat $n = 7$ Lamellen. Es gilt also für Lamelle $n = 7$:

$$F_7 = \frac{\mu_F G_i}{1 - a_i}, \qquad (2.1.8)$$

für Lamelle $n - 1 = 6$:

$$F_6 = \frac{1}{1 - a_a}\left(F_7 + \frac{\mu_F G_a}{1 - a_a}\right).$$

Damit ist die Verschiebekraft jeder Lamelle zu errechnen. Diese Verschiebekräfte bewirken, wie schon gesagt, ein Rutschmoment. Das heißt, auch wenn das Lamellenpaket noch nicht an der Druckplatte anliegt, sondern nur insgesamt verschoben wird, überträgt es schon ein Drehmoment, dessen Höhe vom Lamellengewicht, den Reibwerten zwischen den Lamellen und in den Führungen sowie der Lamellenzahl abhängt.

Die Kraft zwischen zwei Lamellen an der Reibfläche erzeugt das Moment, nach Bild 2.5 mit $n = 7$, in folgender Höhe:

$$M_{n/(n-1)} = F_n\mu r_m = F_7\mu r_m = M_{7/6},$$

$$M_{(n-1)/(n-2)} = F_{(n-1)}\mu r_m = F_6\mu r_m = M_{6/5},$$

$$M_{(n-2)/(n-3)} = F_{(n-2)}\mu r_m = F_5\mu r_m = M_{5/4},$$

$$\vdots$$

$$M_{(n-5)/(n-6)} = F_{(n-5)}\mu r_m = F_2\mu r_m = M_{2/1},$$

also

$$M = \mu r_m(F_2 + F_3 + \ldots + F_n). \qquad (2.1.10)$$

$M$ ist das Rutschmoment eines Lamellenpaketes, das von der Anpreßplatte verschoben wird, aber noch nicht an der Druckplatte anliegt (Bild 2.5) (zwischen Anpreßplatte und Lamelle $(n - 6)$ ist die Differenzgeschwindigkeit Null).

### 2.1.3.2 Verschiebung des Lamellenpaketes einer schaltenden Kupplung

Ist das Lamellenpaket eingespannt zwischen Druckplatte und Anpreßplatte, dann kann die Betätigungskraft wirken und das Kupplungsdrehmoment hervorbringen. Infolge Elastizitäten und Formfehler der Bauteile bewegen sich die Lamellen unter der Betätigungskraft in ihren Führungen im schließenden Sinne weiter. Dabei ergibt sich aus der Reaktionskraft und dem Reibwert in der Führung der Lamelle eine hemmende Reibkraft. Bei der rechnerischen Darstellung geht man zweckmäßigerweise vom Drehmomentengleichgewicht einer Lamelle aus [39].

Betrachtet werden soll von $n$ Lamellen die $n$-te Lamelle (Bild 2.6). Auf diese Lamelle wirkt einerseits die Betätigungskraft $F$ und andererseits die Gegenkraft $F_{(n-1)}$. In der Lamellenführung wirkt die aus dem Reibmoment $M = F_{(n-1)}r_\mathrm{m}\mu$ entstandene Umfangskraft $F_{\mathrm{u}(n)} = F_{(n-1)}\mu r_\mathrm{m}/r_\mathrm{i}$, woraus die Schiebekraft $F_{\mathrm{s}(n)} = F_{\mathrm{u}(n)}\mu_\mathrm{F}$ herzuleiten ist. Es gilt:

$$F - F_{\mathrm{s}(n)} - F_{(n-1)} = 0,$$

$$F - F_{(n-1)}\mu\mu_\mathrm{F}\frac{r_\mathrm{m}}{r_\mathrm{i}} - F_{(n-1)} = 0,$$

$$F - F_{(n-1)}\left(1 + \mu\mu_\mathrm{F}\frac{r_\mathrm{m}}{r_\mathrm{i}}\right) = 0,$$

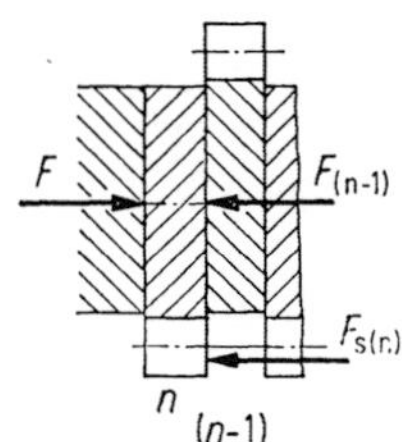


Bild 2.6. Siehe Text

und schließlich ergibt sich

$$F_{(n-1)} = F\frac{1}{(1 + a_\mathrm{i})}$$

mit

$$a_\mathrm{i} = \mu_\mathrm{F}\mu\frac{r_\mathrm{m}}{r}$$

($\mu_\mathrm{F}$ Reibwert der Lamellenführung, $\mu$ Reibwert der Reibpaarung).

Zwischen den Lamellen $(n-1)$ und $(n-2)$ greift die Kraft $F_{(n-2)}$ an (Bild 2.7).

$$M_{(n-1)} = F_{\mathrm{u}(n-1)}r_\mathrm{a},$$

$$F_{\mathrm{u}(n-1)}r_\mathrm{a} = F_{(n-1)}\mu r_\mathrm{m} + F_{(n-2)}\mu r_\mathrm{m},$$

$$F_{\mathrm{u}(n-1)} = \frac{\mu r_\mathrm{m}}{r_\mathrm{a}}\left(F_{(n-1)} + F_{(n-2)}\right).$$

Die Verschiebekraft der Lamelle $(n-1)$ ist

$$F_{\mathrm{s}(n-1)} = F_{\mathrm{u}(n-1)}\mu_\mathrm{F}$$

und

$$F_{(n-2)} = F_{(n-1)} - F_{\mathrm{s}(n-1)}.$$

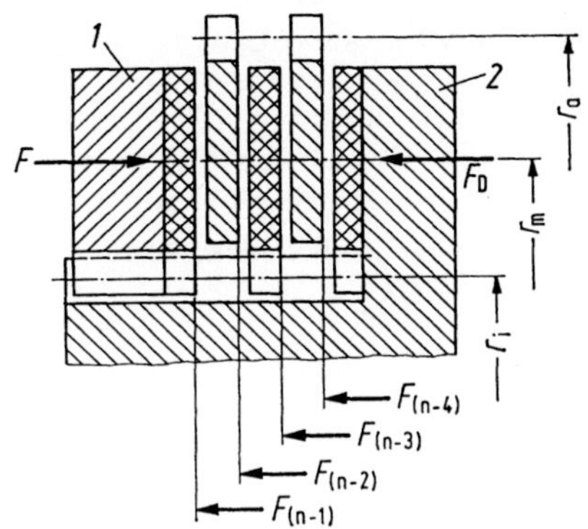


Bild 2.7. Siehe Text. *1* Anpreßplatte, *2* Druckplatte

Nach einigen Umformungen wird

$$F_{(n-2)} = F\frac{1}{(1 + a_i)}\frac{(1 - a_a)}{(1 + a_a)},$$

darin ist

$$a_a = \mu_F\mu\frac{r_m}{r_a}.$$

Nach der gleichen Methode entwickelt ergeben sich

$$F_{(n-3)} = F\frac{(1 - a_i)}{(1 + a_i)^2}\frac{(1 - a_a)}{(1 + a_a)},$$

$$F_{(n-4)} = F\frac{(1 - a_i)}{(1 + a_i)^2}\frac{(1 - a_a)^2}{(1 + a_a)^2}.$$

Die Kräfte sind in Bild 2.7 eingetragen. Als allgemeine Gleichung für die Kraft hinter der $(n - k)$ten Lamelle kann gelten

$$F_{(n-k)} = F\frac{(1 - a_i)^e}{(1 + a_i)^f}\frac{(1 - a_a)^g}{(1 + a_a)^h}. \tag{2.1.11}$$

Für die Exponenten $e$ bis $h$ gilt folgende Regel, bezogen auf die links von der Kraft $F_{(n-k)}$ befindlichen Lamellen (Bild 2.7):

$e$ = Anzahl der wirksamen linken Seiten der Innenlamellen,
$f$ = Anzahl der wirksamen rechten Seiten der Innenlamellen,
$g$ = Anzahl der wirksamen linken Seiten der Außenlamellen,
$h$ = Anzahl der wirksamen rechten Seiten der Außenlamellen.

Für den Kupplungsaufbau gemäß Bild 2.7 sind zur Ermittlung der Kraft $F_{(n-4)}$ wirksam:

eine linke Innenlamellenseite,
zwei rechte Innenlamellenseiten,
und jeweils zwei rechte und linke Außenlamellenseiten.
Somit: $e = 1; f = g = h = 2$.

Bei einer schaltenden Kupplung ergibt die von Lamelle zu Lamelle verringerte Anpreßkraft letztlich ein kleineres Moment als es ohne Verluste ($M_0$) vorhanden wäre.
Das Drehmoment in der Rutschphase ergibt sich demnach zu

$$M = \mu r_m[F_{(n-1)} + F_{(n-2)} + F_{(n-3)} + ... + F_1] = \mu r_m \Sigma F_{(n-k)}.$$

Die Summenbildung $F_{(n-k)}$ führt über eine geometrische Reihe zum Ergebnis

$$\Sigma F_{(n-k)} = F \frac{1+A}{1+a_i} \frac{(AJ)^z - 1}{AJ - 1}. \qquad (2.1.12)$$

($A = (1 - a_a)/(1 + a_a)$, $J = (1 - a_i)/(1 + a_i)$, $z$ Anzahl der wirksamen Außenlamellen).
Damit wird das in der Schaltphase übertragene Moment der Kupplung

$$M = F\mu r_m \frac{1+A}{1+a_i} \frac{(AJ)^z - 1}{AJ - 1}. \qquad (2.1.13)$$

Das verlustlose Kupplungsmoment $M_0$ der gleichen Kupplung ist $M_0 = F\mu r_m 2Z_A$ mit
$Z_A$ = Gesamtzahl der in der Kupplung vorhandenen Außenlamellen (Bild 2.7). Nun
kann das Momentenverhältnis angegeben werden

$$\frac{M}{M_0} = \frac{1+A}{2Z_A(1+a_i)} \frac{(AJ)^z - 1}{AJ - 1} \qquad (2.1.14)$$

($Z = 1 \ldots Z_A$). Dieses Momentenverhältnis gilt für die gesamte Kupplung, wenn $Z = Z_A$
gesetzt wird.

Bild 2.8 zeigt das Drehmoment einer schaltenden Kupplung, abhängig von der Anzahl der Außenlamellen und den Reibwerten der Lamellenpaarung und Lamellenführung.
Bei gleicher Lamellenzahl verringert sich das Drehmoment, wenn das Reibwertprodukt

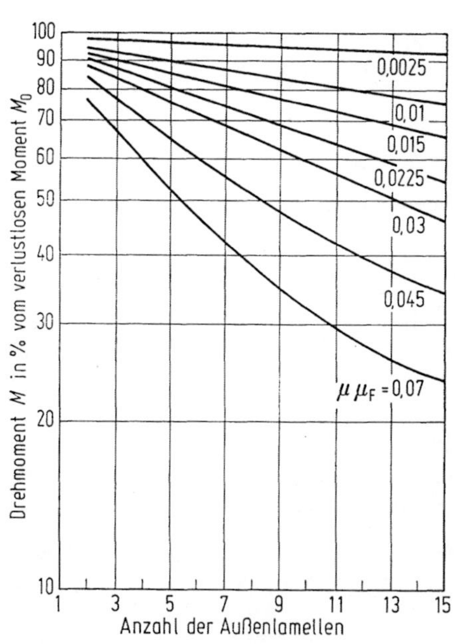


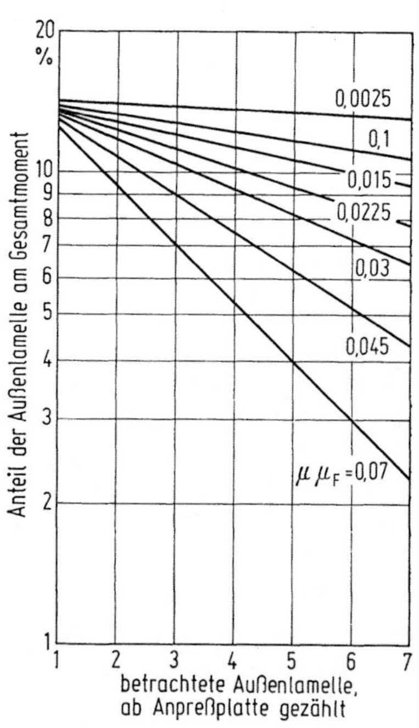


Bild 2.8                                    Bild 2.9

Bild 2.8. Drehmoment einer schaltenden Lamellenkupplung, abhängig vom Reibbeiwert der
Reibpaarung $\mu$ und der Lamellenführung $\mu_F$ sowie der Anzahl der Außenlamellen. $r_m/r_i = 1,2275$;
$r_m/r_a = 0,8077$
Bild 2.9. Momentenanteil je Außenlamelle einer schaltenden Kupplung mit sieben Außenlamellen
bei unterschiedlichen Reibverhältnissen $\mu\mu_F$. $\mu$ Reibwert der Lamellenpaarung; $\mu_F$ Reibwert der
Lamellenführung; $r_m/r_i = 1,2275$; $r_m/r_a = 0,8077$

$\mu\mu_F$ steigt. Andererseits zeigt dieses Bild, daß auch Kupplungen mit hoher Lamellenzahl während der Schaltung weit unter ihrem theoretischen Drehmoment liegen können, was besonders bei höheren Reibwerten zutrifft (Trockenlauf).

An der Drehmomentminderung nach Bild 2.8 sind die Lamellen nicht gleich beteiligt. Je weiter eine Lamelle von der Krafteinleitung (Anpreßplatte) entfernt ist, desto geringer ist ihr Drehmomentanteil am Gesamtmoment. Bild 2.9 ist für eine Kupplung mit sieben Außenlamellen gerechnet. Die Linie für $\mu\mu_F = 0,03 = 0,2 \cdot 0,15$ ergibt für die erste Lamelle 13,45% und die siebente Lamelle 6,46% des theoretischen Kupplungsmomentes. Bei kleinen Reibwerten, wie sie im geschmierten Einsatz vorkommen, sind die Einflüsse, wie die Bilder 2.8 und 2.9 zeigen, gering.

Sollten während der Schaltung Schwingungen auftreten, wodurch Lastwechsel möglich sind und die Lamellen sich von ihren Führungen abheben, dann entfallen die Hemmkräfte und die Betrachtungen dieses Abschnittes sind gegenstandslos.

Zur Berechnung nach Bild 2.9 können folgende Gleichungen verwendet werden: Das Drehmoment der Außenlamelle $Z$ ist

$$M_Z = F\mu r_m \frac{1 + A}{(1 + a_i)} (AJ)^{(z-1)}. \tag{2.1.15}$$

Das Verhältnis zum verlustlosen Drehmoment der gesamten Kupplung ist

$$\frac{M_Z}{M_0} = \frac{1 + A}{2Z_A(1 + a_i)} (AJ)^{(z-1)} \tag{2.1.16}$$

($Z_A$ Gesamtzahl der Außenlamellen im Lamellenpaket; $Z = 1 \ldots Z_A$, die Lamelle, für die das Verhältnis $M_Z/M_0$ gebildet wird).

## 2.2 Anfahrvorgang

### 2.2.1 Beschleunigung einer Masse

In allen laufenden Maschinen werden Massen bewegt. Das sind Eigenmassen der Maschine und Fremdmassen von Werkstücken oder anderen zusätzlichen Teilen. Die Massen bewegen sich entweder auf geraden oder krummlinigen Bahnen. Am häufigsten findet man in Maschinen geradlinige und kreisförmige Bewegungen.

Eine reibschlüssige Schaltkupplung ist normalerweise für drehende Bewegung vorgesehen. Deshalb müssen alle näheren Betrachtungen hieran anknüpfen.

Den Hochlaufvorgang einer Masse über eine rutschende Reibkupplung zeigt Bild 2.10. Das ist eine vereinfachte Darstellung mit den Annahmen, daß die Antriebsdrehzahl $n_1$ konstant ist und das Kupplungsrutschmoment zum Zeitpunkt $t_0$ in voller Größe besteht.

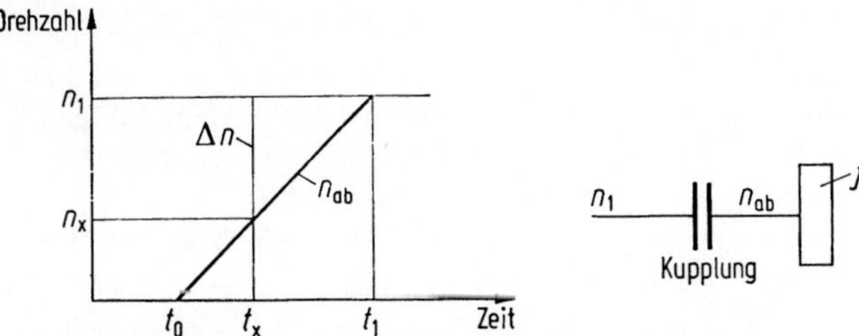


Bild 2.10. Drehzahlverlauf beim Beschleunigungsvorgang $n_1 = $ const

Zum Zeitpunkt $t_0$ wird die Kupplung eingeschaltet, die Masse $J$ hat die Drehzahl $n_{ab} = 0$. Das Rutschmoment der Kupplung übt auf die Masse ein Drehmoment aus und diese beginnt sich zu drehen. Zur Zeit $t_0$ ist an den Reibflächen die Differenzdrehzahl $\Delta n = n_1$; zum Zeitpunkt $t_x$ ist $\Delta n = n_1 - n_x$. Die Differenzdrehzahl nimmt mit der Zeit ab, d.h. die Masse nähert ihre Drehzahl immer mehr der Antriebsdrehzahl an bis nach der Zeit $(t_1 - t_0)$ $n_1 = n_{ab}$ ist. An den Reibflächen der Kupplung findet jetzt kein Gleiten mehr statt, sie überträgt im relativen Ruhezustand an den Reibflächen das vom Antrieb eingeleitete Drehmoment. Durch den Rutschvorgang wurde Wärme erzeugt. Außerdem wirkt sich der Vorgang auch auf die Antriebsdrehzahl aus. Hierzu sind nähere Erläuterungen in den Abschnitten 2.3 und 2.4 gegeben.

Aus den physikalischen Grundlagen, der Dynamik starrer Körper ist die Gleichung

$$M = J\ddot{\varphi} \tag{2.2.1}$$

bekannt [30]. Das ist die Bewegungsgleichung für die Rotation um eine feste Achse.

$$J = \int r^2 \, \mathrm{d}m;$$

($m$ Masse, $r$ Radius)

$$\frac{\mathrm{d}\varphi}{\mathrm{d}t} = \dot{\varphi} = \omega \qquad \varphi = \omega t,$$

$$\frac{\mathrm{d}\dot{\varphi}}{\mathrm{d}t} = \ddot{\varphi} = \frac{\mathrm{d}\omega}{\mathrm{d}t}.$$

Für die Winkelbeschleunigung $\ddot{\varphi}$ wird unter der Voraussetzung gleichförmiger Bewegungsverhältnisse

$$\ddot{\varphi} = \frac{\Delta\omega}{\Delta t} = \frac{\omega_2 - \omega_1}{t_2 - t_1}$$

geschrieben.
Aus Gl. (2.2.1) ergibt sich

$$M = J\frac{(\omega_2 - \omega_1)}{(t_2 - t_1)}, \qquad \omega = \frac{\pi n}{30}$$

und schließlich

$$M = \frac{J(n_2 - n_1)}{9{,}55t} \tag{2.2.2}$$

($n_1$ Ausgangsdrehzahl in $\mathrm{min}^{-1}$, $n_2$ Enddrehzahl in $\mathrm{min}^{-1}$, $t$ Gesamtzeit der Beschleunigung in s, $J$ Gesamt-Trägheitsmoment in $\mathrm{kgm}^2$, $M$ Drehmoment in Nm).
Ist die Ausgangsdrehzahl Null, was beim Anfahren zutrifft, ergibt sich

$$M = \frac{Jn_2}{9{,}55t}. \tag{2.2.3}$$

Die geradlinig bewegten Massen einer Maschine müssen zu äquivalenten rotierenden Massen umgerechnet werden. Dazu wird die Energie der geradlinig bewegten Massen und die des rotierenden äquivalenten Trägheitsmomentes gleichgesetzt.

Nach den physikalischen Grundlagen [30] ist die kinetische Energie einer geradlinig mit der Geschwindigkeit $v$ bewegten Masse $m$ bekannt

$$Q = m\frac{v^2}{2}.$$

Für das mit der Winkelgeschwindigkeit $\omega$ rotierende Trägheitsmoment $J$ gilt

$$Q = J\frac{\omega^2}{2}.$$

Entsprechend der Voraussetzung wird

$$m\frac{v^2}{2} = J\frac{\omega^2}{2}.$$

Das äquivalente Trägheitsmoment $J$ errechnet sich danach zu

$$J = 91,19 m\frac{v^2}{n^2}\,\text{kgm}^2. \tag{2.2.4}$$

($n$ Drehzahl von $J$ in $\text{min}^{-1}$, $v$ lineare Geschwindigkeit der Masse $m$ in m/s, $m$ Masse in kg).

## 2.2.2 Beschleunigung einer Masse bei zusätzlichem Lastmoment

Zur Beschleunigung der Masse $J$ auf die Drehzahl $n$ in der Zeit $t$ ist das Drehmoment $M$ nach Gl. (2.2.3) erforderlich. In der Praxis ist der allgemeine Vorgang derart, daß Hemmkräfte wie Reibungen in Lagern und Führungen und/oder auch Betriebslasten zusätzlich überwunden werden müssen. Zu beachten ist, ob die Masse angefahren oder gebremst werden soll. Reibkräfte widersetzen sich dem antreibenden Drehmoment beim Anfahren. Sie helfen aber zu bremsen.

Zusätzlich kann eine Betriebslast antreibend wirken, z.B. eine Last am Kranhaken. Demnach kann folgende Beziehung formuliert werden:

$$M_K = M_J \pm M_L$$

($M_K$ Kupplungsmoment in Nm, $M_L$ Lastmoment in Nm, $M_J$ Drehmoment zur Beschleunigung der Masse $J$ in Nm).

Für $M_J$ steht die Gl. (2.2.3)

$$M_K = \frac{Jn}{9,55t} \pm M_L = M_J \pm M_L \tag{2.2.5}$$

($J$ in $\text{kgm}^2$, $n$ in $\text{min}^{-1}$, $t$ in s).

Das Lastmoment setzt sich aus verschiedenen Anteilen zusammen. Es kann hemmend oder treibend wirken. Je nach Wirkung ist in der Gleichung das Vorzeichen für $M_L$ zu wählen.

## 2.2.3 Zeit — Drehmomentverlauf — Kennmoment

Durch einfache Umstellung der Gl. (2.2.5) kann die Zeit errechnet werden, in der die Masse $J$ auf die Drehzahl $n$ beschleunigt oder verzögert wird

$$t_3 = \frac{Jn}{9,55(M_K \pm M_L)} = \frac{J\omega}{(M_K \pm M_L)}. \tag{2.2.6}$$

Eine Gleichung kann nur dann gelten, wenn die einzelnen Glieder eindeutig sind.

Die Oszillogrammausschnitte Bild 2.1 und 2.2 zeigen unregelmäßigen Linienverlauf. Offensichtlich ist das Drehmoment einer schaltenden (rutschenden) Reibkupplung kein konstanter Wert. Bild 2.11 ist eine bekannte vereinfachte Darstellung für das Drehmoment-Zeit-Verhalten [59].

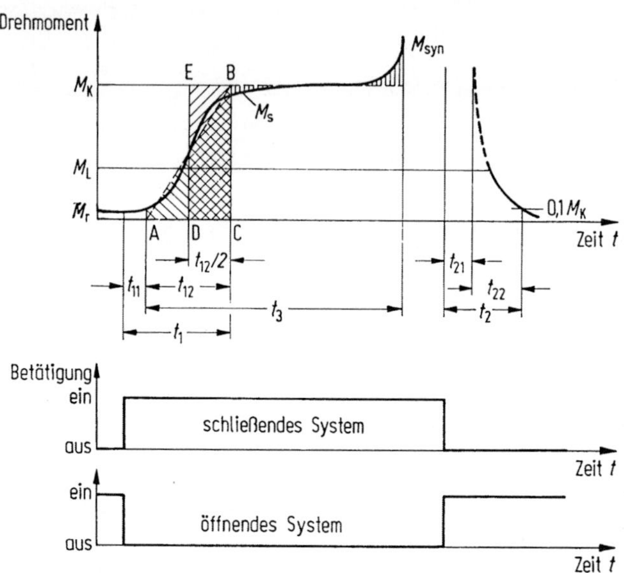


Bild 2.11. Drehmoment — Zeit-Verlauf eines Schaltvorganges. Nach [59]

Der Verlauf der Kurve für das Schaltmoment $M_s$ (der rutschenden Kupplung) beginnt an der Linie des Restmomentes $M_r$ (Mitnahmemoment der geöffneten Kupplung). Die Betätigung wird in Funktion gesetzt und während der Zeit $t_{11}$ — dem Ansprechverzug — laufen kupplungsinterne Vorgänge ab, die noch keine Drehmomentveränderung zur Folge haben (z. B. muß der Betätigungskolben den Leerweg zurücklegen). Danach ergibt sich das Schaltmoment während der Anstiegszeit $t_{12}$. Auch im weiteren Verlauf ändert sich das Schaltmoment ständig. Gründe hierfür sind veränderter Reibwert über der Gleitgeschwindigkeit, Temperaturänderung, veränderter Schmierzustand. Im Punkt der Differenzgeschwindigkeit Null bildet sich kurzzeitig das Synchronmoment $M_{syn}$ aus. Danach fällt das Drehmoment auf das zu übertragende Lastmoment $M_L$ ab.

Die Zeit $t_1 = t_{11} + t_{12}$ wird Verknüpfzeit genannt [59]. Dem Abschaltvorgang sind entsprechende Zeiten zugeordnet.

$t_{21}$  Ansprechverzug beim Trennen,
$t_{22}$  Abfallzeit des Drehmomentes bis auf 10% des Kennmomentes,
$t_2 = t_{21} + t_{22}$  Trennzeit.

Der Rutschvorgang verläuft während der Zeit $t_3$, und es ist kein eindeutiger Wert für $M_s$ ablesbar, mit dem eine Berechnung richtig ausgeführt werden kann.

Bei der Auswertung von Versuchen geht man wie folgt vor: Der Kurvenverlauf für das Drehmoment wird durch zwei Geraden angenähert. Einmal im Anstieg während der

Zeit $t_{12}$ und dann im Zeitabschnitt $t_3-t_{12}$. Dazu sollen die Flächenabschnitte zwischen Gerade und Kurve (Meßwert) möglichst gleich sein.

Die Auswertung vieler Meßdiagramme, bei denen die Anstiegszeit $t_{12}$ kurz ist, zeigt annähernd linearen Anstieg des Drehmomentes. Somit entsteht bei der beschriebenen Auswertung ein Dreieck $ABC$. Zu diesem kann ein flächengleiches Rechteck $DEBC$ gefunden werden mit der unteren Seitenlänge $\frac{1}{2}\,t_{12}$ (Bild 2.11). Nun kann so gerechnet werden, als wäre nach der Zeit $t_{11} + \frac{1}{2}\,t_{12}$ das Rutschmoment plötzlich vorhanden und wirkt im Zeitabschnitt $t_3 - \frac{1}{2}\,t_{12}$.

Zu dieser praxisüblichen Methode wurden weitere Überlegungen und Untersuchungen vorgenommen [6]. In diesem Zusammenhang war wichtig zu klären, welches Drehmoment für eine Kupplung während des Schaltens (Rutschphase) gelten soll. In technischen Unterlagen von Kupplungsherstellern wurde üblicherweise als sogenanntes Schaltmoment $M_s$ der Meßwert der angenäherten Geraden im Zeitabschnitt $t_3-t_{12}$ nach Bild 2.11 verzeichnet. Der Drehmomentanstieg während der Zeit $t_{12}$ wurde vom Anwender der Kupplung beachtet oder nicht; je nachdem die Kenntnisse über die Zusammenhänge vorlagen.

Unter gleichen Bedingungen wie die Kupplung angesteuert und betätigt wird, ist ihr Einschaltverhalten gleich, d.h. reproduzierbar. Damit ist auch der Drehmomentanstieg typisch. Wird der Meßschrieb einer Kupplung entsprechend Bild 2.11 bezüglich der Zeiten eingeteilt, kann das während der Rutschphase wirkende Drehmoment rechnerisch ermittelt werden. Nach Bild 2.12 ergibt sich [6] mit Hilfe der Gl. (2.2.6)

$$t_c = \frac{J(\omega_1 - \omega_{12})}{M_K - M_L},$$

$$t_b = \frac{J(\omega_{12} - \omega_0)}{\frac{1}{2}(M_K - M_L)}.$$

Für $t_b$ kann wieder davon ausgegangen werden, daß ein flächengleiches Rechteck zum Dreieck mit Katheten $t_b$ und $(M_K - M_L)$ gebildet wird (wie die Diagrammauswertung zu Bild 2.11 beschrieben).

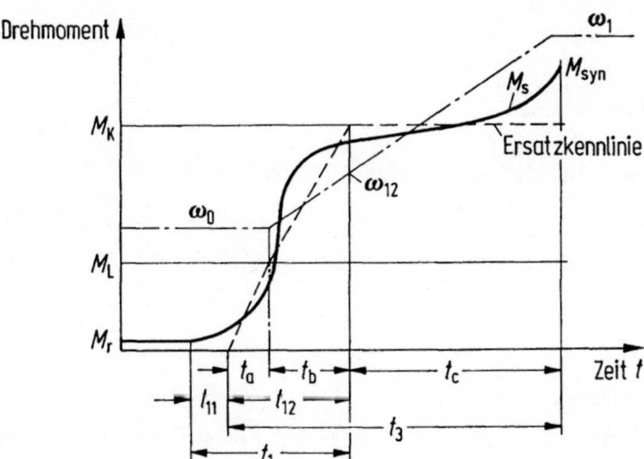


Bild 2.12. Drehmoment/Drehzahl-Zeit-Verlauf eines Schaltvorganges

$$(\omega_1 - \omega_0) = (\omega_1 - \omega_{12}) + (\omega_{12} - \omega_0),$$

$$t_b = t_{12}\left(1 - \frac{M_L}{M_K}\right),$$

$$t_3 = t_c + t_{12},$$

$$t_3 = \frac{J[(\omega_1 - \omega_0) - (\omega_{12} - \omega_0)]}{M_K - M_L} + t_{12},$$

$$= \frac{J(\omega_1 - \omega_0)}{M_K - M_L} - \frac{t_b}{2} + t_{12},$$

$$t_3 = \frac{J(\omega_1 - \omega_0)}{M_K - M_L} + \frac{t_{12}}{2}\left(1 + \frac{M_L}{M_K}\right), \tag{2.2.7}$$

$$t_3 = \frac{J(n_1 - n_0)}{9{,}55(M_K - M_L)} + \frac{t_{12}}{2}\left(1 + \frac{M_L}{M_K}\right). \tag{2.2.8}$$

($J$ in kgm$^2$; $n_1$, $n_0$ in min$^{-1}$; $M_K$, $M_L$ in Nm; $t_{12}$, $t_3$ in s). Die Gleichungen basieren auf den Darstellungen in Bild 2.12.

Soll der Abfall der Winkelgeschwindigkeit, bedingt durch das Lastmoment bei offener Kupplung, von $\omega_0$ auf $\omega_0'$ berücksichtigt werden, dann sinkt auch $\omega_{12}$ auf $\omega_{12}'$ (Bild 2.19, Gl. (2.3.24)). Entsprechend Gl. (2.2.6) wird

$$t_3 - t_{12} = \frac{J(\omega_1 - \omega_{12}')}{M_K - M_L},$$

$$t_3 - t_{12} = \frac{J\left[\omega_1 - \omega_0 - \dfrac{M_K t_{12}}{2J}\left(1 - 2\dfrac{M_L}{M_K}\right)\right]}{M_K - M_L}$$

und schließlich

$$t_3 = \frac{J(\omega_1 - \omega_0)}{M_K - M_L} + \frac{t_{12}}{2}\left(\frac{M_K}{M_K - M_L}\right). \tag{2.2.9}$$

Die Gl. (2.2.9) berücksichtigt den Drehzahlabfall von $\omega_0$ auf $\omega_0'$ (Bild 2.19; s. auch Abschnitt 4.3).

Bei dieser Ableitung ist als kennzeichnendes Kupplungsmoment das Drehmoment $M_K$ eingeführt. Es wird als Kennmoment bezeichnet [6]. Diese Bezeichnung wurde auch in die VDI-Richtlinie aufgenommen [59]. Das ist eine kupplungsspezifische Kenngröße [6] und läßt sich aus Gl. (2.2.7) ermitteln:

$$M_K = C \pm \sqrt{C^2 - B}, \tag{2.2.10}$$

$$C = \frac{M_L t_3 + J(\omega_1 - \omega_0)}{2t_3 - t_{12}},$$

$$B = \frac{t_{12} M_L^2}{2t_3 - t_{12}}.$$

Bei Prüfstandsversuchen wird meistens von Null angefahren, ohne Lastmoment. Dann ergibt sich

$$M_K = \frac{J\omega}{t_3 - t_{12} \cdot 0{,}5} \tag{2.2.11}$$

oder

$$M_K = \frac{Jn}{9{,}55(t_3 - t_{12} \cdot 0{,}5)} \tag{2.2.12}$$

($J$ in kgm$^2$, $n$ in min$^{-1}$, $t_3$ und $t_{12}$ in s, $M_K$ in Nm, $n$ ist die Enddrehzahl, entsprechend Bild 2.10 die Drehzahl $n_1$).

Am Ende des Schaltvorganges, wenn die Reibflächen nicht mehr aufeinander gleiten, geht der Gleitreibwert in den Ruhereibwert über (Abschnitt 5.3). Die Kupplung hat in diesem Augenblick der Synchronisierung von An- und Abtrieb ein höheres Drehmoment als in der Rutschphase. Es wird als Synchronisierungsmoment bezeichnet [6, 59]. Bei Kupplungsherstellern und Anwendern hat sich die Bezeichnung übertragbares Drehmoment eingeführt, was aber nicht das gleiche ist.

Es gibt organische Reibbeläge, sogenannte Papierbeläge, deren statischer Reibwert geringer ist als der dynamische (Bild 5.11). Mit diesen Belägen tritt der beschriebene Effekt nicht ein.

Das übertragbare Drehmoment, auch als statisches Drehmoment bezeichnet, soll jenes Moment sein, das die Kupplung im geschlossenen Zustand gerade noch weiterleiten kann. Es ist schwierig, hierzu klare Definitionen zu finden, weil der Übergang aus der Ruhe in die Bewegung (kriechen) nicht eindeutig erfaßt werden kann.

## 2.2.4 Schaltzeit mit veränderlichem Lastmoment

In den vorhergehenden Abschnitten ist das Lastmoment als konstante, nicht veränderliche Größe während des Schaltvorganges angesetzt. Das trifft für einige Fälle in der Praxis zu, z.B. bei Hebezeugen. Außerdem kann sich die Last (die Arbeitsmaschine) in ihrer Drehmoment/Drehzahl-Charakteristik mit dem Drehzahlverhältnis linear oder quadratisch (bei Kreiselmaschinen) ändern. Die mathematische Ableitung für diese Fälle ist in der Literatur bekannt [3]. Danach ergeben sich:

*Fall 1:*
Das Lastmoment ändert sich linear mit der Drehzahl. Das Antriebssystem zeigt der untere Teil des Bildes 2.17. $M_L$ ist das Lastmoment, nachdem $\omega_1$ erreicht ist, $M_{L\omega} = M_L\omega/\omega_1$ ist irgend ein Lastmoment zwischen Null und $M_L$. Aus den Gleichungen nach Abschnitt 2.2.1 ergibt sich $M = J\,d\omega/dt$.

Zur Beschleunigung der Masse $J$ (Bild 2.17) steht das Drehmoment $M_K - M_{L\omega}$ zur Verfügung.

$$(M_K - M_{L\omega})\,dt = J\,d\omega,$$

$$\left(M_K - M_L\frac{\omega}{\omega_1}\right)dt = J\,d\omega,$$

$$\frac{M_K}{J} - \frac{M_L\omega}{J\omega_1} = \frac{d\omega}{dt}.$$

Mit

$$\frac{M_K}{J} = B \quad \text{und} \quad \frac{M_L}{J\omega_1} = A$$

wird

$$\frac{d\omega}{dt} + A\omega = B,$$

$$\frac{d\omega}{dt} = B - A\omega;$$

mit $u = B - A\omega$ ist

$$\frac{du}{d\omega} = -A; \quad d\omega = \frac{du}{-A}.$$

Schließlich wird

$$\frac{d\omega}{dt} = u \quad \text{zu} \quad \frac{du}{-Au} = dt,$$

$$\frac{1}{-A} \int \frac{du}{u} = \int dt,$$

$$\frac{1}{-A} \ln u + C = t.$$

Mit $u = B - A\omega$ ist

$$t = \frac{1}{-A} \ln(B - A\omega) + C.$$

Die Anfangsbedingung ist $t = 0$ und $\omega = \omega_0$, somit kann $C$ bestimmt werden:

$$C = \frac{1}{A} \ln(B - A\omega_0).$$

Am Ende der Beschleunigung ist $\omega = \omega_1$, damit ist die vollständige Gleichung für die Hochlaufzeit der Masse $J$ (Bild 2.17), wenn sich das Lastmoment linear mit der Drehzahl ändert:

$$(t_1 - t_0) = \frac{1}{-A} \ln(B - A\omega_1) + \frac{1}{A} \ln(B - A\omega_0),$$

$$(t_1 - t_0) = \frac{1}{A} \ln \frac{B - A\omega_0}{B - A\omega_1}.$$

Für $A$ und $B$ die Ausgangsbeziehungen eingesetzt, ergibt

$$(t_1 - t_0) = \frac{J\omega_1}{M_{\mathrm{L}}} \ln \frac{M_{\mathrm{K}} - M_{\mathrm{L}} \frac{\omega_0}{\omega_1}}{M_{\mathrm{K}} - M_{\mathrm{L}}}. \tag{2.2.13}$$

Wird aus dem Stillstand angefahren ($\omega_0 = 0$), ist

$$t_1 = \frac{J\omega_1}{M_{\mathrm{L}}} \ln \frac{M_{\mathrm{K}}}{M_{\mathrm{K}} - M_{\mathrm{L}}}. \tag{2.2.14}$$

*Fall 2:*
Das Lastmoment ändert sich quadratisch mit der Drehzahl. Der untere Bildteil 2.17 zeigt das Antriebsschema. Mit $M_{\mathrm{L}}$ als Lastmoment, nachdem $\omega_1$ erreicht ist, ergibt sich irgend ein davor liegendes Lastmoment zu

$$M_{\mathrm{L}\omega} = M_{\mathrm{L}} \frac{\omega^2}{\omega_1^2}.$$

Entsprechend Fall 1 wird die Differentialgleichung

$$\left( M_{\mathrm{K}} - M_{\mathrm{L}} \frac{\omega^2}{\omega_1^2} \right) dt = J\,d\omega,$$

$$\frac{M_{\mathrm{K}}}{J} = \frac{d\omega}{dt} + \frac{M_{\mathrm{L}}}{J} \frac{\omega^2}{\omega_1^2}.$$

Für

$$\frac{M_{\mathrm{L}}}{J\omega_1^2} = A \quad \text{und} \quad \frac{M_{\mathrm{K}}}{J} = B$$

gesetzt, wird

$$B = \frac{d\omega}{dt} + A\omega^2,$$

$$dt = \frac{d\omega}{B - A\omega^2}.$$

Der Nenner soll die Form $B(1 - u^2)$ erhalten, dann ist $Bu^2 = A\omega^2$ und $\omega^2 = B/Au^2$.

$$\omega = u\sqrt{\frac{B}{A}}; \quad \frac{d\omega}{du} = \sqrt{\frac{B}{A}}; \quad d\omega = du\sqrt{\frac{B}{A}}.$$

Somit wird

$$dt = \sqrt{\frac{B}{A}} \frac{du}{B(1 - u^2)}.$$

Die allgemeine Lösung ist

$$t = \sqrt{\frac{1}{AB}} \operatorname{artanh} u + C,$$

$$t = \sqrt{\frac{1}{AB}} \operatorname{artanh} \omega \sqrt{\frac{A}{B}} + C.$$

Die Anfangsbedingung bei $t = 0$ ist $\omega = \omega_0$, und am Einschaltende wird $\omega$ zu $\omega_1$

$$0 = \sqrt{\frac{1}{AB}} \operatorname{artanh} \omega_0 \sqrt{\frac{A}{B}} + C,$$

$$C = \sqrt{\frac{1}{AB}} \operatorname{artanh} \omega_0 \sqrt{\frac{A}{B}}.$$

Nun wird die Zeit (Bild 2.17)

$$(t_1 - t_0) = \sqrt{\frac{1}{AB}} \operatorname{artanh} \omega_1 \sqrt{\frac{A}{B}} - \sqrt{\frac{1}{AB}} \operatorname{artanh} \omega_0 \sqrt{\frac{A}{B}}.$$

Für $A$ und $B$ werden die Ursprungsausdrücke eingesetzt. Dann ist die vollständige Gleichung für die Hochlaufzeit der Masse $J$, wenn sich das Lastmoment quadratisch mit der Drehzahl ändert

$$t_1 - t_0 = \frac{J\omega_1}{\sqrt{M_L M_K}} \left( \operatorname{artanh} \sqrt{\frac{M_L}{M_K}} - \operatorname{artanh} \frac{\omega_0}{\omega_1} \sqrt{\frac{M_L}{M_K}} \right). \tag{2.2.15}$$

Wird aus dem Stillstand angefahren ($\omega_0 = 0$), dann ist

$$t_1 = \frac{J\omega_1}{\sqrt{M_L M_K}} \operatorname{artanh} \sqrt{\frac{M_L}{M_K}}. \tag{2.2.16}$$

Zur praktischen Berechnung noch folgender Hinweis: Für den Areatangens heißt die explizite Funktionsgleichung [58]

$$Y = \ln \sqrt{\frac{1 + x}{1 - x}} \quad \text{mit} \quad Y = \operatorname{artanh} x.$$

Somit ist beispielsweise

$$\operatorname{artanh}\sqrt{\frac{M_L}{M_K}} = \frac{1}{2}\ln\frac{1+\sqrt{\dfrac{M_L}{M_K}}}{1-\sqrt{\dfrac{M_L}{M_K}}}.$$

## 2.3 Schaltarbeit — Schaltleistung

### 2.3.1 Allgemeine Betrachtung

Während der Schaltung ist bei Reibkupplungen in den meisten Fällen eine Differenz-drehzahl in den Reibflächen vorhanden. (Bild 2.10). Die Betätigungskraft $F$ der Kupp-lung (Bild 2.3) bewirkt mit dem Reibkoeffizienten $\mu$ eine Reibkraft $F_R$, die in der Reib-fläche wirkt und entgegen dem Drehsinn gerichtet ist. In der rutschenden Kupplung wird diese Reibkraft $F_R$ durch eine gleich große aber entgegengerichtete Umfangskraft $F_u$ überwunden

$$F_u = F\mu = F_R.$$

Befindet sich ein Beobachter auf einem Reibkörper, entsteht bei ihm der Eindruck, als würde er sich auf dem anderen Reibkörper fortbewegen, einen Weg zurücklegen.

Bekanntlich verrichtet eine Kraft, die einen Weg zurücklegt, Arbeit. Das ist allgemein-gültig. Die Reibarbeit ergibt sich demnach zu (Bild 2.13)

$$dQ = F_u\,ds = F_u r\,d\varphi,$$

$$dQ = F_u r\omega\,dt,$$

$$dQ = M(t)\,\omega(t)\,dt. \tag{2.3.1}$$

Bei konstanter Winkelgeschwindigkeit und konstantem Moment (Bild 2.14) wird dann

$$Q = M\omega_1(t_1 - t_0). \tag{2.3.2}$$

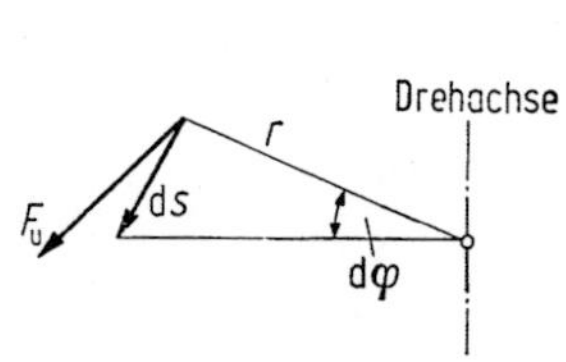

Bild 2.13

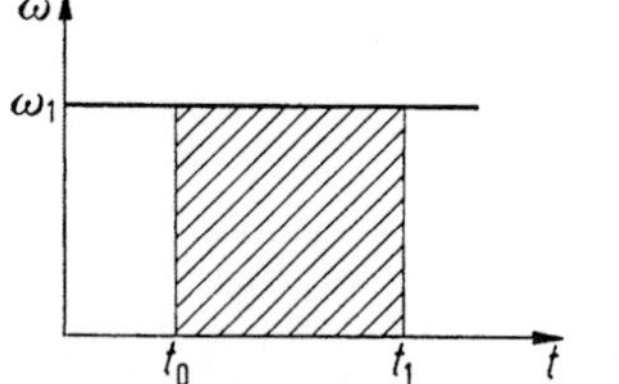

Bild 2.14

Bild 2.13. Siehe Text
Bild 2.14. Rutschvorgang bei konstanter Winkelgeschwindigkeit

Nach dieser Gleichung errechnet sich die Schaltarbeit für eine Reibkupplung, wenn der Antrieb mit dem Drehmoment $M$ und der Winkelgeschwindigkeit $\omega_1$ in der Zeitspanne $t_1 - t_0$ wirkt.

Mit

$$\omega_1 = \frac{\pi n_1}{30}$$

ergibt sich

$$Q = \frac{Mn_1(t_1 - t_0)}{9,55} \tag{2.3.3}$$

($Q$ in J oder Ws; $M$ in Nm; $n_1$ in min$^{-1}$; $t_1$, $t_0$ in s).

Gehören zu den trägen Massen $J_1$ und $J_0$ die Winkelgeschwindigkeiten $\omega_1$ und $\omega_0$ (Bild 2.15), dann liegt an der Kupplung $K$ im Einschaltaugenblick $t_0$ die Differenzgeschwindigkeit $\omega_1 - \omega_0$. Nach der Zeit $t_1 - t_0$ laufen beide Massen gemeinsam mit $\omega_1$ um. Die Schaltarbeit, die in den Reibflächen der Kupplung beim Drehzahlübergang auftritt, kann berechnet werden bei konstantem Drehmoment $M$:

$$dQ = M(\omega_1 - \omega)\, dt.$$

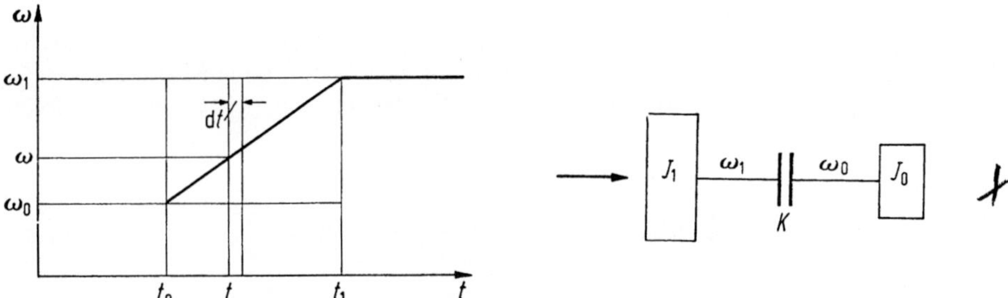

Bild 2.15. Masse $J_0$ wird von $\omega_0$ auf $\omega_1$ beschleunigt

Gemäß Bild 2.15 ist

$$\frac{(\omega_1 - \omega_0)}{(t_1 - t_0)} = \frac{(\omega_1 - \omega)}{(t_1 - t)},$$

$$Q = M \frac{(\omega_1 - \omega_0)}{(t_1 - t_0)} \int_{t_0}^{t_1} (t_1 - t)\, dt,$$

$$Q = M \frac{(\omega_1 - \omega_0)}{(t_1 - t_0)} \left[ \int_{t_0}^{t_1} t_1\, dt - \int_{t_0}^{t_1} t\, dt \right],$$

$$Q = M \frac{(\omega_1 - \omega_0)}{(t_1 - t_0)} \left[ t_1(t_1 - t_0) - \frac{t_1^2 - t_0^2}{2} \right],$$

$$Q = \frac{M}{2} (\omega_1 - \omega_0)(t_1 - t_0). \tag{2.3.4}$$

Die bekannte Beziehung $M = J\, d\omega/dt$ kann hier geschrieben werden (bei gleichförmiger Bewegung)

$$M_K = J_0 \frac{\Delta\omega}{\Delta t} = J_0 \frac{\omega_1 - \omega_0}{t_1 - t_0}.$$

Damit wird schließlich

$$Q = \frac{J_0(\omega_1 - \omega_0)^2}{2}, \tag{2.3.5}$$

$$Q = \frac{J_0(n_1 - n_0)^2}{182,4} \tag{2.3.6}$$

($Q$ in J oder Ws; $J$ in kgm$^2$; $n_1$, $n_0$ in min$^{-1}$).

Zu den Gleichungen kann man auch auf einem anderen Weg gelangen: Während der Schaltung wird an der Antriebsseite der Kupplung das erforderliche Drehmoment $M_K$ aufgebracht. Ein außenstehender Beobachter erkennt die zugeführte Energie (Bild 2.15)

$$Q_Z = M_K \omega_1 (t_1 - t_0).$$

In der gleichen Zeit bemerkt der Beobachter die Drehzahländerung von $\omega_0$ auf $\omega_1$ an der Masse $J_0$. Damit ist ihr Energieinhalt gestiegen. Es ergibt sich als Nutzarbeit (Energiezunahme der Masse $J_0$)

$$Q_1 - Q_0 = Q_N = \frac{J_0(\omega_1^2 - \omega_0^2)}{2}$$

mit

$$Q_0 = \frac{J_0 \omega_0^2}{2} \quad \text{und} \quad Q_1 = \frac{J_0 \omega_1^2}{2}.$$

Der Schaltübergang erfolgt mit rutschender Kupplung, wodurch eine Reibarbeit $Q_R$ im Reibsystem aufgebracht wird. Die zugeführte Energie $Q_z$ teilt sich in Nutzarbeit $Q_N$ und Reibarbeit $Q_R$

$$Q_z = Q_N + Q_R,$$

$$M_K \omega_1 (t_1 - t_0) = \frac{J_0(\omega_1^2 - \omega_0^2)}{2} + Q_R,$$

$$M_K \omega_1 (t_1 - t_0) - \frac{J_0}{2} (\omega_1^2 - \omega_0^2) = Q_R.$$

Mit

$$M_K = J_0 \frac{\omega_1 - \omega_0}{t_1 - t_0}$$

wird schließlich (stetige Winkelbeschleunigung vorausgesetzt)

$$Q_R = \frac{J_0}{2} (\omega_1 - \omega_0)^2$$

(s. Gl. (2.3.5)). Die Gleichung für die zugeführte Energie erhält mit

$$M_K = J_0 \frac{\omega_1 - \omega_0}{t_1 - t_0}$$

die Form

$$Q_z = J_0(\omega_1 - \omega_0)\, \omega_1.$$

Das Verhältnis der in Reibwärme umgesetzten Energie zur gesamten zugeführten Energie ist

$$\frac{Q_R}{Q_z} = \frac{1}{2} \left(1 - \frac{\omega_0}{\omega_1}\right). \tag{2.3.7}$$

Ein Sonderfall liegt bei $\omega_0 = 0$ vor

$$\frac{Q_R}{Q_z} = \frac{1}{2} \qquad \omega_0 = 0.$$

Das besagt: Wird eine Masse von der Drehzahl Null angefahren oder auf Drehzahl Null gebremst, werden 50% der zugeführten Energie in der Reibkupplung in Wärme umgesetzt. Nutzarbeit und Reibarbeit sind gleich groß.

Abgesehen von der Wendeschaltung (s. Abschnitt 2.3.5) bringt bei reiner Massenbeschleunigung der Schaltvorgang von Drehzahl Null den höchsten Energieanfall in der Kupplung. Für bestimmte Betrachtungen (z.B. Stufenschaltung, Abschnitt 4.4) ist es wichtig zu wissen, welche Schaltarbeit sich ergibt, wenn zwischen verschiedenen Drehzahlen umgeschaltet wird. Bild 2.16 zeigt diesen Zusammenhang.

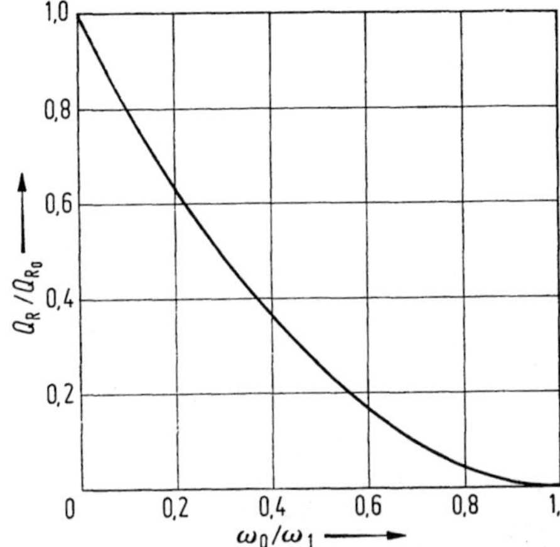


Bild 2.16. Schaltarbeit abhängig vom Drehzahlverhältnis. $Q_R$ Schaltarbeit bei Schaltung $\omega_0$ auf $\omega_1$ (Bild 2.15); $Q_{R_0}$ Schaltarbeit bei Schaltung auf $\omega_1$, wenn $\omega_0 = 0$ ist

Eine Arbeit ist nicht zeitabhängig, auch nicht die Schaltarbeit, die eine Kupplung aufnehmen muß. Es ist gleichgültig, wie lange der Schaltvorgang dauert, die Schaltarbeit bleibt gleich, wenn kein Lastmoment vorhanden ist und nur eine Masse beschleunigt wird. Nach den Erfahrungen mit Reibkupplungen spielt die Zeit, in der ein Schaltvorgang abläuft, bezüglich der Wirkungen auf die Kupplung (Temperatur, Verschleiß) aber eine wichtige Rolle. Der Kupplung wird Energie in einer abgegrenzten Zeit zugeführt. Verkürzt man die Zeit bei gleich großer Energie, dann steigt erfahrungsgemäß die Temperatur der Reibflächen. Als Kennzeichen für diesen Vorgang kann der Quotient

$$P = Q/t$$

gebildet werden. Damit ist eine Leistung definiert.

Um Reibsysteme anhand von Erfahrungswerten beurteilen und dimensionieren zu können, werden spezifische, auf die Reibfläche bezogene Kennwerte verwendet [59] ($A_R$ = Reibfläche)

$$q = Q/A_R \quad \text{flächenbezogene Schaltarbeit,} \qquad (2.3.8)$$

$$\dot{q} = P/A_R = q/t \quad \text{flächenbezogene Schaltleistung.} \qquad (2.3.9)$$

### 2.3.2 Beschleunigung einer Masse mit einem Lastmoment am Abtrieb

Wird an einer Maschine die Betriebslast abgeschaltet, um mit einer Reibkupplung zu schalten, kann so gerechnet werden, als wäre kein Lastmoment vorhanden. Hemmkräfte in Lagern usw. sind meist gering. Der Fehler in der Rechnung hält sich klein, wird dieser Rechengang gewählt. Sind jedoch die Hemmkräfte größer oder liegt eine Betriebslast an, dann muß die Berechnung der Kupplungsbelastung hierauf Rücksicht nehmen. Der Rechengang kann nach Bild 2.17 erläutert werden. Der Bildteil 2.17c zeigt die Situation. Am Antrieb wirken als konstante Eingangsgrößen die Winkelgeschwindigkeit $\omega_1$ und das Eingangsdrehmoment gleich Kupplungsmoment $M_K$. Das Kupplungsdrehmoment muß im Gleichgewicht mit dem Lastmoment $M_L$ und dem Beschleunigungsmoment $M_J$ sein.

$$M_K = M_L + M_J.$$

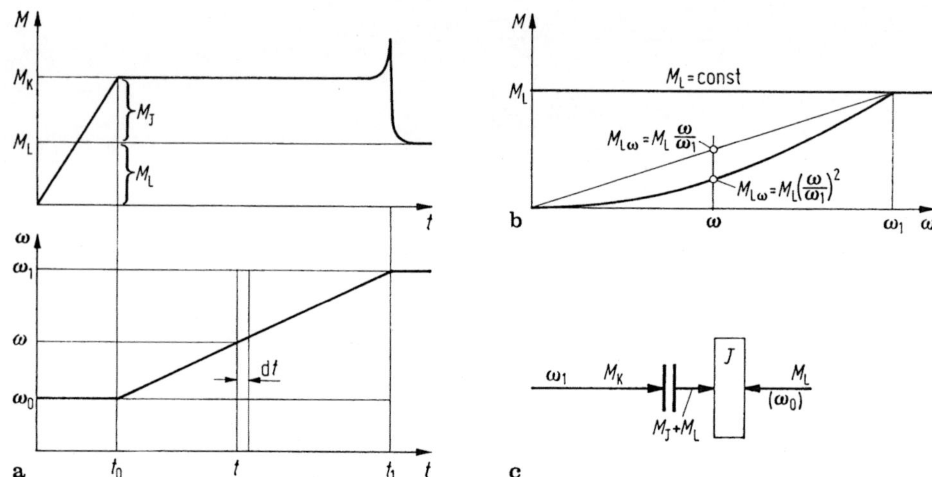

Bild 2.17. Drehmoment — Winkelgeschwindigkeits-Verlauf bei einer Schaltung von $\omega_0$ auf $\omega_1$ mit Masse $J$ und Lastmoment $M_L$

Das gilt in der Schaltphase. Sobald die Winkelgeschwindigkeit der trägen Masse $J$ von $\omega_0$ auf $\omega_1$ angestiegen ist, wird $M_J$ zu Null und Eingangsmoment sowie Lastmoment sind gleich. Diese Betrachtung geht davon aus, daß das Drehmoment zur Zeit $t_0$ in voller Höhe vorhanden ist (Bild 2.17a). Die vom Antrieb während der Schaltung zugeführte Energie teilt sich auf [17] in:

— Nutzarbeit mit dem Lastmoment $M_L$ errechnet,
— Reibarbeit beim Drehzahlübergang infolge Lastmoment $M_L$,
— Nutzarbeit an Masse $J$,
— Reibarbeit bei Massenbeschleunigung.

### 2.3.2.1 Nutzarbeit mit Lastmoment

Nach Bild 2.17 ist

$$Q_{LN} = \int_{t_0}^{t_1} M_L \omega \, dt,$$

$$\omega = \omega_0 + \int_{t_0}^{t} \frac{d\omega}{dt} dt; \quad \frac{d\omega}{dt} = \text{const} = \frac{\omega_1 - \omega_0}{t_1 - t_0},$$

$$\omega = \omega_0 + \frac{(\omega_1 - \omega_0)}{(t_1 - t_0)} \int_{t_0}^{t} dt = \omega_0 + \frac{(\omega_1 - \omega_0)}{(t_1 - t_0)}(t - t_0).$$

Aus diesem Ansatz wird

$$Q_{LN} = \frac{M_L}{2}(\omega_1 + \omega_0)(t_1 - t_0). \tag{2.3.10}$$

### 2.3.2.2 Reibarbeit bei Drehzahlübergang infolge Lastmoment

$$Q_{LR} = \int_{t_0}^{t_1} M_L(\omega_1 - \omega)\,dt,$$

$$\frac{\omega_1 - \omega_0}{t_1 - t_0} = \frac{(\omega_1 - \omega)}{t_1 - t},$$

$$Q_{LR} = M_L \frac{\omega_1 - \omega_0}{t_1 - t_0} \int_{t_0}^{t_1} (t_1 - t)\,dt,$$

$$Q_{LR} = \frac{1}{2} M_L(\omega_1 - \omega_0)(t_1 - t_0). \tag{2.3.11}$$

### 2.3.2.3 Reibarbeit bei Massenbeschleunigung

Diese berechnet sich nach Gl. (2.3.5) zu

$$Q_{JR} = \frac{1}{2} J(\omega_1 - \omega_0)^2. \tag{2.3.12}$$

### 2.3.2.4 In der Masse gespeicherte Nutzarbeit

Bekanntlich ist der Energieinhalt einer rotierenden Masse mit dem Trägheitsmoment $J$ bei der Winkelgeschwindigkeit $\omega$

$$Q = \frac{1}{2} J\omega^2.$$

Dementsprechend sind die Energieinhalte bei den Winkelgeschwindigkeiten $\omega_1$ und $\omega_0$ (Bild 2.17)

$$Q_1 = \frac{1}{2} J\omega_1^2,$$

$$Q_0 = \frac{1}{2} J\omega_0^2.$$

Die Differenz wird

$$Q_{JN} = \frac{1}{2} J(\omega_1^2 - \omega_0^2). \tag{2.3.13}$$

$Q_{JN}$ ist die in der Masse $J$ gespeicherte Nutzarbeit, sobald die Winkelgeschwindigkeit $\omega_1$ erreicht ist. Diese Gleichung ergibt sich auch aus folgender Überlegung: Die gesamte während der Schaltung zugeführte Energie $Q_z$ am Antrieb ist

$$Q_z = M_K \omega_1(t_1 - t_0),$$

$$M_K = M_L + M_J.$$

Werden von dieser Gesamtenergie die Reib- und Nutzarbeit infolge des Lastmomentes sowie die Reibarbeit aus Massenbeschleunigung abgezogen, muß die Nutzarbeit, die in der beschleunigten Masse gespeichert wurde, übrig bleiben.

$$Q_{JN} = Q_z - (Q_{LN} + Q_{LR} + Q_{JR}).$$

Die Gl. (2.3.10) und (2.3.11) werden für $Q_{LN}$ und $Q_{LR}$ eingesetzt. Gl. (2.3.12) wird mit Hilfe der bekannten Beziehung

$$M_J = J\alpha = J\frac{\Delta\omega}{\Delta t} = J\frac{\omega_1 - \omega_0}{t_1 - t_0}$$

umgeformt zu

$$Q_{JR} = \frac{1}{2}\, M_J \frac{t_1 - t_0}{\omega_1 - \omega_0}\,(\omega_1 - \omega_0)^2 = \frac{1}{2}\, M_J(\omega_1 - \omega_0)\,(t_1 - t_0).$$

Nun kann geschrieben werden

$$Q_{JN} = (M_L + M_J)\,\omega_1(t_1 - t_0) - \left[\frac{1}{2}\, M_L(\omega_1 + \omega_0)\,(t_1 - t_0)\right.$$

$$\left. + \frac{1}{2}\, M_L(\omega_1 - \omega_0)\,(t_1 - t_0) + \frac{1}{2}\, M_J\,(\omega_1 - \omega_0)\,(t_1 - t_0)\right].$$

Nach einigen Umformungen wird

$$Q_{JN} = \frac{1}{2}\, M_J(\omega_1 + \omega_0)\,(t_1 - t_0).$$

Mit $M_J$ entsprechend der obigen Gleichung ist

$$Q_{JN} = \frac{1}{2}\, J\frac{(\omega_1 - \omega_0)}{t_1 - t_0}\,(\omega_1 + \omega_0)\,(t_1 - t_0),$$

und schließlich ergibt sich Gl. (2.3.13)

$$Q_{JN} = \frac{1}{2}\, J(\omega_1^2 - \omega_0^2).$$

### 2.3.2.5 Verteilung der zugeführten Energie während der Schaltung

Die das Lastmoment aufweisenden Gleichungen können wie folgt geschrieben werden, wenn man $t_0 = \omega_0 = 0$ setzt (s. Ableitung der Gl. (2.3.10) und (2.3.11))

$$Q_{LN} = \frac{1}{2}\, M_L\omega_1 \frac{t^2}{t_1},$$

$$Q_{LR} = \frac{1}{2}\, M_L\omega_1 \left(2t - \frac{t^2}{t_1}\right).$$

Wird $t = t_1$ gesetzt, erhält man Gl. (2.3.10) und (2.3.11) mit $\omega_0 = t_0 = 0$. Die Gesamt-Energiezufuhr infolge Lastmoment ist

$$Q_L = M_L\omega_1 t.$$

Dabei kann $t = 0 \ldots t_1$ sein.

Der zeitliche Verlauf der Energieanteile für Reibverluste und Nutzarbeit aus Lastmoment und Massenbeschleunigung kann graphisch dargestellt werden. Ein Beispiel soll das zeigen.

Angenommen sind:

$$M_{\mathrm{K}} = 100\,\mathrm{Nm}; \quad M_{\mathrm{L}} = 50\,\mathrm{Nm}; \quad J = 1\,\mathrm{kgm^2}, \quad \omega_1 = 100\,\mathrm{s^{-1}}$$

$$M_{\mathrm{K}} - M_{\mathrm{L}} = M_{\mathrm{J}} = J\,\frac{\omega_1}{t_1}; \quad t_1 = \frac{J\omega_1}{M_{\mathrm{K}} - M_{\mathrm{L}}} = \frac{1 \cdot 100}{50} = 2\,\mathrm{s},$$

$$Q_{\mathrm{LN}} = \frac{1}{2}\,50 \cdot \frac{100}{2} \cdot t^2 = 1250 \cdot t^2,$$

$$Q_{\mathrm{L}} = 50 \cdot 100 \cdot t = 5000 \cdot t.$$

$Q_{\mathrm{JN}}$ und $Q_{\mathrm{JR}}$ werden nach den Gl. (2.3.12) und (2.3.13) bestimmt. Bild 2.18 zeigt die Energieanteile über der Zeit während der Schaltung mit den Daten des Beispiels; linearer Anstieg der Winkelgeschwindigkeit vorausgesetzt. Aus dieser bekannten Darstellung [17] läßt sich ein guter Überblick gewinnen. Man erkennt auch den hohen Anteil an Verlusten, den das Lastmoment verursacht. Hiermit begründet sich die Empfehlung, bei Schaltvorgängen möglichst geringe Drehmomentbelastungen am Abtrieb vorzusehen.

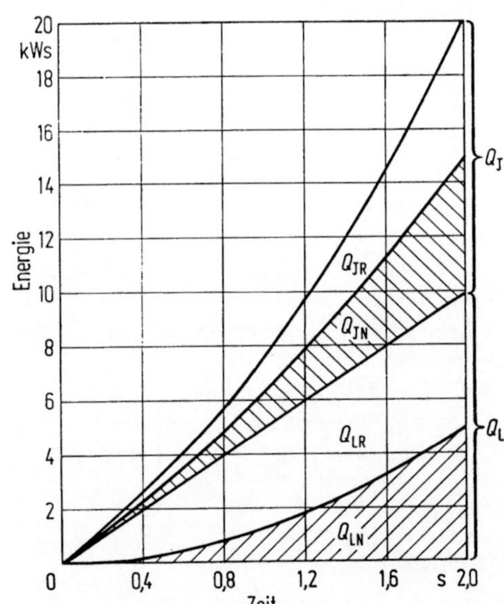


Bild 2.18. Energieanteile während einer Schaltung aus dem Stillstand. $Q_{\mathrm{JR}}$ Reibarbeit aus Massenbeschleunigung; $Q_{\mathrm{JN}}$ Nutzarbeit aus Massenbeschleunigung; $Q_{\mathrm{LR}}$ Reibarbeit infolge Lastmoment; $Q_{\mathrm{LN}}$ Nutzarbeit infolge Lastmoment

### 2.3.2.6 Gesamte Schaltarbeit bei Massenbeschleunigung und Lastmoment

Die gesamten Verluste bei einem Schaltvorgang ergeben sich aus der Massenbeschleunigung und der Überwindung des Lastmomentes.

Reibarbeit bei Massenbeschleunigung

$$Q_{\mathrm{JR}} = \frac{M_{\mathrm{J}}}{2}\,(\omega_1 - \omega_0)\,(t_1 - t_0).$$

Reibarbeit aus Lastmoment

$$Q_{\mathrm{LR}} = \frac{M_{\mathrm{L}}}{2}\,(\omega_1 - \omega_0)\,(t_1 - t_0),$$

$$Q_{\mathrm{ges}} = Q_{\mathrm{JR}} + Q_{\mathrm{LR}} = \frac{(\omega_1 - \omega_0)\,(t_1 - t_0)}{2}\,(M_{\mathrm{J}} + M_{\mathrm{L}}).$$

Aus

$$M_\mathrm{J} = J\frac{\Delta\omega}{\Delta t} = J\frac{\omega_1 - \omega_0}{t_1 - t_0}$$

wird

$$t_1 - t_0 = J\frac{\omega_1 - \omega_0}{M_\mathrm{J}}$$

und damit

$$Q_\mathrm{ges} = \frac{1}{2}(\omega_1 - \omega_0)\frac{J(\omega_1 - \omega_0)}{M_\mathrm{J}}(M_\mathrm{J} + M_\mathrm{L})$$

$$= \frac{J(\omega_1 - \omega_0)^2}{2}\left(1 + \frac{M_\mathrm{L}}{M_\mathrm{J}}\right).$$

Mit $M_\mathrm{J} = M_\mathrm{K} - M_\mathrm{L}$ wird

$$Q_\mathrm{ges} = \frac{J(\omega_1 - \omega_0)^2}{2}\frac{M_\mathrm{K}}{(M_\mathrm{K} - M_\mathrm{L})}.$$

Diese Gleichung ist für den Beschleunigungsvorgang abgeleitet. Bei Verzögerung hilft das Lastmoment bremsen. Das ergibt im Nenner das Glied $M_\mathrm{K} + M_\mathrm{L}$. Für beide Fälle ergibt sich damit (s. auch Gl. 2.3.5))

$$Q_\mathrm{ges} = \frac{J(\omega_1 - \omega_0)^2}{2}\frac{1}{\left(1 \pm \dfrac{M_\mathrm{L}}{M_\mathrm{K}}\right)} \qquad (2.3.14)$$

($M_\mathrm{K}$ Kennmoment der Kupplung, $M_\mathrm{L}$ Lastmoment).

Mit Gl. (2.3.14) kann die anfallende Schaltarbeit (Verlustenergie) errechnet werden, wenn eine Masse $J$ beschleunigt oder verzögert wird und zusätzlich am Abtrieb der Maschine ein belastendes Drehmoment ($M_\mathrm{L}$) wirksam ist. Die Gleichung gilt dann, wenn die Zeit für den Drehmomentaufbau in der Kupplung kurz ist und die in dieser Phase anfallende Schaltarbeit unwesentlich für die Gesamtbetrachtung ist. Dabei ist das Lastmoment konstant.

### 2.3.3 Schaltarbeit mit veränderlichem Lastmoment

Die Gl. (2.3.14) hat dann ihre Gültigkeit, wenn das Lastmoment $M_\mathrm{L}$ konstant ist. Das kann für viele Fälle der Praxis angenommen werden. Für manchen Kupplungseinsatz kann wichtig sein, ein mit der Drehzahl veränderliches Lastmoment zum Ansatz zu bringen. Beispielsweise ändert sich das erforderliche Antriebsmoment bei Kreiselmaschinen mit dem Quadrat der Drehzahl: Im Anfahraugenblick ist das notwendige Drehmoment aus der Last gleich Null (reibungsfrei), bei 100% Drehzahl ist auch das Lastmoment 100%.

Im Abschnitt 2.2.4 ist die Schaltzeit mit veränderlichem Lastmoment für zwei Fälle, nämlich bei mit der Drehzahl linearem und quadratischem Lastmomentanstieg, abgeleitet. Hier soll nun die dazugehörige Schaltarbeit angegeben werden.

#### 2.3.3.1 Lineare Änderung des Lastmomentes

Nach Bild 2.17a und c ist die konstante Antriebs-Winkelgeschwindigkeit $\omega_1$. Ist am Anfang, wenn der Abtrieb steht, das augenblickliche Lastmoment Null und ändert sich das vorhandene Lastmoment linear mit der Winkelgeschwindigkeit bis zu $M_\mathrm{L}$, dann ist irgendein Lastmoment bei der Winkelgeschwindigkeit $\omega$ (Bild 2.17b)

$$M_{L\omega} = M_L \frac{\omega}{\omega_1}.$$

Aus den Gleichungen in Abschnitt 2.2.4, Fall 1, ergibt sich mit $t_0 = 0$

$$t = \frac{1}{A} \ln (B - A\omega_0) - \frac{1}{A} \ln (B - A\omega).$$

Erläuterungen für $A$ und $B$ siehe dort.
Durch Umformungen kann daraus die Gleichung für die Winkelgeschwindigkeit $\omega$ zum Zeitpunkt $t$ entwickelt werden

$$\omega = \frac{\omega_1}{M_L} \left[ M_K - \left( M_K - M_L \frac{\omega_0}{\omega_1} \right) e^{-\frac{tM_L}{J\omega_1}} \right] \qquad (2.3.15)$$

Die Schaltarbeit ist nach Gl. (2.3.1) allgemein

$$dQ = M_{(t)} \omega_{(t)} \, dt.$$

Das Kupplungskennmoment soll konstant sein. Im Augenblick $t$ ist die Geschwindigkeit an der Reibpaarung $(\omega_1 - \omega)$ (Bild 2.17a)

$$dQ = M_K(\omega_1 - \omega) \, dt.$$

Gl. (2.3.15) eingesetzt, führt zu

$$dQ = M_K\omega_1 \, dt - \frac{M_K^2}{M_L} \omega_1 \, dt + \frac{M_K\omega_1}{M_L} \left( M_K - M_L \frac{\omega_0}{\omega_1} \right) e^{-\frac{tM_L}{J\omega_1}} \, dt.$$

Für

$$-\frac{tM_L}{J\omega_1} = u$$

ergibt

$$\frac{du}{dt} = -\frac{M_L}{J\omega_1},$$

$$dQ = M_K\omega_1 \left( 1 - \frac{M_K}{M_L} \right) dt - J\omega_1^2 \frac{M_K}{M_L^2} \left( M_K - M_L \frac{\omega_0}{\omega_1} \right) e^u \, du,$$

$$Q = M_K\omega_1 \left( 1 - \frac{M_K}{M_L} \right) t - J\omega_1^2 \frac{M_K}{M_L^2} \left( M_K - M_L \frac{\omega_0}{\omega_1} \right) e^{-\frac{tM_L}{J\omega_1}} + C.$$

Bei $t_0 = t = 0$ ist $Q = 0$ (Anfangsbedingung). Daraus ergibt sich

$$C = J\omega_1^2 \frac{M_K}{M_L} \left( M_K - M_L \frac{\omega_0}{\omega_1} \right).$$

Nach einigen Umformungen wird

$$Q = J\omega_1^2 \left( \frac{M_K^2}{M_L^2} - \frac{M_K}{M_L} \frac{\omega_0}{\omega_1} \right) \left( 1 - e^{-\frac{t_1 M_L}{J\omega_1}} \right) - M_K\omega_1 \left( \frac{M_K}{M_L} - 1 \right) t_1. \qquad (2.3.16)$$

Bei $\omega_0 = 0$, Anfahren aus dem Stillstand, wird

$$Q = J\left(\frac{M_K\omega_1}{M_L}\right)^2\left(1 - e^{-\frac{t_1 M_L}{J\omega_1}}\right) - M_K\omega_1\left(\frac{M_K}{M_L} - 1\right)t_1. \qquad (2.3.17)$$

Mit den Gl. (2.3.16) und (2.3.17) errechnet sich die Schaltarbeit, wenn eine Masse $J$ in der Zeit $t_1$ von $\omega_0$ auf $\omega_1$ beschleunigt wird und bei konstantem Kupplungskennmoment $M_K$ das Lastmoment mit der Drehzahl linear bis zu $M_L$ ansteigt.

### 2.3.3.2 Quadratische Änderung des Lastmomentes

Nach den Hinweisen am Anfang des vorigen Abschnittes 2.3.3.1 ergibt sich hier das augenblickliche Lastmoment zu

$$M_{L\omega} = M_L\left(\frac{\omega}{\omega_1}\right)^2.$$

Ausgehend von der Gleichung (Abschnitt 2.2.4, Fall 2, weitere Erläuterungen dort)

$$(t - t_0) = \sqrt{\frac{1}{AB}}\,\text{artanh}\,\omega\sqrt{\frac{A}{B}} - \sqrt{\frac{1}{AB}}\,\text{artanh}\,\omega_0\sqrt{\frac{A}{B}}$$

kann für $t_0 = 0$ und $M_{L\omega} = M_L\left(\frac{\omega}{\omega_1}\right)^2$ die Winkelgeschwindigkeit $\omega$ ermittelt werden

$$\omega = \omega_1\sqrt{\frac{M_K}{M_L}}\,\tanh\left(\frac{t\sqrt{M_L M_K}}{J\omega_1} + \text{artanh}\,\frac{\omega_0}{\omega_1}\sqrt{\frac{M_L}{M_K}}\right). \qquad (2.3.18)$$

(Beachte bei der Umformung:

$$Y = \text{artanh}\,X,$$

$$\tanh Y = \tanh(\text{artanh}\,X) = X).$$

Die Schaltarbeit ist

$$dQ = M_K(\omega_1 - \omega)\,dt,$$

$$dQ = M_K\omega_1\,dt - M_K\omega_1\sqrt{\frac{M_K}{M_L}}\,\tanh\left(\frac{t\sqrt{M_K M_L}}{J\omega_1} + \text{artanh}\,\frac{\omega_0}{\omega_1}\sqrt{\frac{M_L}{M_K}}\right)dt.$$

Mit

$$u = \frac{t\sqrt{M_L M_K}}{J\omega_1} + \text{artanh}\,\frac{\omega_0}{\omega_1}\sqrt{\frac{M_L}{M_K}}$$

wird

$$dt = du\,\frac{J\omega_1}{\sqrt{M_L M_K}},$$

$$dQ = M_K\omega_1\,dt - J\omega_1^2\frac{M_K}{M_L}\tanh u\,du.$$

Hinweis, [58]:

$$\tanh u\,du = \int\frac{\sinh u}{\cosh u}\,du;$$

das ist die Form

$$\int\frac{\varphi'(u)}{\varphi(u)}\,du = \ln(\varphi_{(u)}) + C.$$

Hiermit wird

$$Q = M_K \omega_1 t - J\omega_1^2 \frac{M_K}{M_L} \ln \cosh \left( \frac{t\sqrt{M_L M_K}}{J\omega_1} + \operatorname{artanh} \frac{\omega_0}{\omega_1} \sqrt{\frac{M_L}{M_K}} \right) + C.$$

Am Anfang ist $t = 0$ und $Q = 0$

$$C = J\omega_1^2 \frac{M_K}{M_L} \ln \cosh \left( \operatorname{artanh} \frac{\omega_0}{\omega_1} \sqrt{\frac{M_L}{M_K}} \right).$$

$C$ in die Gleichung für $Q$ eingesetzt ergibt

$$Q = M_K \omega_1 t_1 + J\omega_1^2 \frac{M_K}{M_L} \ln \frac{\cosh \left( \operatorname{artanh} \frac{\omega_0}{\omega_1} \sqrt{\frac{M_L}{M_K}} \right)}{\cosh \left( \frac{t_1 \sqrt{M_L M_K}}{J\omega_1} + \operatorname{artanh} \frac{\omega_0}{\omega_1} \sqrt{\frac{M_L}{M_K}} \right)}. \qquad (2.3.19)$$

Mit $\omega_0 = 0$, Anfahren aus dem Stillstand, ist

$$Q = M_K \omega_1 t_1 - J\omega_1^2 \frac{M_K}{M_L} \ln \cosh \left( \frac{t_1 \sqrt{M_L M_K}}{J\omega_1} \right). \qquad (2.3.20)$$

Zur Berechnung folgende Hinweise:

$$\operatorname{artanh} X = \frac{1}{2} \ln \frac{1 + X}{1 - X} \qquad -1 < X < +1,$$

$$\cosh X = \frac{e^x + e^{-x}}{2}.$$

Mit den Gl. (2.3.19) und (2.3.20) errechnet sich die Schaltarbeit, wenn eine Masse $J$ in der Zeit $t_1$ von $\omega_0$ auf $\omega_1$ beschleunigt wird und bei konstantem Kupplungskennmoment $M_K$ das Lastmoment mit der Drehzahl quadratisch bis zu $M_L$ ansteigt.

### 2.3.4 Die Schaltarbeit mit Berücksichtigung des Drehmomentanstiegs am Anfang der Einschaltzeit

In den vorangehenden Abschnitten sind Gleichungen für die Schaltarbeit angegeben, die davon ausgehen, daß vom ersten Augenblick an das Kupplungsdrehmoment in voller Höhe vorhanden ist. Tatsächlich ist im Einschaltzeitpunkt das Drehmoment Null und steigt in der Zeit $t_{12}$ auf volle Höhe, auf das Kennmoment $M_K$ (Bild 2.12) [6].

Nach Bild 2.19 ist der Betriebsfall einer Umschaltung aus der Winkelgeschwindigkeit $\omega_0$ und $\omega_1$ dargestellt. Die Masse $J$ muß beschleunigt werden und gleichzeitig ist das Lastmoment $M_L$ zu überwinden. Zunächst wird davon ausgegangen, daß das Lastmoment $M_L$ die mit $\omega_0$ frei rotierende Masse $J$ nicht verzögert. Der Drehzahlangleich findet in der Gesamtzeit $0 - t_3$ statt.

In dieser Zeit sind drei besondere Vorgänge zu erkennen [6]:

Zeit $0 - t_L$:

Bei konstanten Winkelgeschwindigkeiten $\omega_1$ und $\omega_0$ steigt das Drehmoment von Null auf $M_L$ (Schaltarbeit $Q_L$).

Zeit $t_L - t_{12}$:

Ab $t_L$ steigt $\omega_2$ an, d.h. die Masse $J$ wird beschleunigt. Das Drehmoment steigt weiter an von $M_L$ auf $M_K$ (Schaltarbeit $Q_A$).

Zeit $t_{12} - t_3$:

Bei konstantem Moment $M_K$ steigt $\omega_2$ weiter an, bis zum Zeitpunkt $t_3$ An- und Abtrieb gleiche Drehzahl haben (Schaltarbeit $Q_K$).

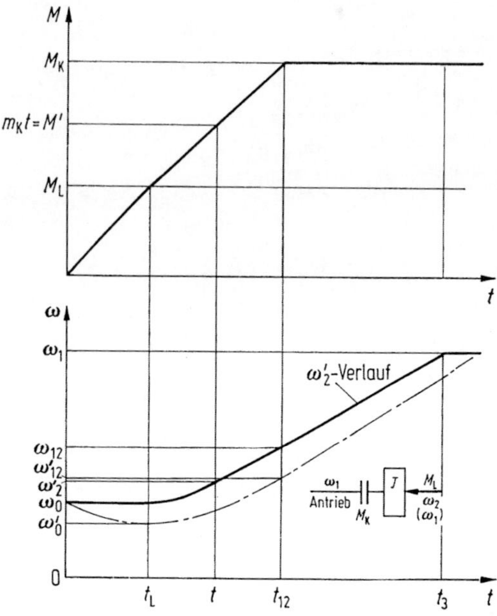



Bild 2.19. Drehmomentanstieg einer einschaltenden Kupplung. Verlauf der Winkelgeschwindigkeit am Abtrieb bei anliegendem Lastmoment

In allen drei Zeitabschnitten entsteht Schaltarbeit

$$Q_{ges} = Q_L + Q_A + Q_K.$$

Gemäß Gl. (2.3.1) ist

$$dQ = M(t)\,\omega(t)\,dt,$$

$$Q_{ges} = \int_0^{t_3} M(t)\,\omega(t)\,dt = \int_0^{t_L} M(t)\,\omega(t)\,dt + \int_{t_L}^{t_{12}} M(t)\,\omega(t)\,dt + \int_{t_{12}}^{t_3} M(t)\,\omega(t)\,dt.$$

Man kann mit hinreichender Genauigkeit den Verlauf des Drehmomentanstiegs als Gerade ansehen, wonach gilt

$$m_K = \frac{M_L}{t_L} = \frac{M_K}{t_{12}} = \frac{M}{t}.$$

Der Kennwert „$m_K$" ist aus gemessenen Kennlinien (Bild 2.1 und 2.2) leicht zu ermitteln

$$Q_L = \int_0^{t_L} M(t)\,\omega(t)\,dt = \int_0^{t_L} m_K t(\omega_1 - \omega_0)\,dt = m_K(\omega_1 - \omega_0)\int_0^{t_L} t\,dt,$$

$$Q_L = \frac{M_L}{2}(\omega_1 - \omega_0)\,t_L.$$

Mit

$$t_L = \frac{M_L}{M_K}\,t_{12}$$

ist

$$Q_L = \frac{M_L t_{12}}{2}(\omega_1 - \omega_0)\left(\frac{M_L}{M_K}\right), \tag{2.3.21}$$

$$Q_A = \int_{t_L}^{t_{12}} M(t)(\omega_1 - \omega'_2)\,dt.$$

Das Drehmoment hat den Wert $M' = m_K t$ bei linearem Anstieg. Im Zeitabschnitt $t_L$ bis $t_{12}$ ändert sich die Winkelgeschwindigkeit $\omega_2$ von $\omega_0$ auf $\omega_{12}$. Das Drehmoment $M' = m_K t$ wird mit zunehmender Zeit größer und die Differenz $m_K t - M_L$ steigt entsprechend. Die Winkelbeschleunigung für den Bereich $t_L$ bis $t_{12}$ kann jetzt angegeben werden:

$$m_K t - M_L = J \frac{d\omega}{dt}; \quad \frac{d\omega}{dt} = \frac{m_K(t - t_L)}{J}.$$

Die relative Winkelgeschwindigkeit $(\omega_1 - \omega_2')$ wird

$$\omega_1 - \omega_2' = \omega_1 - \left(\omega_0 + \int_{t_L}^{t} \frac{d\omega}{dt}\, dt\right) = \omega_1 - \left(\omega_0 + \frac{m_K}{J} \int_{t_L}^{t} (t - t_L)\, dt\right),$$

$$(\omega_1 - \omega_2') = (\omega_1 - \omega_0) - \frac{m_K}{2J}(t - t_L)^2.$$

Damit wird

$$Q_A = \int_{t_L}^{t_{12}} m_K t \left[(\omega_1 - \omega_0) - \frac{m_K}{2J}(t - t_L)^2\right] dt,$$

$$Q_A = \int_{t_L}^{t_{12}} m_K t (\omega_1 - \omega_0)\, dt - \int_{t_L}^{t_{12}} \frac{m_K^2}{2J}(t^3 - 2t^2 t_L + t t_L^2)\, dt.$$

In weiteren Umformungen wird für

$$t_L = \frac{M_L}{m_K} = \frac{M_L}{M_K} t_{12}$$

gesetzt, und es ergibt sich schließlich

$$Q_A = \frac{M_K}{2} t_{12}(\omega_1 - \omega_0)\left(1 - \left(\frac{M_L}{M_K}\right)^2\right) - \frac{M_K^2 t_{12}^2}{24J}\left[3 - 8\frac{M_L}{M_K} + 6\left(\frac{M_L}{M_K}\right)^2 - \left(\frac{M_L}{M_K}\right)^4\right].$$

$$(2.3.22)$$

Im Zeitabschnitt $t_{12}$ bis $t_3$ ist das Drehmoment $M_K$ konstant; demzufolge auch die Differenz $M_K - M_L$. Daraus ergibt sich eine gleichförmige Winkelbeschleunigung

$$\frac{d\omega}{dt} = \frac{M_K - M_L}{J}.$$

Der Drehzahlübergang $t_{12} - t_3$ kann als Beschleunigung der Masse $J$ von der Drehzahl $\omega_{12}$ auf $\omega_1$, bewirkt vom Drehmoment $M_K - M_L$, aufgefaßt werden. Dafür gilt Gl. (2.3.14)

$$Q_K = \frac{J(\omega_1 - \omega_{12})^2}{2} \frac{1}{1 - \left(\frac{M_L}{M_K}\right)}.$$

Weil hier eine Beschleunigung vorliegt, steht im Nenner das Minuszeichen. Bei der Ableitung für $Q_A$ ist die Differenz $(\omega_1 - \omega_2')$ errechnet worden. Wenn das Integral

$$\int \frac{d\omega}{dt}\, dt$$

von $t_L$ bis $t_{12}$ bestimmt wird, und nicht von $t_L$ bis $t$, dann geht die Gleichung $(\omega_1 - \omega_2')$ in $(\omega_1 - \omega_{12})$ über, und es ist nur $t$ gegen $t_{12}$ auszutauschen

$$(\omega_1 - \omega_{12}) = \omega_1 - \left[ \omega_0 + \frac{m_K}{2J}(t_{12} - t_L)^2 \right],$$

$$\omega_{12} = \omega_0 + \frac{m_K}{2J}(t_{12} - t_L)^2 = \frac{m_K t_{12}^2}{2J}\left(1 - \frac{M_L}{M_K}\right)^2 + \omega_0.$$

Mit

$$m_K = \frac{M_K}{t_{12}}$$

wird

$$\omega_{12} = \frac{M_K t_{12}}{2J}\left(1 - \frac{M_L}{M_K}\right)^2 + \omega_0. \tag{2.3.23}$$

Wird die Drehzahlabsenkung von $\omega_0$ auf $\omega_0'$ (Bild 2.19) berücksichtigt, dann ergibt sich

$$\omega_{12}' = \frac{M_K t_{12}}{2J}\left(1 - 2 \cdot \frac{M_L}{M_K}\right) + \omega_0. \tag{2.3.24}$$

Dazu wurde in Gl. (2.3.23) statt $\omega_0$ die Gl. (2.3.27) für $\omega_0'$ eingesetzt.

Mit Gl. (2.3.23) kann für $Q_K$ geschrieben werden:

$$Q_K = \frac{J}{2}\left\{ \omega_1 - \left[ \frac{M_K t_{12}}{2J}\left(1 - \frac{M_L}{M_K}\right)^2 + \omega_0 \right]\right\}^2 \frac{1}{\left(1 - \dfrac{M_L}{M_K}\right)}.$$

Aus diesem Ansatz wird schließlich

$$Q_K = \frac{J(\omega_1 - \omega_0)^2}{2\left(1 - \dfrac{M_L}{M_K}\right)} - \frac{M_K t_{12}\left(1 - \dfrac{M_L}{M_K}\right)}{2}\left[ (\omega_1 - \omega_0) - \frac{M_K t_{12}\left(1 - \dfrac{M_L}{M_K}\right)^2}{4J} \right]. \tag{2.3.25}$$

Die gesamte Schaltarbeit kann durch Addition der Gleichungen gefunden werden.

$$Q_{ges} = Q_L + Q_A + Q_K,$$

$$Q_{ges} = \frac{J(\omega_1 - \omega_0)^2}{2\left(1 - \dfrac{M_L}{M_K}\right)} + \frac{M_L}{2}t_{12}(\omega_1 - \omega_0) + \frac{M_L^2 t_{12}^2}{8J}\left[ 1 - \frac{M_L}{M_K} + \frac{1}{3}\frac{M_L^2}{M_K^2} - \frac{1}{3\dfrac{M_L}{M_K}} \right]. \tag{2.3.26}$$

Diese Gleichung gilt dann, wenn die Winkelgeschwindigkeit $\omega_0$ in der Zeit $t = 0$ bis $t_L$ nicht absinkt. Das ist nicht realistisch. Der hier betrachtete Vorgang geht von der mit $\omega_0$ am Anfang rotierenden Masse $J$ aus, wobei die Kupplung eingeschaltet wird und rutschend die Masse $J$ auf $\omega_1$ angleicht. Solange das Kupplungsmoment kleiner ist als das Lastmoment, wird $\omega_0$ verringert und erreicht nach der Zeit $t_L$ die Größe von $\omega_0'$ (Bild 2.19).

Das Lastmoment ist konstant $M_\mathrm{L} = m_\mathrm{K} t_\mathrm{L}$. Die Kupplung wird zur Zeit Null eingeschaltet und erreicht zur Zeit $t$ das Moment $m_\mathrm{K} t$. Somit ergibt sich (wenn $t < t_\mathrm{L}$)

$$m_\mathrm{K} t_\mathrm{L} - m_\mathrm{K} t = J \frac{\mathrm{d}\omega}{\mathrm{d}t}; \quad \frac{\mathrm{d}\omega}{\mathrm{d}t} = \frac{m_\mathrm{K}(t_\mathrm{L} - t)}{J},$$

$$\omega_0 = \omega_0 - \int_0^{t_L} \frac{\mathrm{d}\omega}{\mathrm{d}t}\,\mathrm{d}t = \omega_0 - \frac{m_\mathrm{K}}{J} \int_0^{t_L} (t_\mathrm{L} - t)\,\mathrm{d}t,$$

$$\omega_0 = \omega_0 - \frac{M_\mathrm{K} t_{12}}{2J} \left(\frac{M_\mathrm{L}}{M_\mathrm{K}}\right)^2. \tag{2.3.27}$$

Soll der Abfall der Winkelgeschwindigkeit auf $\omega_0'$ berücksichtigt werden, dann ist $\omega_{12}'$ geringer als $\omega_{12}$ (Bild 2.19). In Gl. (2.3.26) trägt das dritte Glied wenig zum Gesamtergebnis bei; deshalb kann dieser Teil für praktische Anwendungen entfallen. Das gilt aber nur dann, wenn nach Bild 2.19 $(t_3 - t_{12}) \gg t_{12}$ ist (Gl. (2.3.28)).

Die gesamte Schaltarbeit für die Beschleunigung der Masse $J$ von der Winkelgeschwindigkeit $\omega_0$ auf $\omega_1$, bei Lastmoment $M_\mathrm{L}$ und der Anstiegszeit $t_{12}$ der Kupplung wird, wenn die Ausgangsgeschwindigkeit $\omega_0$ als konstant angenommen ist, zu

$$Q_\mathrm{ges} = \frac{J(\omega_1 - \omega_0)^2}{2\left(1 - \dfrac{M_\mathrm{L}}{M_\mathrm{K}}\right)} + \frac{M_\mathrm{L}}{2} t_{12}(\omega_1 - \omega_0), \tag{2.3.28}$$

wenn $(t_3 - t_{12}) \gg t_{12}$ (Bild 2.19).

In der vollständigen Gl. (2.3.26) entspricht das erste Glied der Gl. (2.3.14). Der restliche Teil der Gleichung ergibt die zusätzliche Schaltarbeit, wenn die Zeit $t_{12}$ berücksichtigt wird. Ohne Lastmoment ($M_\mathrm{L} = 0$) entsteht keine zusätzliche Schaltarbeit trotz langer Zeit $t_{12}$, weil nur die Masse zu beschleunigen ist.

Das Bild 2.20 stellt ein Antriebsschema dar. Für ein Beispiel werden angenommen:

$$M_\mathrm{K} = 320\,\mathrm{Nm}; \quad J_\mathrm{K} = 0{,}021\,\mathrm{kgm}^2; \quad J_\mathrm{M} = 1{,}2\,\mathrm{kgm}^2; \quad M_\mathrm{L}' = 1\,500\,\mathrm{Nm}; \quad \omega_\mathrm{M} = 5{,}655.$$

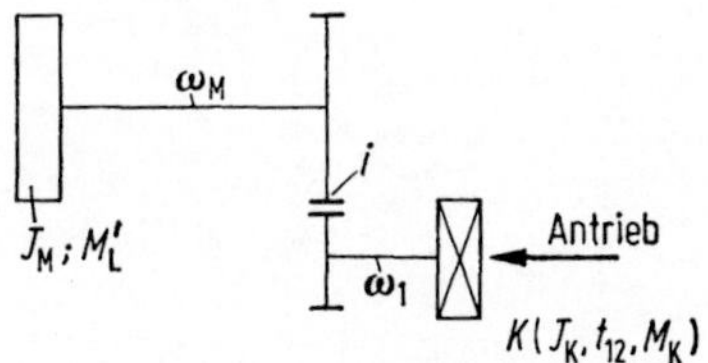


Bild 2.20. Antriebsschema. $K$ Kupplung; $\omega_1, \omega_\mathrm{M}$ Winkelgeschwindigkeiten; $J_\mathrm{K}$ Trägheitsmoment der Kupplung; $t_{12}$ Anstiegszeit der Kupplung; $J_\mathrm{M}$ Trägheitsmoment der Maschine; $M_\mathrm{L}'$ Lastmoment der Maschine; $i\,\dfrac{\omega_1}{\omega_\mathrm{M}}$

Die Maschinenmasse $J_\mathrm{M}$ muß gegen ein relativ hohes Lastmoment vom Stillstand auf $\omega_\mathrm{M}$ beschleunigt werden. Mit der Getriebeübersetzung $i = M_\mathrm{L}'/M_\mathrm{K} = 1\,500/320 = 4{,}69$ wäre Drehmomentengleichgewicht an der Kupplung. Deshalb muß die Getriebeübersetzung größer als 4,69 sein. Bild 2.21 zeigt die gesamte Schaltarbeit in Ws, abhängig von der Getriebeübersetzung für drei Fälle:

— erste Zeile ohne Berücksichtigung von $t_{12}$,
— zweite Zeile mit $t_{12} = 0{,}05$ s,
— dritte Zeile $t_{12} = 0{,}1$ s.

Gerechnet wurde mit Gl. (2.3.26). In den Spalten mit gleicher Übersetzung ist deutlich die erhöhte Schaltarbeit mit größerer Anstiegszeit $t_{12}$ zu erkennen. Außerdem gibt es eine optimale Getriebeübersetzung, bei der die Schaltarbeit ein Minimum ist. In Zeile zwei liegt sie bei $i = 10$; in Zeile drei bei $i = 15$ im Rahmen der gewählten Beispiele.

| $i =$ | 5 | 7 | 9 | 10 | 12 | 15 | 20 |
|---|---|---|---|---|---|---|---|
| $Q_{\text{ges}}, t_{12} = 0$ | 441 | 108 | 97 | 99 | 111 | 138 | 200 |
| $Q_{\text{ges}}, t_{12} = 0{,}05$ | 653 | 314 | 292 | 287 | 291 | 309 | 366 |
| $Q_{\text{ges}}, t_{12} = 0{,}1$ | 865 | 509 | 453 | 433 | 406 | 397 | 438 |

Bild 2.21. Siehe Text

Dieses Beispiel zeigt deutlich, wie stark bei vorhandenem Lastmoment die Schalt-arbeit mit verlängerter Anstiegszeit für das Drehmoment, unter sonst gleichen Bedin-gungen, ansteigt.

Die Anstiegszeit $t_{12}$ kann mit besonderen Maßnahmen am Betätigungssystem der Kupplungen kürzer gemacht werden. Hierzu zählen beispielsweise Druckspeicher bei Hydraulikkupplungen und Übererregung in elektromagnetischen Systemen. Das kann zu harten Schaltungen führen, die nicht immer störend sein müssen (s. Abschnitt 4.4.2).

Die Ableitung der Gl. (2.3.21) bis (2.3.28) basiert auf den Bezeichnungen in Bild 2.19. Für einen konkreten Fall wurde als Beispiel das Bild 2.22 dargestellt. Bei gleichen Aus-gangsbedingungen für $M_K$, $M_L$, $\omega_1$ und $\omega_0$ wurde die Anstiegszeit $t_{12}$ zu 0,05 s und 0,1 s angenommen. Man erkennt deutlich den Drehzahlabfall von $\omega_0$ auf $\omega_0'$, besonders im Falle $t_{12} = 0{,}1$ und danach den parabelförmigen Drehzahlanstieg auf $\omega_{12}$. Der Verlauf

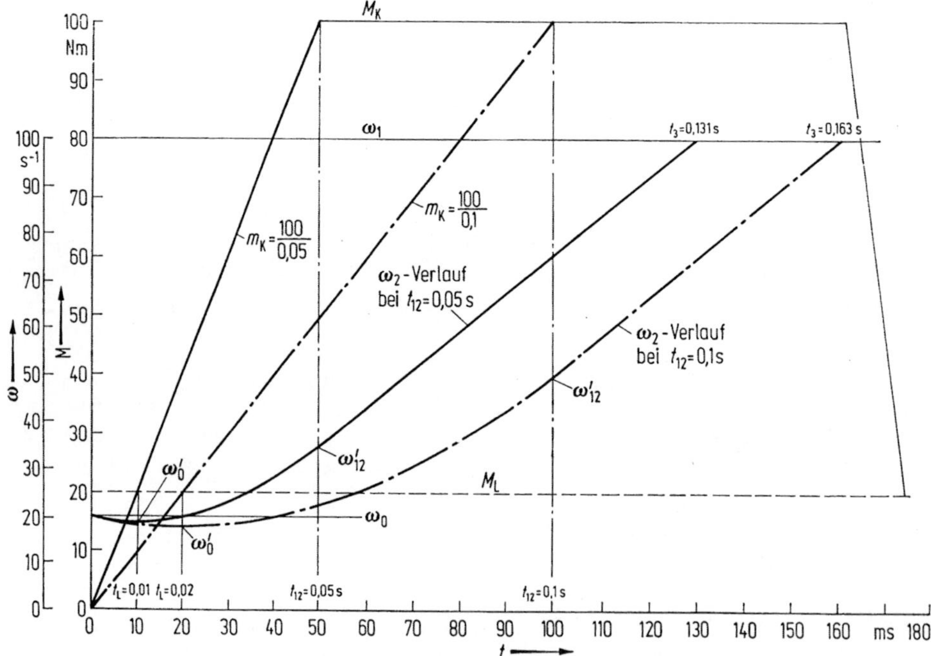


Bild 2.22. Beispiel für das Drehmoment-Drehzahl-Verhalten. $M_K = 100\,\text{Nm}$; $M_L = 20\,\text{Nm}$; $\omega_1 = 100\,\text{s}^{-1}$; $\omega_0 = 20\,\text{s}^{-1}$; $J = 0{,}1\,\text{kgm}^2$; Fall 1: $t_{12} = 0{,}05$ s; Fall 2: $t_{12} = 0{,}1$ s

dieser Drehzahlen läßt sich errechnen aus den Beziehungen für die Ableitung der Gl. (2.3.27) und (2.3.24)

$$\omega_0' = \omega_0 - \frac{m_K t}{2J}(2t_L - t),$$

$$\omega_{12}' = \omega_0' + \frac{m_K}{2J}(t - t_L)^2.$$

Darin ist $t$ der betrachtete augenblickliche Zeitpunkt. Die Schaltarbeit errechnet sich neben dem Drehmoment aus der Zeit und der Geschwindigkeitsdifferenz an den Reibflächen (Gl. (2.3.1)). Die Geschwindigkeitsdifferenz ist der Abstand von der $\omega_1$-Linie zum $\omega_2$-Verlauf. Nach Bild 2.22 ist demnach einzusehen, daß die Schaltarbeit bei $t_{12} = 0{,}1$ größer sein muß als bei $t_{12} = 0{,}05$.

Mit den technischen Daten für Bild 2.22 ergeben sich

$$\text{bei } t_{12} = 0{,}05 - Q_{\text{ges}} = 439 \text{ J},$$

$$\text{bei } t_{12} = 0{,}1 - Q_{\text{ges}} = 476 \text{ J}.$$

## 2.3.5 Wendeschaltung

Im praktischen Einsatz werden Massen nicht nur beschleunigt und verzögert, bzw. abgebremst. Ein Drehrichtungswechsel ist oftmals notwendig. Die Masse kann mit einer Bremse stillgesetzt und danach über eine rutschende Kupplung auf die gewünschte Drehzahl hochgefahren werden. Andererseits kann dieser Umschaltvorgang mit einer einzigen Kupplung erfolgen. Bild 2.23 zeigt für diesen Fall den Drehzahlverlauf. Der Antrieb soll mit konstanter Geschwindigkeit $\omega_1$ drehen. Am Abtrieb besteht die Geschwindigkeit $-\omega_2$. Das Minuszeichen besagt entgegengesetzte Drehrichtung. Im Ausgangszustand soll die Kupplung geöffnet sein. Zur Anfangszeit $t_0$ hat die Kupplung das Kennmoment $M_K$. Im Einschaltzeitpunkt gleiten die Reibflächen mit der Summengeschwindigkeit $\omega_1 + \omega_2$.

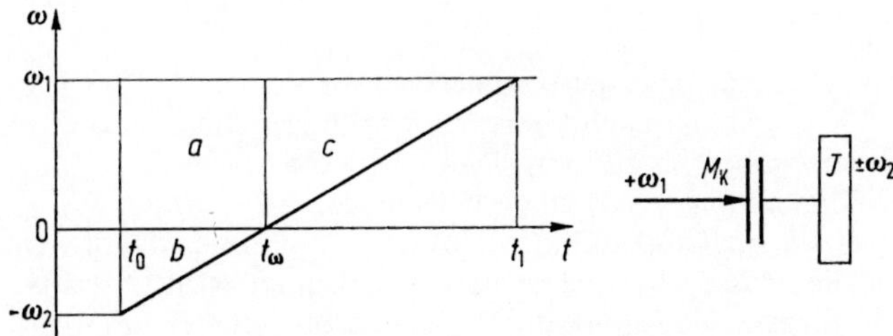


Bild 2.23. Wendeschaltung. $\omega_1$ Winkelgeschwindigkeit am Antrieb, $\omega_2$ Winkelgeschwindigkeit am Abtrieb, $\omega_2$ wird abgebremst auf $\omega = 0$ zur Zeit $t_W$ und beschleunigt auf $\omega_1$ im Zeitpunkt $t_1$

### 2.3.5.1 Zeit für den Wendevorgang

Nach Gl. (2.2.6) kann für die Verzögerung, Zeit $(t_W - t_0)$, geschrieben werden

$$t_W = \frac{J n_2}{9{,}55 M_K} = \frac{J \omega_2}{M_K} \quad (\text{für } t_0 = 0).$$

Die Beschleunigungszeit ist

$$(t_1 - t_W) = \frac{J n_1}{9{,}55 M_K} = \frac{J \omega_1}{M_K}.$$

Die Gesamtzeit $t = t_1 - t_0$ wird dann

$$t = \frac{Jn_1}{9{,}55M_\mathrm{K}} + \frac{Jn_2}{9{,}55M_\mathrm{K}},$$

$$t = \frac{J(n_1 + n_2)}{9{,}55M_\mathrm{K}} = \frac{J(\omega_1 + \omega_2)}{M_\mathrm{K}}. \tag{2.3.29}$$

### 2.3.5.2 Schaltarbeit beim Wendevorgang

Der Wendevorgang soll, wie eingangs beschrieben, mit nur einer Kupplung für die Verzögerung und Beschleunigung vorgenommen werden. Im Bild 2.23 kann man die Flächen $a$, $b$ und $c$ abgrenzen. Diesen Flächen proportional sind die Beträge der anfallenden Schaltarbeit. Bei Verzögerung gelten $a$ und $b$, bei Beschleunigung der Bereich $c$. Hier können die bekannten Gl. (2.3.2) und (2.3.5) angewendet werden.

Mit $t_\mathrm{W}$ nach Abschnitt 2.3.5.1 wird

$$Q_\mathrm{a} = M_\mathrm{K}\omega_1 t_\mathrm{W} = J\omega_1\omega_2.$$

Bereich $b$:

$$Q_\mathrm{b} = \frac{J(-\omega_2)^2}{2}.$$

Bereich $c$:

$$Q_\mathrm{c} = \frac{J\omega_1^2}{2},$$

$$Q = Q_\mathrm{a} + Q_\mathrm{b} + Q_\mathrm{c},$$

$$Q = \frac{J(\omega_1 + \omega_2)^2}{2}, \tag{2.3.30}$$

bzw.

$$Q = \frac{J(n_1 + n_2)^2}{182{,}4} \tag{2.3.31}$$

($Q$ in J oder Ws; $n_1$, $n_2$ in min$^{-1}$; $J$ in kgm$^2$).

Ein Vergleich mit Gl. (2.3.5), (2.3.6) zeigt den Unterschied im Vorzeichen des Summanden. Das Diagramm in Bild 2.23 kann nach Gl. (2.3.30) so interpretiert werden, als wäre die Nullinie nach unten verschoben bis zu $-\omega_2$. Dann wäre die Masse $J$ von dieser Nullinie aus mit der Geschwindigkeit $(\omega_2 + \omega_1)$ zu beschleunigen.

Entsprechend der Voraussetzung gelten die Gl. (2.3.30) und (2.3.31) nur dann, wenn mit einer einzigen Kupplung die Masse abgebremst und beschleunigt wird. An dieser Kupplung wirkt beim Abbremsvorgang die Summe der Winkelgeschwindigkeit $(\omega_1 + \omega_2)$. Würde zusätzlich eine Bremse installiert, müßte die Kupplung nur die Masse beschleunigen. Die Bremse würde mit der Schaltarbeit entsprechend der Fläche $b$, Bild 2.23, belastet; auf die Kupplung entfällt dann nur der Betrag gemäß Fläche $c$. In diesem Fall wären die auf die Bremse und Kupplung entfallenden Energieanteile im Verhältnis zu der Gesamtenergie bei Betrieb mit nur einer Kupplung wie folgt:

Bremse:

$$\frac{Q_\mathrm{b}}{Q} = \frac{1}{\left(\dfrac{\omega_1}{\omega_2} + 1\right)^2},$$

Kupplung:

$$\frac{Q_\mathrm{c}}{Q} = \frac{1}{\left(\dfrac{\omega_2}{\omega_1} + 1\right)^2}.$$

Nehmen wir an $|\omega_1| = |\omega_2|$, dann ist sowohl für Kupplung und Bremse

$$\frac{Q_\mathrm{b}}{Q} = \frac{Q_\mathrm{c}}{Q} = \frac{1}{4}.$$

Von der Gesamtenergie, die bei Verwendung nur einer Kupplung zum Bremsen und Beschleunigen anfällt, würde nur der vierte Teil je auf Kupplung und Bremse entfallen, wenn zum Anhalten eine zusätzliche Bremse eingebaut wäre und $|\omega_1| = |\omega_2|$ ist. Die Energie entsprechend der Fläche $a$ tritt hierbei überhaupt nicht auf. Der Grund liegt darin, daß in der Zeit $t_0$ bis $t_\mathrm{W}$ die zusätzliche Reibgeschwindigkeit $\omega_1$ in den Reibflächen der Bremse nicht auftritt.

## 2.3.6 Synchronisierung im Zweimassensystem

### 2.3.6.1 Synchronisierdrehzahl

Eine immer wieder gestellte Aufgabe besteht darin, zwei mit verschiedenen Drehzahlen rotierende Massen zu verbinden. Als Beispiel kann die Gangumschaltung in einem Maschinenantrieb genannt werden. Der Antrieb mit seiner Schwungmasse wird an die Maschinenmasse mit einer von der Antriebsdrehzahl verschiedenen Drehzahl angekuppelt. Die Antriebs- und Abtriebsschwungmassen gleichen sich über die rutschende Kupplung in ihrer Drehzahl an. Ist die Drehzahl angeglichen, dann ist auch der Rutschvorgang in der Kupplung beendet.

Bild 2.24 stellt diesen Vorgang schematisch dar [59]. Hier sind die trägen Massen $J_1$ und $J_2$ sowie ihre Winkelgeschwindigkeiten $\omega_1$ und $\omega_2$ angeführt. Am Antrieb wirkt das eingeleitete Drehmoment $M_\mathrm{A}$; am Abtrieb liegt das Lastmoment $M_\mathrm{L}$ an. Zur Zeit $t_0$ sind $\omega_1$ und $\omega_2$ unterschiedlich. Wird im Augenblick $t_0$ die Kupplung wirksam, beginnt der Drehzahlangleich. Beide Massen verlassen ihre Ausgangsdrehzahl und gleichen sich zum Zeitpunkt $t_\mathrm{s}$ bei der Winkelgeschwindigkeit $\omega_\mathrm{s}$ an.

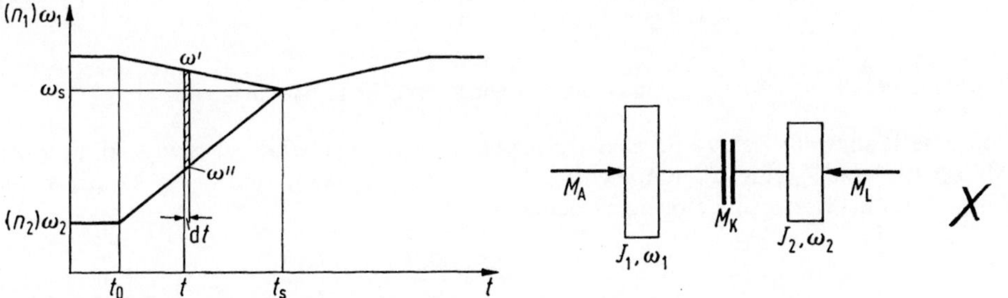


Bild 2.24. Synchronisierung von zwei Massen

Während der Zeit $t_\mathrm{s} - t_0$ rutscht die Kupplung. Diese Rutschzeit ist die Zeit $t_3$. Beide Massen müssen in der gleichen Zeit $t_\mathrm{s} - t_0$ verzögert bzw. beschleunigt werden. An der Antriebsseite steht für die Verzögerung der Masse $J_1$ das Drehmoment $M_\mathrm{K} - M_\mathrm{A}$ zur Verfügung; abtriebsseitig wirkt das Moment $M_\mathrm{K} - M_\mathrm{L}$ auf die Masse $J_2$ beschleunigend. Gl. (2.2.6) sowohl auf An- und Abtrieb angewendet ergibt

$$\frac{J_1(\omega_1 - \omega_\mathrm{s})}{(M_\mathrm{K} - M_\mathrm{A})} = \frac{J_2(\omega_\mathrm{s} - \omega_2)}{(M_\mathrm{K} - M_\mathrm{L})} = t_3.$$

Nach einfachen Umformungen ergibt sich

$$\omega_s = \frac{J_1(M_K - M_L)\,\omega_1 + J_2(M_K - M_A)\,\omega_2}{J_1(M_K - M_L) + J_2(M_K - M_A)}.$$
$$(2.3.32)$$

Ein häufiger Vorgang ist der Maschinenanlauf aus dem Stillstand,

$$\omega_2 = 0.$$

$$\omega_{s0} = \frac{\omega_1}{1 + \dfrac{J_2}{J_1}\dfrac{M_K - M_A}{M_K - M_L}}$$
$$(2.3.33)$$

($\omega_{s0}$ Winkelgeschwindigkeit im Synchronpunkt bei Maschinenanlauf aus dem Stillstand). Wenn $M_A = 0$ und $M_L = 0$ gesetzt werden können, wird

$$\omega_{s0} = \omega_1 \frac{J_1}{J_1 + J_2}.$$
$$(2.3.34)$$

### 2.3.6.2 Synchronisierzeit

Die Zeit zum Drehzahlangleich der Massen $J_1$ und $J_2$ ist gleich.

$$t_3 = \frac{J_1(\omega_1 - \omega_s)}{(M_K - M_A)}; \quad t_3 = \frac{J_2(\omega_s - \omega_2)}{(M_K - M_L)},$$

$$\omega_s = t_3 \frac{(M_K - M_L)}{J_2} + \omega_2.$$

$\omega_s$ in die andere Gleichung eingesetzt, führt zur Synchronisierzeit

$$t_3 = \frac{J_1 J_2(\omega_1 - \omega_2)}{J_2(M_K - M_A) + J_1(M_K - M_L)} = t_s - t_0.$$
$$(2.3.35)$$

### 2.3.6.3 Notwendiges Kupplungskennmoment für vorgegebene Synchronzeit

Soll eine bestimmte Zeit $t_3$ für den Drehzahlangleich eingehalten werden und sind die Massen $J_1$ und $J_2$, die Drehmomente $M_A$ und $M_L$ sowie $\omega_1$ und $\omega_2$ bekannt, kann Gl. (2.3.35) nach $M_K$ umgeformt werden.

$$M_K = \frac{J_1 J_2}{J_1 + J_2}\frac{\omega_1 - \omega_2}{t_3} + \frac{J_2 M_A + J_1 M_L}{J_1 + J_2}.$$
$$(2.3.36)$$

Wenn $M_A = 0$ und $M_L = 0$ gesetzt werden können, wird

$$M_K = \frac{J_1 J_2}{J_1 + J_2}\frac{\omega_1 - \omega_2}{t_3}.$$
$$(2.3.37)$$

### 2.3.6.4 Schaltarbeit beim Synchronisiervorgang

Die Kupplung rutscht mit ihrem Moment $M_K$ in der Zeit von $t_0$ bis $t_s$ (Bild 2.24). Anfangs ist in den Reibflächen die Differenzgeschwindigkeit $\omega_1 - \omega_2$ vorhanden. Die Massen gleichen sich fortlaufend in ihrer Drehzahl an, bis zur Zeit $t_s$ die Differenz Null ist. Zu einer Zeit $t$ ist die Differenzgeschwindigkeit $\omega' - \omega''$. Die Schaltarbeit in der Synchronisierphase kann damit ausgerechnet werden:

$$Q = M_K \int_{t_0}^{t_s} (\omega' - \omega'') \, dt,$$

$$\omega' = \omega_1 - \int_{t_0}^{t} \frac{d\omega}{dt} \, dt; \quad \frac{d\omega}{dt} = \text{const} = \frac{(\omega_1 - \omega_s)}{(t_s - t_0)},$$

$$\omega' = \omega_1 - \frac{(\omega_1 - \omega_s)}{t_s - t_0}(t - t_0),$$

$$\omega'' = \omega_2 + \int_{t_0}^{t} \frac{d\omega}{dt} \, dt; \quad \frac{d\omega}{dt} = \text{const} = \frac{(\omega_s - \omega_2)}{(t_s - t_0)},$$

$$\omega'' = \omega_2 + \frac{\omega_s - \omega_2}{(t_s - t_0)}(t - t_0),$$

$$\omega' - \omega'' = (\omega_1 - \omega_2)\left[1 - \frac{(t - t_0)}{(t_s - t_0)}\right],$$

$$Q = M_K(\omega_1 - \omega_2) \int_{t_0}^{t_s} \left[1 - \frac{(t - t_0)}{(t_s - t_0)}\right] dt,$$

$$Q = \frac{M_K}{2}(\omega_1 - \omega_2)(t_s - t_0),$$

$$Q = \frac{M_K}{2}(\omega_1 - \omega_2) \, t_3. \tag{2.3.38}$$

Rutschzeit $t_3$ s. Abschnitt 2.2.3 und Bild 2.11.

Bei unbekannter Zeit $t_3$ kann der Ausdruck für $t_3$ nach Gl. (2.3.35) eingesetzt werden.

$$Q = M_K \frac{(\omega_1 - \omega_2)^2}{2} \frac{J_1 J_2}{J_1(M_K - M_L) + J_2(M_K - M_A)}, \tag{2.3.39}$$

oder mit den Drehzahlen $n_1$ und $n_2$

$$Q = M_K \frac{(n_1 - n_2)^2}{182,4} \frac{J_1 J_2}{J_1(M_K - M_L) + J_2(M_K - M_A)} \tag{2.3.40}$$

($Q$ in J oder Ws; $M_K$, $M_A$, $M_L$ in Nm; $J$ in kgm²; $n_1$, $n_2$ in min⁻¹).

Das Diagramm in Bild 2.24 zeigt die höchste Differenzgeschwindigkeit $(\omega' - \omega'')$ in den Reibflächen zur Zeit $t_0$ mit $(\omega_1 - \omega_2)$. Bekanntlich ist eine Leistung mit der Gleichung $P = M\omega$ zu errechnen (Abschnitt 2.3.1). Daraus und aus Bild 2.24 geht hervor, daß sich die Schaltleistung zwischen dem Maximum bei $t_0$ und dem Minimum bei $t_s$ ($P = 0$) laufend ändert. Die sogenannte Anfangs- (oder Einschalt-) Schaltleistung ist ein Kriterium für die spezifische Belastung der Reibflächen und wäre hier für die Zeit $t_0$ zu berechnen (s. Gl. (2.3.9)).

### 2.3.6.5 Synchronisierdrehzahl/Synchronisierzeit mit veränderlichem Lastmoment

Bei Synchronisiervorgängen zweier Massen können drei Drehmomente wirksam sein (Bild 2.24):

das Antriebsdrehmoment $M_A$, das Lastmoment $M_L$, das Kupplungskennmoment $M_K$.

Das Kupplungskennmoment ist eine kupplungsspezifische Kenngröße. Die Höhe des Drehmoments hängt nur von der Kupplung und ihren Arbeitsbedingungen ab. Solange die Kupplung rutscht, wirkt unvermindert $M_K$, unabhängig ob $M_A$, $M_L$ vorhanden sind und sich ändern (das gilt dann, wenn Reibwertschwankungen an der Kupplung nicht beachtet werden). $M_K$ ist somit als konstant anzusehen.

Auch das Antriebsmoment kann als annähernd konstant angesehen werden, was sich in der Praxis bewährt hat. Das Lastmoment kann sowohl konstant sein (was für die meisten Berechnungen angesetzt wird und praktisch befriedigende Ergebnisse bringt) oder man rechnet mit besonderem charakteristischen Drehmoment—Drehzahlverhalten wie in Abschnitt 2.2.4 schon ausgeführt: Linearer oder quadratischer Verlauf [27].

*Fall 1:*
Das Lastmoment verändert sich linear mit der Drehzahl. Nach Abschnitt 2.3.6.2 gilt für die Antriebsseite (Bild 2.24)

$$t_3 = \frac{J_1(\omega_1 - \omega_s)}{(M_K - M_A)}.$$

Für den häufigsten Fall der Ausgangsdrehzahl Null (Anfahren aus dem Stillstand) gilt am Abtrieb Gl. (2.2.14)

$$t_3 = \frac{J_2 \omega_s}{M_L} \ln \frac{M_K}{M_K - M_L}.$$

Durch Gleichsetzen dieser Formeln kann die Synchronisier-Winkelgeschwindigkeit errechnet werden für die Anfangsgeschwindigkeit Null an der Masse $J_2$ und geltend für Fall 1

$$\omega_s = \frac{\omega_1}{1 + \dfrac{J_2}{J_1} \dfrac{M_K - M_A}{M_L} \ln \dfrac{M_K}{M_K - M_L}}. \tag{2.3.41}$$

Wird Gl. (2.2.14) nach $\omega_s$ aufgelöst, erhalten wir

$$\omega_s = \frac{t_3 M_L}{J_2 \ln \dfrac{M_K}{M_K - M_L}}.$$

Dies in die Ableitung für die Antriebsseite eingesetzt, ergibt

$$t_3 = \frac{J_1 \omega_1}{(M_K - M_A)} - \frac{t_3 M_L J_1}{(M_K - M_A) J_2 \ln \dfrac{M_K}{M_K - M_L}}$$

und führt schließlich zu

$$t_3 = \frac{\omega_1}{\dfrac{M_K - M_A}{J_1} + \dfrac{M_L}{J_2 \ln \dfrac{M_K}{M_K - M_L}}}, \tag{2.3.42}$$

wenn die Anfangsgeschwindigkeit an der Masse $J_2$ Null ist, geltend für Fall 1

*Fall 2:*

Das Lastmoment ändert sich quadratisch mit der Drehzahl. Ebenso wie im Fall 1 wird die Gleichung der Antriebsseite mit derjenigen der Abtriebsseite, in diesem Fall Gl. (2.2.16) gleichgesetzt (Anfahren aus dem Stillstand). Daraus ergeben sich dann

$$\omega_{\mathrm{s}} = \frac{\omega_1}{1 + \dfrac{J_2}{J_1} \dfrac{M_{\mathrm{K}} - M_{\mathrm{A}}}{\sqrt{M_{\mathrm{L}} M_{\mathrm{K}}}} \operatorname{artanh} \sqrt{\dfrac{M_{\mathrm{L}}}{M_{\mathrm{K}}}}}, \tag{2.3.43}$$

$$t_3 = \frac{\omega_1}{\dfrac{M_{\mathrm{K}} - M_{\mathrm{A}}}{J_1} + \dfrac{\sqrt{M_{\mathrm{L}} M_{\mathrm{K}}}}{J_2 \operatorname{artanh} \sqrt{\dfrac{M_{\mathrm{L}}}{M_{\mathrm{K}}}}}}. \tag{2.3.44}$$

Zur Berechnung von artanh s. Abschnitt 2.2.4.

### 2.3.7 Schaltarbeit der Kraftfahrzeugkupplung beim Anfahrvorgang

Kraftfahrzeuge sind über die ganze Welt verbreitet. In jedem Fahrzeug mit Handschaltgetriebe ist auch eine Reibkupplung eingebaut (s. Kapitel 7 bis 10). Den schematischen Aufbau derartiger Antriebe zeigt Bild 2.25. Die Kupplung ist für zwei Bedienungsfälle erforderlich: Anfahren des Fahrzeugs und Gangumschaltung.

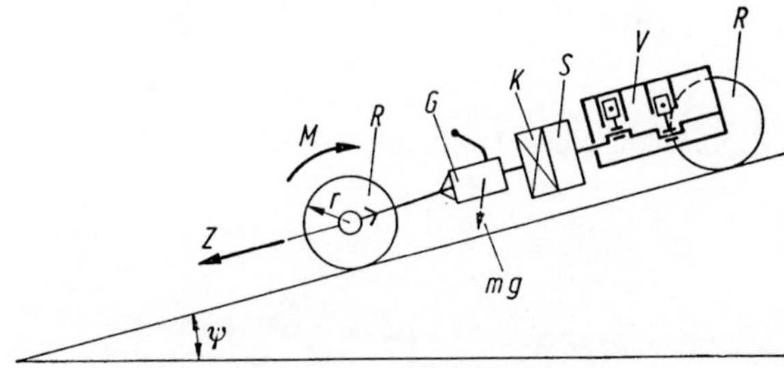


Bild 2.25. Schema eines Fahrzeugantriebes. *V* Motor; *S* Schwungrad; *K* Kupplung; *G* Getriebe; $r, r_{\mathrm{dy}}$ dynamischer Reifenradius; *M* Raddrehmoment; *R* Rad; *Z* Zugkraft; $\psi$ Steigungswinkel; *mg* Gewichtskraft; *m* Fahrzeugmasse

Bezogen auf die Kupplungsbelastung ist der Anfahrvorgang besonders zu beachten. Der Motor wird über das Gaspedal, die Kupplung über das Kupplungspedal vom Menschen bedient. Damit entzieht sich dieser Betriebszustand einer genauen Berechnung. Häufige Beobachtungen über den Ablauf geben Hinweise, wie der Regelfall aussieht (Bild 2.26), (s. Abschnitt 8.3.2.2).

Zu diesem komplexen Einsatzfall einer Reibkupplung liegt eine spezielle Ausarbeitung vor [38]. Alle folgenden Ausführungen stützen sich hierauf, ebenso die angegebenen

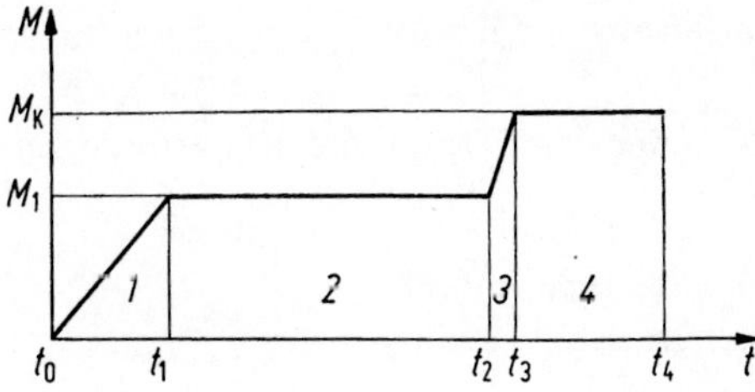


Bild 2.26. Anfahrdiagramm. Nach [38]. $M_1$ Drehmoment zum Anfahren; $M_{\mathrm{K}}$ Kupplungskennmoment; $t_0$ Einkupplungsbeginn; $t_1$ Fahrzeug beginnt zu rollen; $t_2$ Beginn der Steigerung des Drehmomentes von $M_1$ auf $M_{\mathrm{K}}$; $t_3$ Drehmoment $M_{\mathrm{K}}$ erreicht; $t_4$ Ende des Einkuppelvorganges

Gleichungen. Das in Bild 2.26 dargestellte Diagramm wird für einen Anfahrvorgang am Berg zugrunde gelegt. Der Luftwiderstand wurde aus naheliegenden Gründen nicht beachtet.

Zur Zeit $t_0$ (Bilder 2.26 bis 2.28) erreicht die Motordrehzahl $n_A$ ($\omega_{MA}$) und die Kupplung wird eingerückt, das Kupplungsmoment steigt. Der Motor erreicht nach einer Zeit $t_{MV}$ das Vollastmoment Punkt A, Bild 2.27, sofern der Anfahrvorgang die volle Leistung erfordert. Wird ihm aber mehr abverlangt, dann sinkt die Motordrehzahl ab (Bild 2.28), um am Ende, wenn das Fahrzeug angefahren ist ($t_4$), die Drehzahl $n$ (Bild 2.27) anzunehmen.

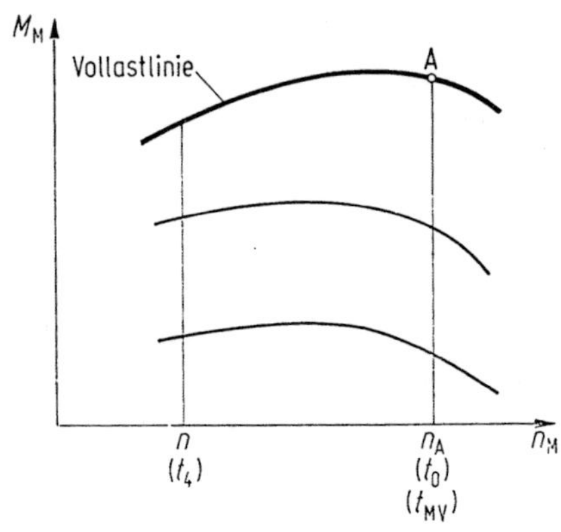


Bild 2.27. Kennlinien eines Fahrzeugmotors. Nach [38]

Die notwendige Zugkraft $Z$ (Umfangskraft der Treibräder) errechnet sich zu (Bild 2.25)

$$Z = mb + mg \sin \psi + mgf$$

Es bedeuten:

| | |
|---|---|
| $m$ | Fahrzeugmasse, |
| $f$ | Rollwiderstandsbeiwert, |
| $b$ | Beschleunigung $b = \ddot{\varphi}_R r = \dfrac{\ddot{\varphi}_K}{i} r$, |
| $\varphi_R$ | Drehwinkel an der Kupplung, |
| $i$ | gesamte Getriebeübersetzung zwischen Kupplung und Treibrad, |
| $\varphi_K$ | Drehwinkel des Rades, |
| $g$ | Erdbeschleunigung. |

Daraus kann das Radmoment errechnet werden

$$M_R = m \frac{\ddot{\varphi}_K}{i} r^2 + mgr(\sin \psi + f).$$

Mit dem Gesamtwirkungsgrad $\eta$ zwischen Kupplung und Rad wird das erforderliche Kupplungsmoment

$$M_{Kerf} = \frac{M_R}{\eta i} = \frac{m \dfrac{\ddot{\varphi}_K}{i} r^2 + mgr(\sin \psi + f)}{\eta i}.$$

Das vom Motor abverlangte Drehmoment $M_{M(t)}$ zum Zeitpunkt $t$ im Bereich $t_0$ bis $t_1$ ist:

Vor Erreichen der Vollastkurve

$$M_{M(t)} = M(t) \qquad t_0 \leqq t \leqq t_{MV} \quad \text{(Bild 2.28)}$$

($M(t)$ augenblickliches Kupplungsmoment).

Nach Erreichen der Vollastkurve

$$M_{M(t)} - J_M \dot{\omega}_M = M(t) \qquad t_{MV} < t \leqq t_1$$

($J_M$ rotierende Motormasse einschließlich Schwungmasse).

Die Schaltarbeit für den Bereich $I$ ergibt sich nach dem allgemeinen Ansatz, Gl. (2.3.1)

$$dQ = M(t)\,\omega(t)\,dt.$$

Für den hier angenommenen Anfahrvorgang wird sie:

Im Zeitabschnitt $t_0 \leqq t \leqq t_{MV}$

$$Q_{R11} = \frac{M_1 \omega_{MA}}{2} \frac{(t_{MV}^2 - t_0^2)}{t_1 - t_0}. \tag{2.3.45}$$

Im Zeitabschnitt $t_{MV} < t \leqq t_1$

$$Q_{R12} = \frac{M_1}{t_1 - t_0} \sum_{n=1}^{x} \frac{(\omega_{M1,n} + \omega_{M1,n-1})}{2} \frac{(t_{1,n} + t_{1,n-1})}{2} \Delta t \tag{2.3.46}$$

($n = 1, 2, 3, \ldots, x$).

Vom Motor liegt im allgemeinen die Kurve Drehmoment über der Drehzahl vor. Eine Kennlinie Drehzahl über der Zeit ist nicht vorhanden. Deshalb wird hier nach einer gemessenen Kurve gearbeitet und diese gemäß Bild 2.28 in Zeitabschnitte eingeteilt

$$\Delta t = t_{1,2} - t_{1,1} = t_{1,3} - t_{1,2},$$

$$\Delta t = \frac{t_1 - t_{MV}}{x}.$$

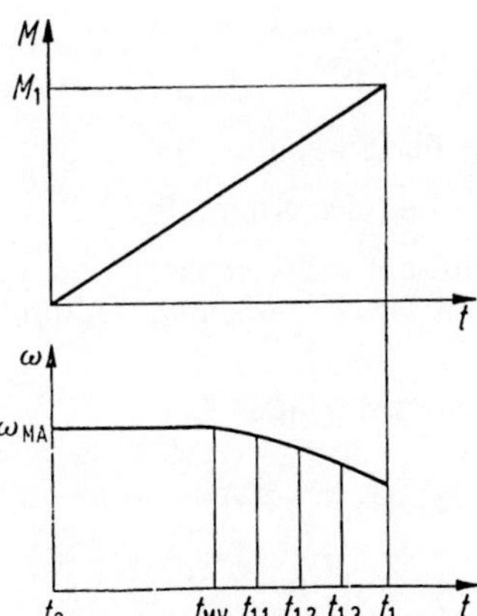

Bild 2.28. Anfahrvorgang, Ausschnitt nach Bild 2.26, Bereich $I$. Möglicher Verlauf der Motor-Winkelgeschwindigkeit in der Zeit $t_0$ bis $t_1$

Jedem Zeitpunkt $t_{1,n}$ ist eine Winkelgeschwindigkeit $\omega_{M1,n}$ zugeordnet. Damit kann Gl. (2.3.42) gelöst werden.

Die Schaltarbeit der Kupplung im Bereich $I$ nach Bild 2.26 erreicht den Wert

$$Q_{R1} = Q_{R11} + Q_{R12}. \tag{2.3.47}$$

Im Bereich *2* (Bild 2.26) ist das Kupplungsmoment $M_1$ konstant; das Fahrzeug erhält eine konstante Beschleunigung. Die vom Motor abgegebene gesamte Energie teilt sich in
— Arbeit zur Beschleunigung des Fahrzeugs,
— Arbeit zur Überwindung von Übertragungsverlusten und Fahrwiderständen,
— Arbeit der Kupplung (Schaltarbeit).
Die gesamte abgegebene Arbeit des Motors ist

$$Q_{ges2} = M_1 \sum_{n=1}^{x} \frac{(\omega_{M2,n} + \omega_{M2,n-1})}{2} \Delta t. \qquad (2.3.48)$$

Zum Verlauf der Motordrehzahl gelten sinngemäß die Erläuterungen anschließend zur Gl. (2.3.46) mit Bild 2.28. Bei konstanter Beschleunigung im Bereich *2* ergibt sich ein linearer Anstieg der Kupplungsdrehzahl. Die Beschleunigungsarbeit, einschließlich Übertragungsverluste, wird

$$Q_{B2} = \frac{M_1 b(t_2 - t_1)^2}{2} \frac{i}{r}. \qquad (2.3.49)$$

Die Schaltarbeit der Kupplung ist die Differenz aus zugeführter Gesamtarbeit und der Beschleunigungsarbeit

$$Q_{R2} = Q_{ges2} - Q_{B2}. \qquad (2.3.50)$$

Der Bereich *3* ist ein Übergangsbereich, für den nicht mit konstanter Beschleunigung gerechnet wird. Zur Ableitung der Gleichungen wird von den Bewegungsgleichungen an An- und Abtrieb ausgegangen.
Die Beschleunigungsarbeit ist

$$\begin{aligned}
Q_{B3} = \frac{\delta}{m} \Bigg\{ &\frac{\eta \delta \gamma^2}{8} \Delta t_{43} + \frac{\gamma}{3} \left( \varepsilon + \frac{\eta \beta \delta}{2} \right) \Delta t_{33} \\
&- \frac{1}{2} \left[ \frac{\eta \delta \gamma^2 t_2^2}{2} + (\gamma t_2 - \beta) \varepsilon - \frac{mr\gamma}{i} \omega_{K(t_2)} \right] \\
&\times \Delta t_{23} - \beta \left[ \frac{\eta \delta \gamma t_2^2}{2} + t_2 \varepsilon - \frac{mr}{i} \omega_{K(t_2)} \right] \Delta t_{13} \Bigg\},
\end{aligned} \qquad (2.3.51)$$

$$
\begin{array}{l|l}
\begin{aligned}
\Delta t_{13} &= t_3 - t_2 \\
\Delta t_{23} &= t_3^2 - t_2^2 \\
\Delta t_{33} &= t_3^3 - t_2^3 \\
\Delta t_{43} &= t_3^4 - t_2^4
\end{aligned} &
\begin{aligned}
\delta &= \frac{\mu r_K z i}{r_{dy}} \\
\gamma &= \frac{F_K - F_1}{t_3 - t_2} \\
\beta &= \frac{F_1 t_3 - F_K t_2}{t_3 - t_2}
\end{aligned}
\end{array}
$$

| | |
|---|---|
| $\eta$ | Wirkungsgrad |
| $r_K$ | Reibradius der Kupplung |
| $z$ | Reibflächenzahl der Kupplung |
| $F_1, F_K$ | Anpreßkraft auf die Reibflächen der Kupplung bei den Momenten $M_1$ und $M_K$ |
| $\mu$ | Reibwert der Kupplung |

$$\varepsilon = \eta \beta \delta - mg(\sin \psi + f).$$

Die vom Motor abgegebene Gesamtarbeit ist

$$Q_{ges3} = \mu r_K z \, \Delta t \sum_{n=1}^{x} \frac{(\gamma t_{3,n} + \beta) + (\gamma t_{3,n-1} + \beta)}{2} \frac{(\omega_M(t_{3,n}) + \omega_M(t_{3,n-1}))}{2} \qquad (2.3.52)$$

Sinngemäß den Angaben zu Gl. (2.3.46) und Bild 2.28 sind $\Delta t$; $t_{3,n}$; $t_{3,n-1}$ usw. zu bestimmen.
Die Schaltarbeit der Kupplung ist

$$Q_{R3} = Q_{ges3} - Q_{B3}. \qquad (2.3.53)$$

Bei normalen Anfahrvorgängen kann im Zeitpunkt $t_3$ der Anfahrvorgang beendet sein. Die Ableitung dieser Gleichungen geht von einem schweren Anfahrereignis aus, und es soll bei $t_3$ noch kein Gleichlauf in der Kupplung vorliegen. Mit dem konstanten Kupplungsmoment $M_K$ ist auch im Zeitabschnitt $t_3$ bis $t_4$ konstante Beschleunigung vorhanden.

Die vom Fahrzeug aufgenommene Beschleunigungsarbeit errechnet sich zu

$$Q_{B4} = M_K \left\{ \frac{i}{2mr^2} [M_K \eta i - mgr(\sin \psi + f)] (t_4 - t_3)^2 + \omega_{K(t_3)}(t_4 - t_3) \right\}. \quad (2.3.54)$$

Vom Motor wird folgende Gesamtarbeit abgegeben:

$$Q_{ges4} = M_K \frac{\Delta t}{2} \sum_{n=1}^{x} [\omega_{M(t_4,n)} + \omega_{M(t_4,n-1)}]. \quad (2.3.55)$$

Zu $\Delta t$, $\omega_{M(t_4,n)}$ und $\omega_{M(t_4,n-1)}$ ist sinngemäß den Angaben zu Gl. (2.3.46) zu verfahren. Und schließlich wird die Schaltarbeit der Kupplung

$$Q_{R4} = Q_{ges4} - Q_{B4}. \quad (2.3.56)$$

Für den Anfahrvorgang am Berg (Bild 2.25) mit dem Momenten-Zeitverlauf an der Kupplung gemäß Bild 2.26 errechnet sich die gesamte Schaltarbeit für die Reibkupplung zu

$$Q_{ges} = Q_{R1} + Q_{R2} + Q_{R3} + Q_{R4} \quad (2.3.57)$$

(Gl. (2.3.47), (2.3.50), (2.3.53), (2.3.56)).

## 2.4 Wärmetechnische Berechnungen

Der Schaltvorgang mit einer Reibkupplung erzeugt eine Schaltarbeit. Mechanische Energie wird an den Reibflächen in Wärme umgewandelt. Je mehr Energie einer Reibfläche in der gleichen Zeit zugeführt wird, desto höher ist die Wärmebelastung dieser Reibfläche. Meßgröße ist die Temperatur der Reibfläche.

Als Material für Reibflächen werden, dem Verwendungszweck entsprechend, unterschiedliche Werkstoffe eingesetzt. Sie sind von organischer Herkunft, organisch/anorganisch gemischt und rein metallisch. Da ist verständlich, daß die ertragbaren Höchsttemperaturen verschieden sind.

Eine wichtige Aufgabe besteht darin, die in den Reibflächen auftretenden Temperaturen und den Abkühlvorgang der Kupplung zu ermitteln. Der Berechnungsvorgang ist schwierig und mit einfachen mathematischen Ansätzen nicht zu lösen. In Dissertationen und Veröffentlichungen in Zeitschriften wurden Arbeiten zu diesem Thema vorgelegt, welche die Basis für diesen Abschnitt bilden [12, 13, 40, 22, 23, 6, 2, 32].

### 2.4.1 Temperatur an den Reibflächen einer Trockenkupplung

#### 2.4.1.1 Einmalige Schaltung und räumlich unbegrenzte Reibkörper

Nach [13] wurden Gleichungen für die Temperaturberechnung angegeben. Dazu gelten folgende Annahmen:

— nach allen Seiten unendlich ausgedehnte Reibkörper;
— kurze Schaltzeiten, womit die von der Wärme erfaßten Bereiche unmittelbar an der Reibfläche liegen;
— Wärmefluß senkrecht zur Reibebene;
— kein Wärmeübergang an die Umgebung.

Für den einmaligen Schaltvorgang (oder wiederholte Schaltungen nach sehr langen Pausen) gelten mit den obigen Einschränkungen folgende Beziehungen für die Temperatur in der Reibfläche bei konstantem Kupplungsmoment:

$$\vartheta(0, t) = \frac{2\varkappa\dot{q}}{\varrho c} \sqrt{\frac{t_3}{\pi a}} \left(\frac{t}{t_3}\right)^{\frac{1}{2}} \left(1 - \frac{2}{3}\frac{t}{t_3}\right) \quad 0 \leqq t \leqq t_3, \tag{2.4.1}$$

$$\vartheta(0, t) = \frac{2\varkappa\dot{q}}{\varrho c} \sqrt{\frac{t_3}{\pi a}} \left\{ \left(\frac{t}{t_3}\right)^{\frac{1}{2}} \left(1 - \frac{2}{3}\frac{t}{t_3}\right) - \left(\frac{1-t_3}{t_3}\right)^{\frac{1}{2}} \frac{2}{3}\left(1 - \frac{t}{t_3}\right) \right\}, \quad t_3 \leqq t \tag{2.4.2}$$

$$\vartheta_{\max} = \frac{2}{3}\frac{\varkappa\dot{q}}{\varrho c} \sqrt{\frac{2t_3}{\pi a}} \quad \text{bei} \quad \frac{t}{t_3} = \frac{1}{2}. \tag{2.4.3}$$

Mit der Bezugsgröße

$$\vartheta(0, x) = \frac{\varkappa\dot{q}}{2\varrho c} \sqrt{\frac{t_3}{\pi a}}$$

ergibt sich die bezogene Reibflächentemperatur während des Schaltvorgangs zu

$$\frac{\vartheta(0, t)}{\vartheta(0, x)} = 4 \sqrt{\frac{t}{t_3}} \left(1 - \frac{2}{3}\frac{t}{t_3}\right). \tag{2.4.4}$$

Die Gl. (2.4.1) bis (2.4.4) gelten nach [40] für $K \leqq 0,5$ (Gl. (2.4.6)).

Es bedeuten:

| | | |
|---|---|---|
| $\vartheta(0, t)$ | Reibflächentemperatur | K, |
| $\vartheta(0, x)$ | Bezugstemperatur | K, |
| $\vartheta_{\max}$ | Maximaltemperatur | K, |
| $a$ | Temperaturleitzahl | cm²/s, |
| | $a = 0{,}145$ für Stahl [13] | |
| $\varrho$ | Dichte | kg/cm³, |
| $c$ | spezifische Arbeit (für Stahl: $c = 465$) | Ws/kg K, |
| | (s. Abschnitt 4.2.1) | |
| $t_3$ | Rutschzeit | s, |
| $t$ | Zeit | s, |
| $\dot{q}$ | mittlere während des Schaltvorgangs je Zeit und Flächeneinheit zugeführte Arbeit (Reibleistung) | W/cm², |
| $\varrho', c', a'$ | Angaben für anderen Werkstoff. | |

$$\varkappa = \frac{2}{1 + \dfrac{\varrho'c'}{\varrho c}\sqrt{\dfrac{a'}{a}}} \tag{2.4.5}$$

$\varkappa$ ist ein Faktor, gebildet aus den Eigenschaften der Reibmaterialien. Bei gleichen Werkstoffen ist $\varkappa = 1$. Ist ein Werkstoff wärmeisolierend ($a' = 0$), dann wird $\varkappa = 2{,}0$.

Die Gl. (2.4.4) ist in Bild 2.29 dargestellt. Danach ergibt sich in einer Reibpaarung entsprechend den beschriebenen Randbedingungen nach der halben Rutschzeit die maximale Temperatur gemäß Gl. (2.4.3).

### 2.4.1.2 Einmalige Schaltung und kleine Kupplungswandstärke

Der Rechenansatz wurde weitergeführt auf längere Schaltzeit und praktikable Maßverhältnisse [13]. Diese mathematische Entwicklung ergibt Gleichungen, deren Anwendungsbereiche durch eine dimensionslose Kennzahl, dem Fourier-Koeffizienten $K$, definiert werden

$$K = \frac{at_3}{l^2}.$$      (2.4.6)

$l$ ist die Länge über die der Wärmestrom zur Wärmeableitungsstelle verläuft. Hier könnte die Kupplungswandstärke angesetzt werden (Bild 2.30).

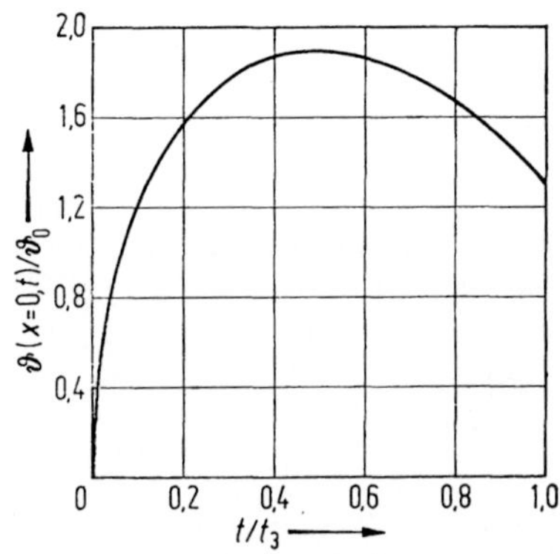

Bild 2.29

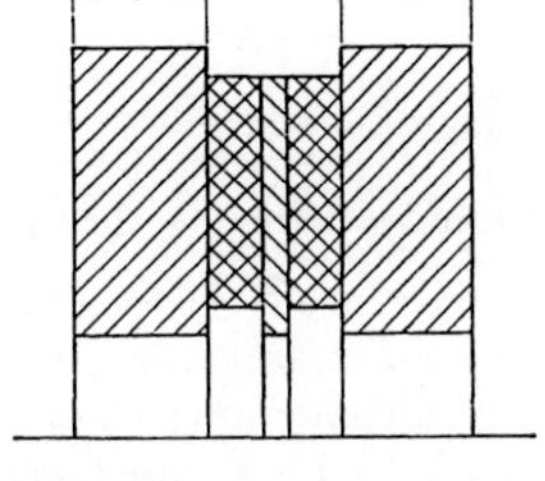

Bild 2.30

Bild 2.29. Bezogene Reibflächentemperatur über der Reibzeit
Bild 2.30. Siehe Text

Für die maximale Reibflächentemperatur bei isolierendem Reibbelag gelten nun folgende Gleichungen:

$$\vartheta_{\max} = \frac{4}{3}\frac{\dot{q}}{\varrho c}\sqrt{\frac{2t_3}{\pi a}} \quad \text{für} \quad 0 \leqq \frac{at_3}{l^2} \leqq 1{,}132$$      (2.4.7)

und

$$\vartheta_{\max} = \frac{\dot{q}t_3}{\varrho c l} \quad \text{für} \quad 1{,}132 \leqq \frac{at_3}{l^2}.$$      (2.4.8)

Der Temperaturverlauf an der Reibfläche $\vartheta(0, t)$ als Funktion der Zeit im Verhältnis zu einer Bezugsgröße

$$\vartheta_0 = \frac{\dot{q}}{2\varrho c}\sqrt{\frac{t_3}{\pi a}}$$

wird ebenfalls für $\varkappa = 2$ (isolierender Reibbelag) angegeben [13]

$$\frac{\vartheta(0, t)}{\vartheta_0} = 8\sqrt{\frac{\pi}{K}}\left[\frac{K}{2}\frac{t}{t_3}\left(1 - \frac{1}{2}\frac{t}{t_3}\right) + \frac{1}{6}\left(1 - \frac{t}{t_3}\right) + \frac{1}{90 \cdot K}\right] \quad K \gg 1.$$      (2.4.9)

Bild 2.31 zeigt diese Funktion für $K = 1{,}5$ und $K = 2{,}5$. Im Vergleich zu Bild 2.29 verschiebt sich die Maximaltemperatur mit steigendem $K$-Wert zu höherem Verhältnis $t/t_3$, d.h. die Maximaltemperatur tritt erst nach längerer Rutschzeit auf. Ein größerer $K$-Wert bedeutet entweder längere Rutschzeit bei gleicher Wanddicke der Kupplung (Bild 2.30) oder gleiche Rutschzeit bei geringerer Wanddicke.

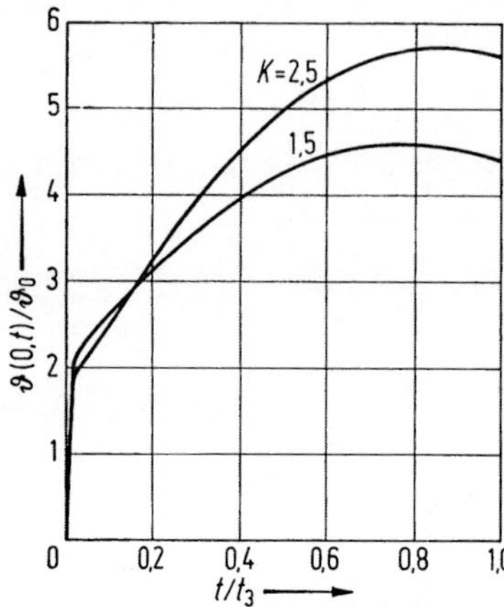

Bild 2.31. Bezogene Reibflächentemperatur über der Reibzeit bei Fourier-Koeffizienten 1,5 und 2,5

### 2.4.1.3 Einmalige Schaltung — Temperatur im Lamellenpaket

In einer Lamellenkupplung mit metallischen Lamellen, die außerdem relativ dünn sind, wird sich die Wärme im Lamellenpaket ausbreiten. Zur näherungsweisen Berechnung der Temperatur wird angenommen, daß die in der Paketmitte befindliche Lamelle am höchsten aufheizt [13]. Es ist anzunehmen, daß sich die in einer Reibpaarung entstehende Wärme über beide Reibscheiben in Richtung Lamellendicke ausbreitet. In Lamellenmitte trifft die von einer Lamellenseite ausgehende Wärme auf die Wärme, die von der anderen Seite kommt. Somit kann die Wärme nur in der halben Lamellendicke gespeichert werden.

Für den Fourier-Koeffizienten nach Gl. (2.4.6) wird somit $l$ durch $s/2$ ersetzt.

$$K = \frac{4at_3}{s^2} \tag{2.4.10}$$

($s$ Lamellendicke).

Zur Berechnung der maximalen Lamellentemperatur werden folgende Gleichungen angegeben [13]:

$$\vartheta_{max} = \frac{2}{3}\frac{\dot{q}}{\varrho c}\sqrt{\frac{2t_3}{\pi a}} \quad 0 \leq \frac{4at_3}{s^2} \leq 1{,}132, \tag{2.4.11}$$

$$\vartheta_{max} = \frac{qt_3}{\varrho cs} \quad 1{,}132 \leq \frac{4at_3}{s^2}. \tag{2.4.12}$$

Diese Gleichungen können nur zur Überschlagsrechnung verwendet werden und ergeben gegenüber genaueren Rechenmethoden höhere Temperaturen (im Vergleich zum Differenzenverfahren etwa 18% höher [40]). In [40] wird ein Superpositionsverfahren angegeben, wonach mit Hilfe von Rechnern genauere Berechnungen möglich sind.

### 2.4.1.4 Thermisch günstiger Schaltvorgang

Zu prüfen ist, ob ein geändertes Kupplungskennmoment bei sonst gleichen Bedingungen eine Veränderung der Reibflächentemperatur erbringt. Dieses Thema wurde übersichtlich dargestellt [13]. Mit Hilfe von Bild 2.24 gilt während einer Schaltung

$$M_A - M_K = J_1\frac{d\omega_1}{dt},$$

$$M_K - M_L = J_2\frac{d\omega_2}{dt}.$$

Daraus wird

$$\omega' = \omega_1 + \frac{M_A - M_K}{J_1} t,$$

$$\omega'' = \omega_2 + \frac{M_K - M_L}{J_2} t,$$

$$\omega' - \omega'' = (\omega_1 - \omega_2) + t\left(\frac{M_A - M_K}{J_1} - \frac{M_K - M_L}{J_2}\right).$$

Nach einigen Zwischenrechnungen wird

$$\omega' - \omega'' = (\omega_1 - \omega_2) + t\left(\frac{M_A}{J_1} + \frac{M_L}{J_2} - M_K \frac{1}{J^*}\right)$$

mit

$$J^* = \frac{J_1 J_2}{J_1 + J_2}.$$

Weiterhin ist

$$\omega' - \omega'' = (\omega_1 - \omega_2) - t\left[\frac{M_K}{J^*} - \frac{J^*}{J^*}\left(\frac{M_A}{J_1} + \frac{M_L}{J_2}\right)\right],$$

$$\omega' - \omega'' = (\omega_1 - \omega_2) - \frac{t}{J^*}(M_K - M_{Ks}). \tag{2.4.13}$$

Darin ist

$$M_{Ks} = J^*\left(\frac{M_A}{J_1} + \frac{M_L}{J_2}\right). \tag{2.4.14}$$

Ist $M_K = M_{Ks}$, dann ergibt Gl. (2.4.13)

$$\omega' - \omega'' = (\omega_1 - \omega_2) - 0.$$

Es findet kein Drehzahlangleich statt! Das Kupplungsmoment $M_{Ks}$ ist demzufolge jenes Drehmoment mit dem, würde die Kupplung in dieser Größe gewählt, kein Drehzahlangleich stattfindet. Dauerrutschen bis die Kupplung beschädigt ist wäre die Folge. Das Kupplungskennmoment muß also stets größer sein als $M_{Ks}$.

In Gl. (2.4.7) und (2.4.8) werden eingesetzt:

$$\dot{q} = \frac{R M_K (\omega_1 - \omega_2)}{2A} \quad \text{und} \quad t_3 = \frac{(\omega_1 - \omega_2) J^*}{(M_K - M_{Ks})}.$$

Als Bezugsgrößen werden weiterhin eingeführt:

$$t_3^* = \frac{(\omega_1 - \omega_2) J^*}{M_{Ks}}; \quad K^* = \frac{a t_3^*}{l^2}; \quad \vartheta^* = \frac{2}{3}\frac{R M_{Ks}(\omega_1 - \omega_2)}{A \varrho c}\sqrt{\frac{2(\omega_1 - \omega_2) J^*}{\pi a M_{Ks}}}$$

(Erläuterungen für $R$ siehe [13]).

Damit gilt für Kupplungen mit isolierendem Reibbelag:

$$\frac{\vartheta_{max}}{\vartheta^*} = \frac{M_K}{M_{Ks}}\sqrt{\frac{1}{\dfrac{M_K}{M_{Ks}} - 1}} \qquad \frac{M_K}{M_{Ks}} \geqq 1 + \frac{K^*}{1,132}, \tag{2.4.15}$$

$$\frac{\vartheta_{max}}{\vartheta^*} = 0,94 \frac{\dfrac{M_K}{M_{Ks}}}{\dfrac{M_K}{M_{Ks}} - 1}\sqrt{K^*} \qquad \frac{M_K}{M_{Ks}} \leqq 1 + \frac{K^*}{1,132}, \tag{2.4.16}$$

$$M_{K\,opt} = 2 M_{Ks} \qquad K^* \leqq 1,132, \tag{2.4.17}$$

$$M_{K\,opt} = \left(1 + \frac{K^*}{1,132}\right) M_{Ks} \qquad K^* \geqq 1,132. \tag{2.4.18}$$

Das optimale Kennmoment $M_{K\,opt}$ einer Kupplung hinsichtlich kleinster Reibflächentemperatur liegt bei doppeltem Moment $M_{Ks}$, wenn große Kupplungswandstärken ($l$ groß) oder kleine Rutschzeiten ($t_3^*$ klein) vorliegen. Bei kleinen Wandstärken und/oder längeren Rutschzeiten gilt Gl. (2.4.18).

Die Gl. (2.4.15) und (2.4.16) sind in Bild 2.32 dargestellt. Wie schon in [13] gezeigt, ist das Optimum für $M_K/M_{Ks}$ hinsichtlich der Reibflächentemperatur breit. Günstige Temperaturverhältnisse liegen in einem weiten Bereich von $M_K/M_{Ks}$ vor. Unter $M_K/M_{Ks} = 1{,}5$ steigt die Reibflächentemperatur an, um bei $M_K/M_{Ks} = 1$ unendlich groß zu werden (Dauerrutschen).

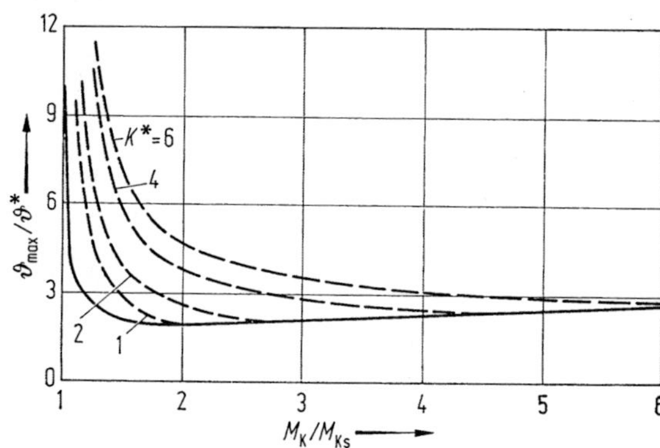


Bild 2.32. Zusammenhang von Reibflächentemperatur und Kennmoment einer Kupplung

### 2.4.1.5 Schaltvorgang mit Wärmespeicherung und Wärmeabfuhr

In den Abschnitten 2.4.1.1 und 2.4.1.4 ist die Temperatur an den Reibflächen Gegenstand der Betrachtung. Interessant ist ebenfalls, wie nach vollzogenem Schaltvorgang, nachdem die Wärme den Kupplungsbauteilen zugeführt wurde, der Abkühlvorgang abläuft. Dazu gibt es Überlegungen [32], die auf folgenden Annahmen beruhen:

Der Kupplung wird im Reibsystem Wärme zugeführt. Die Wärme wird zunächst in der Kupplungsmasse gespeichert und dann über die Wärme abgebende Oberfläche (Konvektion, Strahlung) oder über angrenzende Bauteile (Wärmeleitung) abgeführt. Dazu wird die gesamte Kupplungsmasse als gleichmäßig erwärmt betrachtet (keine zeitlichen und örtlichen Temperaturdifferenzen). Während der Schaltung wird das Kupplungskennmoment und das Lastmoment als konstant angenommen; außerdem wird von linearer Änderung der Winkelgeschwindigkeit ausgegangen.

Während einer Schaltung ergeben sich in der Kupplung drei wichtige Vorgänge [32]:

— Wärme wird zugeführt. Ein „Wärmezuführparameter" $A_1 = M_K\,\Delta\omega$ kann eingeführt werden.

— Die Masse der Kupplung kann Wärme speichern. Der „Wärmespeicherparameter" ist $A_2 = cm$.

— Die Kupplung führt Wärme ab, dazu wird der „Wärmeabfuhrparameter" definiert: $A_3 = \alpha A_{\wedge}$.

Es bedeuten:

$M_K$   Kennmoment der Kupplung,
$\Delta\omega$   Differenz der Winkelgeschwindigkeit am Schaltbeginn ($t = 0$),
$m$   Masse des Kupplungskörpers,

$A_\alpha$  Die zur Wärmeabgabe am Außenteil der Kupplung maßgebende Fläche,
$\alpha$  Wärmeübergangskoeffizient (nicht im thermodynamischen Sinne), ein flächenbezogener Wärmeabfuhrbeiwert. Er ist eine aus Versuchen für eine ausgeführte Kupplung bestimmte Zahl, die alle Vorgänge (Strahlung, Leitung, Konvektion) der Wärmeabfuhr und Umgebungsverhältnisse repräsentiert einschließlich der Luftströmung,
$t_3$  Rutschzeit der Kupplung.

Als zusammenfassende Grundgleichung für die Temperatur der Kupplung wird vorgeschlagen [32]

$$\vartheta(t) = \left(\frac{A_1}{A_3} + \frac{A_1 A_2}{A_3^2}\frac{1}{t_3}\right)\left(1 - e^{-\frac{A_3}{A_2}t}\right) - \frac{A_1}{A_3}\frac{t}{t_3}. \qquad (2.4.19)$$

Bei Dauerreibung ist die Rutschzeit $t_3$ unendlich groß

$$\vartheta(t) = \frac{A_1}{A_3}\left(1 - e^{-\frac{A_3}{A_2}t}\right). \qquad (2.4.20)$$

Nach einer Schaltung (Wärmezufuhr ist abgeschlossen) kann der zeitliche Abkühlverlauf nach der bekannten Gleichung, für die Ausgangstemperatur $\vartheta_0$, errechnet werden

$$\vartheta(t) = \vartheta_0\, e^{-\frac{\alpha A_\alpha}{cm}t}. \qquad (2.4.21)$$

### 2.4.2 Temperatur an den Reibflächen einer ölgekühlten Kupplung

Wird nur einmal geschaltet (oder Schaltungen mit sehr großen Zwischenzeiten), dann interessiert die maximale Reibflächentemperatur, weil die Temperaturgrenze der Reibpaarung ein wichtiges Merkmal ist. Werden häufige Schaltungen oder gar schnelle Folgen von Kupplungsvorgängen notwendig, muß der ganze Ablauf von Wärmezu- und -abfuhr in die Überlegungen einbezogen werden.

Im Abschnitt 2.4.1.5 wurden bereits Wärmezufuhr, Wärmespeicherung und Wärmeabfuhr als die drei wichtigen Vorgänge bezeichnet. Bei häufigen Schaltungen ist die Wärmespeicherung ohne Bedeutung, wenn der Kupplungskörper seine Beharrungstemperatur erreicht hat. Dann ist das Gleichgewicht von Wärmezu- und -abfuhr wichtig.

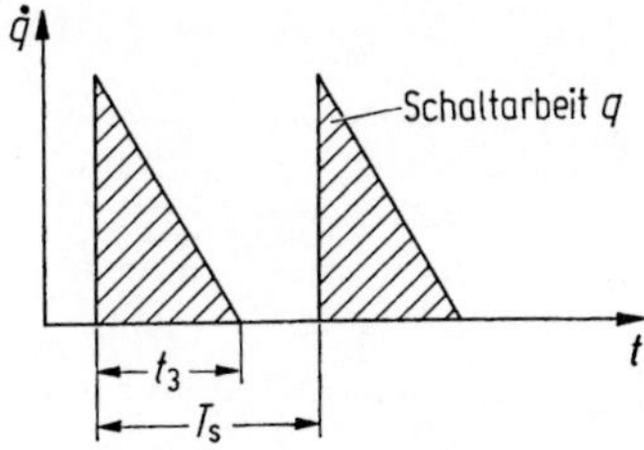


Bild 2.33.  Schaltarbeit bei einem Schaltvorgang. $t_3$ Rutschzeit; $T_s$ Zykluszeit (Schaltabstand)

Je Schaltvorgang wird der Kupplung eine flächenbezogene Schaltarbeit $q$ in der Zeit $t_3$ zugeführt (Bild 2.33). Die Folge ist Temperaturanstieg der Reibfläche auf $\vartheta_m$ (Bild 2.34). Bei kürzerer Schaltzeit, aber gleicher Schaltarbeit, ergibt sich die höhere Temperatur $\vartheta_{Rmax}$. Diese schon in [23] dargestellten Bilder zeigen recht deutlich den Temperaturvorgang in einer Kupplung.

Nachdem die Temperatur $\vartheta_m$ erreicht ist, verteilt sich die Wärme in der Kupplung und wird auf verschiedenen Wegen abfließen (vgl. Abschnitt 2.4.1.5, Erläuterung zu $\alpha$). Bei geschlossener Kupplung sinkt die Temperatur innerhalb der Zeit $t_a$ auf $\vartheta_b$. Wird nun die Kupplung geöffnet, verändern sich die Bedingungen der Wärmeabfuhr. Innerhalb der

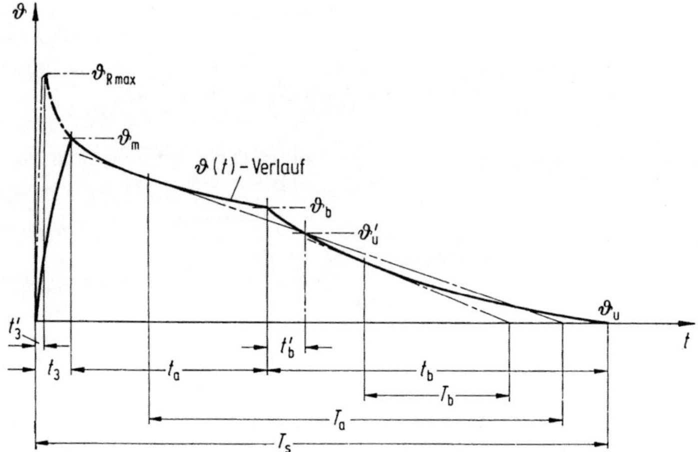

Bild 2.34. Temperatur-Zeit-Verlauf eines Schaltvorganges. $\vartheta$ Temperatur, $t_3$ Rutschzeit der Kupplung, $t_a$ Kupplung geschlossen, $t_b$ Kupplung offen, $T_s$ Zykluszeit (Schaltabstand)

Öffnungszeit $t_b$ sinkt die Temperatur weiter auf $\vartheta_u$. Die abgelaufene Gesamtzeit ist $T_s$. Das wäre der Schaltabstand, wenn jetzt ein weiterer Schaltvorgang folgte.

Ändert sich an den äußeren Bedingungen nichts, so bringt auch eine hohe Anzahl gleicher Schaltfolgen $T_s$ keine Störungen, weil genügend Abkühlzeit zur stabilen Ausgangstemperatur führt. Wird beispielsweise vor Ablauf der Zeit $t_b$ nach der Zwischenzeit $t_b'$ ein weiterer Schaltvorgang eingeleitet, dann ist die Ausgangstemperatur nicht mehr $\vartheta_u$. sondern $\vartheta_u'$, Die Endtemperatur der Schaltung ist dann bei gleicher Schaltarbeit höher als vorher. Das Thema wurde in [23] zusammenfassend dargestellt mit übersichtlichen, handhabbaren mathematischen Beziehungen.

Anhand von Bild 2.35 ist folgende Darstellung verständlich (s. auch Gl. (2.4.21))

$$\vartheta_{01} = \vartheta_m,$$
$$\vartheta_{b1} = \vartheta_{01}\, e^{-(t_a/T_a)},$$
$$\vartheta_{u1} = \vartheta_{b1}\, e^{-(t_b/T_b)} = \vartheta_{01}\, e^{-(t_a/T_a + t_b/T_b)} = \vartheta_{01}\, k,$$
$$\vartheta_{02} = \vartheta_{u1} + \vartheta_{01},$$
$$\vartheta_{0n} = \vartheta_{01}(1 + k + k^2 + \ldots + k^{n-1}),$$

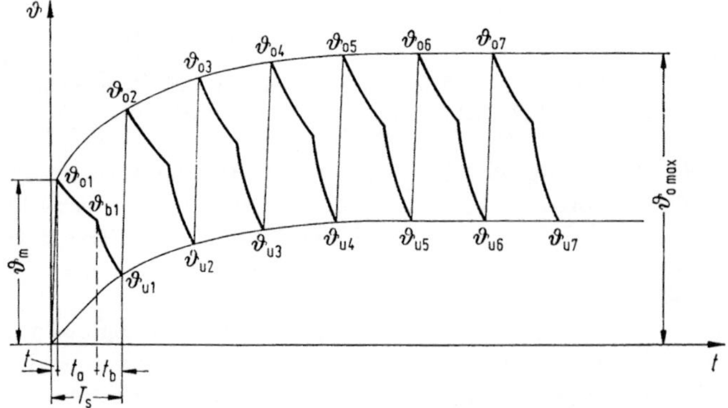

Bild 2.35. Temperatur-Zeit-Verlauf bei mehreren Schaltfolgen

für $n \to \infty$

$$\vartheta_{0\,\text{max}} = \vartheta_{01}\,\frac{1}{1-k} = \vartheta_{\text{m}}\,\frac{1}{1 - e^{-(t_a/T_a + t_b/T_b)}}\,. \qquad (2.4.22)$$

$\vartheta_{0\,\text{max}}$ ist die maximale Temperaturerhöhung der Reibflächen als Folge der Schaltarbeit. Dazu sind die Ölzulauftemperatur und die Erwärmung infolge Leerlauf zu addieren. Dann ergibt sich die höchste Temperatur in den Reibflächen, die für die Beurteilung maßgebend ist.

$$\vartheta_{\text{m}} = \frac{q}{c\varrho l}\,, \qquad (2.4.23)$$

$$T_a = \frac{sc\varrho}{2\alpha_a}\,, \qquad (2.4.24)$$

$$T_b = \frac{sc\varrho}{2\alpha_b}\,. \qquad (2.4.25)$$

Es bedeuten:

| | | |
|---|---|---|
| $T$ | Zeit | s, |
| $q$ | Schaltarbeit je Flächeneinheit bei einer Schaltung (Gl. 2.3.8) | $W_s/cm^2$, |
| $\alpha_a$ | Wärmeübergangskoeffizient bei geschlossener Kupplung | $W/cm^2$ K, |
| $\alpha_b$ | Wärmeübergangskoeffizient bei offener Kupplung | $W/cm^2$ K, |

Weitere Erläuterungen in Abschnitt 2.4.1.1.

Die kennzeichnende Länge für den Fourier-Koeffizienten ist bei Reibpaarung Stahl/ wärmeisolierender Belag gleich der halben Lamellenstärke der Stahllamelle

$$l = s/2 \text{ (Stahl/isolierender Belag) (Bild 2.36a)}.$$

Bei Paarung Stahl/Stahl oder Stahl/Sinterwerkstoff wird

$$l = s \text{ gesetzt (Bild 2.36 b)}.$$

Weiterhin wird nach [23] für Fourier-Koeffizienten $K > 0{,}5$ (Gl. (2.4.6)) eine einfache Gleichung für die Maximaltemperatur angegeben

$$\vartheta_{\text{R max}} \approx \vartheta_{\text{m}}(1 + 0{,}15\,K^{-1{,}9}) \quad \text{für} \quad K > 0{,}5\,. \qquad (2.4.26)$$

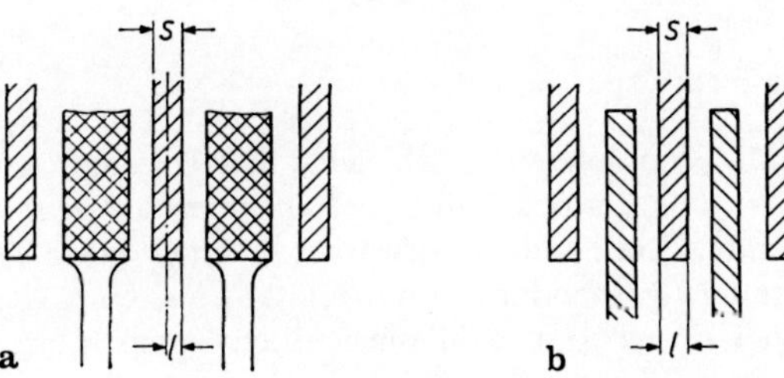

Bild 2.36. Siehe Text

**2.4.2.1 Wärmeübergangskoeffizient**

Der Wärmeübergangskoeffizient muß durch Versuche bestimmt werden. Dabei wird das gesamte System Kupplung mit Einbau und Umgebung in die Messung einbezogen. So ermittelte $\alpha$-Werte gelten streng genommen nur für die Versuchsbedingungen. Werden dem Versuch häufig wiederkehrende Randbedingungen zugrunde gelegt, dann ist es näherungsweise zulässig, die gefundenen $\alpha$-Werte in weiteren Berechnungen zu verwenden.

Nach [23] kann der $\alpha$-Wert aus Meßdiagrammen und den Gl. (2.4.24) und (2.4.25) ermittelt werden. In den Gleichungen ist für die Lamellendicke $\frac{1}{2} \cdot s$ eingesetzt. Der Kühlölstrom geht an der Lamellenoberfläche vorbei; und das beidseitig. Die Wärme strömt aus der Lamelle, von der Mitte aus gesehen, nach zwei Seiten ab. Als kennzeichnende Länge für die Lamellenabkühlung gilt deshalb die halbe Lamellendicke.

Die Gleichungen werden umgestellt.

$$\alpha = \frac{sc\varrho}{2T}. \tag{2.4.27}$$

Aus Meßdiagrammen kann für die geschlossene und geöffnete Kupplung die Zeitkonstante $T_a$ und $T_b$ (Bild 2.34) gefunden werden. An die Abkühlkurve werden Tangenten gelegt und die Zeitkonstanten $T_a$ und $T_b$ gemäß Bild 2.34 am Zeitmaßstab abgenommen. Danach ist mit Gl. (2.4.27) der $\alpha$-Wert errechenbar. Als Anhaltswert für Temperaturberechnungen können die in Tabelle 2.1 verzeichneten $\alpha$-Werte gelten [47].

Ob die Kühlung gut oder schlecht ist, hängt vom Kühlölstrom ab. Der Kühlölstrom ist eine auf die Flächeneinheit der Reibfläche ($mm^2$ oder $cm^2$) bezogene Ölmenge ($mm^3$ oder $cm^3$), die in der Zeiteinheit (s oder min) das Reibsystem durchströmt.

Tabelle 2.1 Wärmeübergangskoeffizienten mit Kühlölstrom durch die Lamellenspalte von innen nach außen

| Flächenbezogener Kühlölstrom $\dot{V}$ <br> $cm^3/min\ cm^2$ | Paarung <br> Stahl/Papier <br> $\alpha$ in $W/m^2\ K$ | Stahl/Sinter <br> $\alpha$ in $W/m^2\ K$ |
|---|---|---|
| geschlossene Kupplung | 290... 460 | 210...325 |
| schlechte Kühlung (2,5...3) | 460... 640 | 325...510 |
| gute Kühlung (5...6) | 580... 870 | 510...660 |
| sehr gute Kühlung (10...12) | 930...1275 | 660...900 |

## 2.5 Zur thermischen Auslegung

### 2.5.1 Unterlagen von Kupplungsherstellern

In Maschinen und Geräten ergeben sich für Kupplungen verschiedene Beanspruchungen. Für sehr leichte Antriebe, die zusätzlich noch geringe Differenzdrehzahlen aufweisen, wird das Drehmoment als kennzeichnende Größe gelten. Erwärmung und Verschleiß sind von untergeordneter Bedeutung. Andere Anwendungen mit relativ höheren trägen Massen, die Geschwindigkeitsänderungen unterliegen, sind hinsichtlich Temperaturen in den Reibflächen und/oder Verschleiß zu prüfen.

Wie aus Abschnitt 2.4 ersichtlich ist, gehört zu diesen Prüfungen ein fundamentales Wissen über den Vorgang in den Reibflächen, Wärmeabfuhr usw. Außerdem müssen detaillierte Konstruktionsunterlagen der Kupplungen vorliegen. Hinzu kommt der Wunsch von Kupplungsanwendern nach möglichst einfachen und praktisch hinreichend genauen Auslegungsverfahren.

Soweit Kupplungen am Markt angeboten werden, ist es üblich, daß seitens der Kupplungshersteller typenbezogene Belastungsgrenzwerte angegeben werden.

Ein Beispiel dafür ist in Bild 2.37 dargestellt. Das Diagramm gilt für eine bestimmte Typenreihe. Jeder Baugröße ist eine der Kennlinien zugeordnet. Soll geprüft werden, ob eine nach dem erforderlichen Drehmoment ausgewählte Kupplung für einen Anwendungsfall auch den thermischen Anforderungen entspricht, verfährt man folgendermaßen: Nach den Gleichungen in Abschnitt 2.3 wird die auftretende Schaltarbeit für einen Schaltvorgang ermittelt. Dieser Betrag ist auf der Ordinate (Punkt A Bild 2.37) einzutragen. Außerdem ergibt sich eine Schalthäufigkeit je Stunde (Punkt B, Bild 2.37). Die Kupplung, die der Schnittpunkt C kennzeichnet, ist in ihrer Größe ausreichend. Fällt dieser Schnittpunkt zwischen zwei Kennlinien, dann ist die größere Kupplung zu wählen. Als Schalthäufigkeit ist die je Zeiteinheit gleichmäßig verteilte Anzahl von Schaltungen

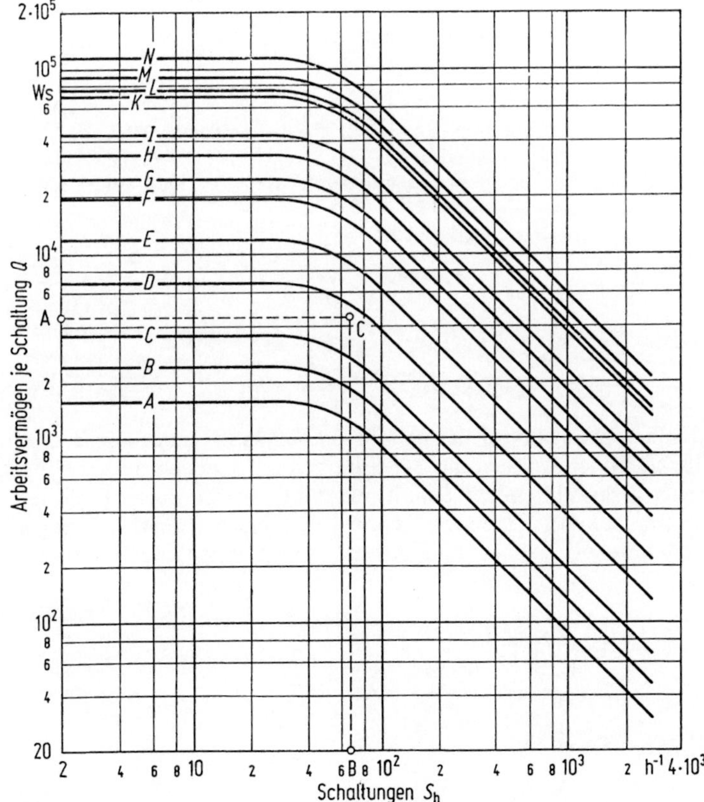


Bild 2.37. Auslegungsdiagramm für Lamellenkupplungen. Schaltarbeit $Q$ als Funktion der Schalthäufigkeit $S_h$. (Zahnradfabrik Friedrichshafen AG)

angegeben. Liegen Schaltungen mit unregelmäßigen Schaltabständen vor, ist nach den kürzesten Schaltfolgen (höhere Schalthäufigkeit) auszulegen.

Bild 2.37 ist eine häufig verwendete Diagrammform. Allerdings sind auch andere Auslegungsdiagramme bekannt. Ziel und Methode der Auslegung sind gleich oder sehr ähnlich.

## 2.5.2 Aufstellung von Kennlinien

Nicht jeder Kupplungsanwender setzt am Markt käufliche Kupplungen ein. Optimale Konstruktionen lassen sich häufig nur durch spezifisch auf den Anwendungsfall angepaßte Konstruktionen darstellen. Sind Kupplungen dieser Konstruktion im Werk vorhanden, bemüht man sich zusätzlich um weitere Anwendungen, vielleicht sogar um Standardisierung. Hierbei erhebt sich die Frage nach zulässigen thermischen Werten unter anderen Randbedingungen. Wünschenswert wäre, wenn eine Kennlinie wie sie in Bild 2.37 dargestellt ist, vorliegen würde.

Eine Arbeit, die dieses Thema zum Inhalt hat, ist bereits veröffentlicht [6]. Dazu wurden Untersuchungen über die Leistungsgrenzen von Reibkupplungen sowohl praktisch als auch theoretisch durchgeführt.

Die mathematische Ausarbeitung nach [6] führte zu der Gleichung

$$Q_{zul} = Q_E(1 - e^{-[k_0 - \delta(k_s - k_0)]/S_h}). \qquad (2.5.1)$$

Es bedeuten:

$Q_{zul}$     zulässige Schaltarbeit (begrenzt durch maximale Reibflächentemperatur);

$Q_E$     zulässige Schaltarbeit bei einmaliger Schaltung;

$k_o, k_s$     produktspezifische Kenngrößen für offene ($k_o$) und geschlossene ($k_s$) Kupplung (Wärmespeicherung und Wärmeabfuhr);

$\delta$     Schließzeit zur Zykluszeit ($t_a/T_s$ nach Bild 2.35);

$S_h$     Schalthäufigkeit je Stunde;

$S_{h\ddot{u}}$     Übergangsschalthäufigkeit.

Mit $S_{h\ddot{u}} = k_o - \delta(k_s - k_o)$ wird Gl. (2.5.1) zu

$$Q_{zul} = Q_E(1 - e^{-S_{h\ddot{u}}/S_h}). \qquad (2.5.2)$$

In der doppeltlogarithmischen Darstellung, die auch für Bild 2.37 verwendet wurde, ergibt Gl. (2.5.2) das Bild 2.38. Nach dem Bild ist die Bedeutung von $S_{h\ddot{u}}$ ersichtlich. Es ist die „Übergangsschalthäufigkeit", graphisch der Schnittpunkt der horizontalen Linie (einmalige Schaltung $Q_E$) mit der um 45° geneigten Geraden (Dauerschaltungen). Die nach Gl. (2.5.2) ermittelte Kennlinie legt sich an diese beiden Grenzgeraden an.

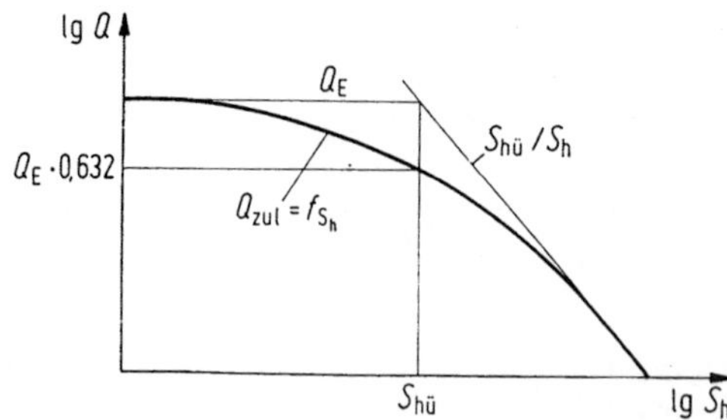


Bild 2.38. Diagramm aus $Q_E$, $S_{h\ddot{u}}/S_h$ nach Gl. (2.5.2)

Nach [6] wird eine praktisch durchführbare Methode angegeben, die zur vollständigen Kennlinie für $Q_{\text{zul}}$ führt: Man ermittelt an einer Kupplung für zwei Schalthäufigkeiten $S_{\text{h1}}$, $S_{\text{h2}}$ die zulässige Schaltarbeit $Q_{\text{zul1}}$, $Q_{\text{zul2}}$. Dazu soll $S_{\text{h2}} = 2S_{\text{h1}}$ sein, was einfache Auswertgleichungen ergibt

$$S_{\text{hü}} = -S_{\text{h2}} \ln\left(\frac{Q_{\text{zul1}}}{Q_{\text{zul2}}} - 1\right), \qquad (2.5.3)$$

$$Q_{\text{E}} = \frac{Q_{\text{zul1}}}{1 - e^{-S_{\text{hü}}/S_{\text{h1}}}}. \qquad (2.5.4)$$

Der Exponent in Gl. (2.5.1) zeigt für $S_{\text{hü}}$ die kupplungsspezifischen Kenngrößen $k_{\text{o}}$ und $k_{\text{s}}$ (Kennwerte für Wärmespeicherung und Wärmeabfuhr der geschlossenen ($k_{\text{s}}$) und offenen ($k_{\text{o}}$) Kupplung) sowie das Schließzeitverhältnis $\delta$. Deshalb gelten die aus den Versuchen ermittelten Werte $S_{\text{hü}}$ und $Q_{\text{E}}$ auch nur für das dem Versuch zugrunde liegende Schließzeitverhältnis.

Die Übergangsschalthäufigkeit $S_{\text{hü}}$ ist demnach sowohl von dem Wärmeabfuhrvermögen der offenen und geschlossenen Kupplung als auch von dem Schließzeitverhältnis abhängig.

# 3 Die Kupplung im praktischen Einsatz

## 3.1 Kennlinien von Motoren und Arbeitsmaschinen

Alle Überlegungen zum Einsatz von Kupplungen dürfen den Gesamtaufbau, in den die Kupplung einbezogen ist, nicht vernachlässigen. Die Kupplung soll An- und Abtrieb verknüpfen oder trennen. Üblicherweise ist der Antrieb durch einen Motor gekennzeichnet; der Abtrieb durch eine Maschine, welche bestimmte Arbeiten zu leisten hat.

Bild 3.1 gibt qualitativ einige Kennlinien von Motoren wieder. In Bild 3.2 ist für verschiedene Arbeitsmaschinen das Drehmoment-Drehzahl-Verhalten angegeben [48].

Der Motor sowie die Arbeitsmaschine wirken auf Antriebs- und Abtriebsseite der Kupplung ein. Die Kupplung als Verknüpfungsglied muß allen Belastungen in diesem

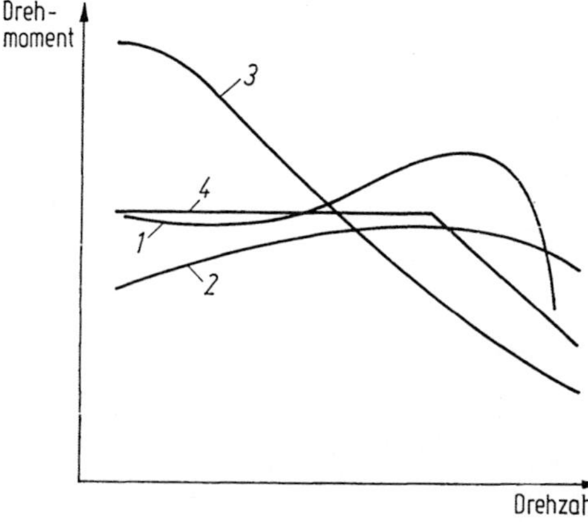


Bild 3.1. Kennlinien von Motoren. *1* Asynchronmotor, *2* Dieselmotor, *3* Dampfmaschine, *4* Geregelter Gleichstrommotor

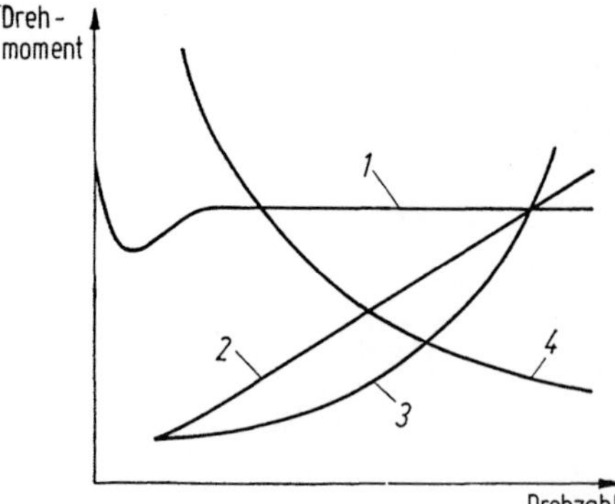


Bild 3.2. Kennlinien von Arbeitsmaschinen. (Siemens AG). *1* z.B. Hebezeuge, Förderbänder; *2* z.B. Maschinen zum Glätten von Geweben und Papier; Kalander; *3* z.B. Kreiselpumpen; Lüfter; *4* z.B. Regelvorgänge in Aufwickelmaschinen

System widerstehen können. Bei der Analyse der Belastungen, die eine Kupplung zu ertragen hat, bewährt es sich, den Betriebsablauf in

— Leerlauf,

— Hochlauf,

— Lastlauf,

— Bremsen

aufzuteilen. Dadurch kann der vielleicht kritische Betriebszustand ermittelt werden. Beispielsweise kann ein Dieselmotor im Leerlauf besonders starke Drehschwingungen erzeugen — (Bild 3.3) — die im Lastlauf bei Nenndrehzahl erheblich niedriger sind. Hier wäre zu prüfen, ob irgendwelche Spiele in Bauteilen, auch bei geöffneter Kupplung, im Leerlauf Ausgangspunkt für spätere Reklamationen sein könnten. Bild 3.4 zeigt den Drehmomentverlauf einer Webmaschine während einer Umdrehung von 360°. Ausgeprägte Drehmomentspitzen und Nulldurchgänge des Drehmomentes kennzeichnen diese Arbeitsmaschine. Eine Kupplung muß demzufolge starke Drehschwingungen ertragen können, wenn sie anstandslos arbeiten soll.

Nach diesen kurzen Hinweisen ist begründet, wie wichtig ein genaues Bild aller Einflüsse auf die Kupplung zur richtigen Auswahl ist.

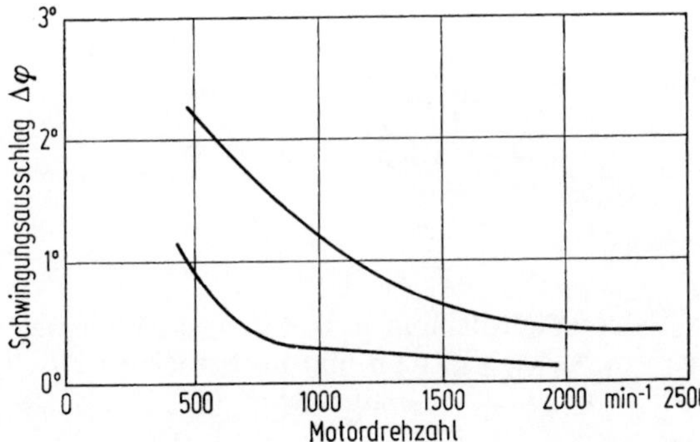


Bild 3.3. Drehschwingungen am Dieselmotor

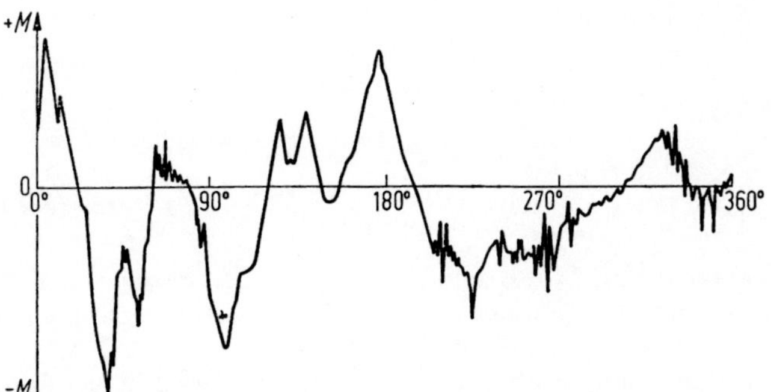


Bild 3.4. Drehmoment-Drehzahl-Verlauf einer Webmaschine

## 3.2 Anforderungen an Kupplungen

Aus der Konzeption eines Antriebsprojektes ergibt sich, daß eine schaltbare Reibkupplung überhaupt notwendig ist. Ist das zweifelsfrei festgelegt, sind aus der Sicht des Anwenders bzw. Benutzers der Kupplung alle Forderungen, die die Kupplung erfüllen muß, zu analysieren und aufzulisten. In der Praxis wird diese detaillierte Definition nicht selten vernachlässigt. Bei der Erprobung der Gesamtanlage zeigen sich dann die wesentlichen Fehler. Manchmal kann mit verstärkten Kupplungen das Problem gelöst werden. Sind aber vorgegebene Zeitabläufe im Spiel, ist ohne Optimierung des gesamten Antriebssystems von vornherein häufig kein Erfolg möglich. Deshalb ist eine exakte Systemanalyse dringend zu empfehlen; bei der Realisierung sollten Fachleute auf diesem Gebiet herangezogen werden.

Zunächst kann anhand eines Blockschaltbildes geklärt werden, welche Einflüsse auf die Kupplung vorliegen (Bild 3.5a). Motor und Arbeitsmaschine haben träge Massen $J_M$ und $J_A$, die mit den Drehzahlen $n_M$ und $n_A$ umlaufen. Das Verknüpfungsglied Kupplung $K$ mit dem Kennmoment $M_K$ ist im allgemeinen Fall über Getriebe $G$ mit den Übersetzungen $i_M$ und $i_A$ mit An- und Abtrieb verbunden. Die Getriebe können Zahnradgetriebe, Riementriebe oder ähnliche Bauteile sein. Ohne Getriebe wäre die Übersetzung 1,0 und die trägen Massen müssen nicht auf andere Stellen im System umgerechnet werden. Allgemein ist diese Umrechnung erforderlich, damit das Schema Bild 3.5b entsteht

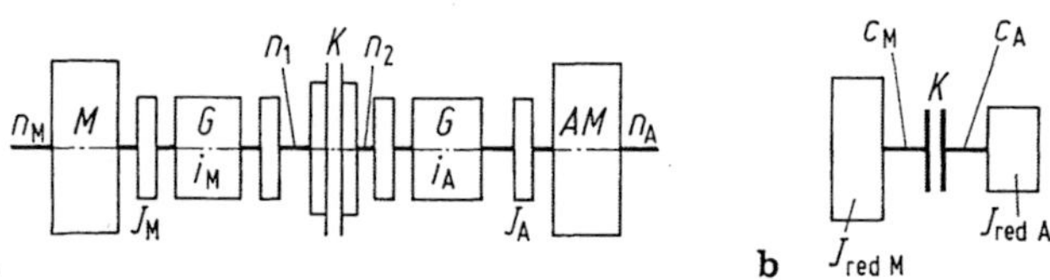

a                                           b

Bild 3.5. Blockschaltbild eines Antriebssystems

(s. auch Abschnitt 2.3.4 und Bild 2.20). Das Trägheitsmoment läßt sich einfach umrechnen. Dazu muß die kinetische Energie im Ausgangssystem und im bezogenen System gleich sein. Auf die Motorseite in Bild 3.5a angewendet, ergibt sich

$$J_M \, n_M^2 = J_{red\,M} \, n_1^2,$$

($J_M$, $J_{red}$ in kgm²; $n_M$, $n_1$ in min⁻¹)

$$J_M \frac{n_M^2}{n_1^2} = J_{red\,M} \qquad \frac{n_M}{n_1} = i_M,$$

$$J_{red\,M} = J_M i_M^2. \tag{3.2.1}$$

Entsprechend ist

$$J_{red\,A} = J_A \frac{1}{i_A^2} \quad \text{mit} \quad i_A = \frac{n_2}{n_A}. \tag{3.2.2}$$

Zum reduzierten Trägheitsmoment von Motor und Arbeitsmaschine, bezogen auf die Kupplung, wären noch die Massen des Getriebes zu addieren. Zusammen ergibt sich dann das einfache System des Bildes 3.5b. Daß die Kennlinien von Motor und Arbeitsmaschine vorliegen sollten, wurde schon erwähnt. Manchmal ist auch wichtig, die Federungseigenschaften des Antriebes zu ermitteln, wozu die zugehörigen Konstanten $c_M/c_A$ notwendig sind.

Im nächsten Schritt sind über das erwartete Schaltverhalten Aussagen zu machen. In welcher Zeit soll geschaltet werden?

Ein Diagramm zum Drehmoment-Zeit-Verhalten ist notwendig, falls einschränkende Forderungen bestehen. Die Anzahl der Schaltungen je Zeiteinheit ist festzulegen.

Damit verbindet sich die Frage nach der erwarteten Lebensdauer. Wieviel Schaltungen, Stunden oder Jahre (aufsummierte Schaltzahlen) soll die Kupplung anstandslos arbeiten? Werden Wartungsintervalle mit evtl. Nachstellung von Verschleiß zugelassen?

Weiterhin muß geklärt werden, welche Energieform bei fremdbetätigten Systemen verwendet werden soll. Ist diese Energie im Gesamtsystem vorhanden oder sind entsprechende Einrichtungen mit der Kupplung neu zu installieren?

Die Kupplung wird im Gesamtsystem bestimmten äußeren Einflüssen unterworfen, die genau zu ermitteln sind. Das Reibsystem spricht auf alle Veränderungen der äußeren Einflüsse an und reagiert mit schwankendem Schaltverhalten. Zu den Umgebungseinwirkungen gehören

— Kupplungseinbau in Ölraum oder Trockenraum;
— Einwirkung von Temperatur (Temperaturunterschiede)
  Luftfeuchtigkeit, Staub, Spritz-/Schwallwasser.

Diese Liste ist den besonderen Einsatzbedingungen entsprechend zu vervollständigen. Weiterhin können bestimmte Abnahme- und Sicherheitsbestimmungen vorliegen. Auch diese sind genau darzustellen.

Zusammengefaßt ergeben sich die

*Anforderungen an Kupplungen* [60]

1. Blockschaltbild des Antriebssystems darstellen
   (Drehmomente, Drehzahlen, Massen).
2. Schaltverhalten definieren
   (Drehmoment-Zeit-Verhalten, Schalthäufigkeit).
3. Lebensdauer festlegen
   (Anzahl der Schaltungen insgesamt, je Stunde, je Jahr).
4. Mögliche Fremdenergie festlegen
   (Druckluft, Drucköl, Elektromagnet).
5. Umgebungseinflüsse beschreiben
   (Naßraum/Öl; Trockenraum, Temperaturhöhe, -schwankungen, Staub, Wasser, Dämpfe, Strahlung usw.).
6. Abnahme- und Sicherheitsbestimmungen angeben
   (spezielle Vorschriften, Arbeitsschutz, Klassifikationsvorschriften für Wasserfahrzeuge usw.).


## 3.3 Auswahlkriterien

Soll eine Kupplung ausgewählt werden, muß bekannt sein, welche Bedingungen an sie zu stellen sind. In vielen Fällen sind die folgenden Überlegungen ausreichend:

— Wie soll die Drehmomentschaltung sein?
— Welche Fremd-Schaltenergie steht zur Verfügung?
— Mit welcher Schaltzeit muß gerechnet werden?
— Wie hoch soll die Lebensdauer sein?
— Was ist beim Einbau zu beachten?

### 3.3.1 Drehmoment — Baugröße

Grundsätzlich kann die Reibfläche trocken oder naß (ölbenetzt) sein. Für diese Betriebsarten gibt es verschiedene Reibmaterialien. Rein metallische Stoffe (Guß, Stahl, Sinter usw.) können sowohl trocken als auch naß arbeiten. Die sogenannten organischen Beläge sind hauptsächlich für den Trockenbetrieb bestimmt. Werden diese Beläge im Betrieb Öl- oder Fettspritzern ausgesetzt, verlieren sie ihre Reibcharakteristik und müssen im Reklamationsfall ausgewechselt werden.

Neben der Reibpaarung kann der Kupplungsaufbau wichtig sein. Die Kupplung kann von einer Einflächen-, Zweiflächen-, Mehrscheiben- oder Lamellenbauweise sein (Bilder 6.1 bis 6.11).

Wesentliche Unterscheidung von Einflächen- und Lamellenkupplung ist die Baugröße, der Durchmesser und die Länge. Soll nach dem Bauvolumen z.B. eines Getriebes optimiert werden, wird der Lamellenkupplung der Vorzug zu geben sein (Bild 6.3). Andererseits sind für robusten Einsatz die Einflächen-, Zweiflächen- und Mehrscheibenkupplungen bewährt. Wenige, gut dimensionierte Bauteile geben bei diesen Bauarten Sicherheit auch bei gelegentlichen Überlastungen. Trockenlaufende Typen mit wenigen Reibscheiben haben kein oder wenig Schleppmoment im geöffneten Zustand, je nach Bauart. Das kann für Maschinen mit geringer Eigenhemmung wichtig sein. Das höchste Schleppmoment findet man bei einer Lamellenkupplung, die eine intensive Kühlölbenetzung der Lamellenflächen hat.

### 3.3.2 Schaltenergie

Abgesehen von der Hand- oder Fußschaltung erfolgt eine Vorauswahl möglicher Kupplungsbauarten durch die zur Verfügung stehende Fremdenergie für den Schaltvorgang. Hier haben sich eingeführt

— Luftdruck,

— Öldruck,

— Elektromagnet.

Der Luftdruck beträgt meist 5 bis 8 bar und wird häufig dem vorhandenen Netz in Fabriken mit zentraler Kompressorstation entnommen.

Für den Öldruck sind entweder eigene Versorgungsstationen zu installieren oder Anzapfungen an benachbarten Aggregaten vorzunehmen. Ausgeführt sind Kupplungen mit Öldrücken von einigen Hundert bar. Praktisch werden aber Druckbereiche 16 bis 64 bar bevorzugt. Gründe liegen bei der Lebensdauer von Dichtungen, Ölzuführungen bei rotierenden Systemen und größeren Preisen für Baugruppen, die höheren Drücken ausgesetzt sind. Die angegebenen Druckunterschiede zwischen Pneumatik und Hydraulik lassen Folgerungen hinsichtlich der Baugröße zu. Demzufolge sind pneumatisch betätigte Kupplungen in den Typen mit kleiner Reibflächenzahl und größeren Durchmessern hauptsächlich vertreten. Die hydraulische Betätigung findet man in Lamellenkupplungen, wo mit kleinem Bauvolumen bei hohen Öldrücken relativ große Drehmomente übertragen werden.

Elektromagnetische Kupplungen haben auch ein weites Anwendungsfeld. Ihre Baugröße liegt über der von hydraulisch betätigten und erheblich unter der pneumatisch betätigter Kupplungen. Relativ problemlos gestaltet sich hier die Zufuhr der Fremdenergie als Elektroanschluß. Üblich ist Gleichstrom mit 24 V Spannung.

### 3.3.3 Schaltzeit

Wichtig ist die Zeit von dem Augenblick da das Schaltsignal gegeben wird bis zum vollen Drehmoment an den Reibflächen. Die Zeit für den Drehmomentaufbau, $t_{12}$ nach Bild 2.11, soll für die Überlegung gleich angenommen werden. Dann ist für unterschiedliche Zeiten $t_1$ die Verzugszeit $t_{11}$ maßgebend. Hierin sind Relaiszeiten, Ventilzeiten, Strömungsverluste, die Zeit für das Magnetsystem sowie die Zeit für den Kolben-/Ankerweg usw. enthalten.

Durch besondere Maßnahmen können diese Verzugszeiten klein gehalten werden. Nach den Erfahrungen sind die elektromagnetisch und hydraulisch betätigten Systeme die schnellsten. Es kommt aber nicht nur auf die Betätigungssysteme an, soll eine schnelle Schaltung vollzogen werden. Für die Schaltzeit ist auch die träge Masse wichtig (Gl. (2.2.6)). Sind die Maschinenmassen klein, dann geht der Eigenmassenanteil der am Drehzahländerungsvorgang beteiligten Kupplungsbauteile merklich in die Rechnung ein. In diesem Fall kann ein Merkmal für die Kupplungswahl die Eigenmasse der Kupplung sein.

### 3.3.4 Lebensdauer

Hat die Kupplung eine hohe spezifische Schaltleistung zu ertragen (Gl. (2.3.9)), dann sind möglicher Verschleiß und Kühlung zu beachten. Trockenlaufende Kupplungen werden Verschleiß haben. Hierzu wäre der Grenzverschleiß für eine Nachstellung oder den Reibbelagwechsel festzustellen. Sind die Reibflächen metallisch und gut ölgeschmiert, kann häufig mit Nullverschleiß gerechnet werden; abgesehen von einer minimalen Einlaufglättung, z.B. bei Sinterbelägen.

Allerdings muß das Öl gekühlt werden. Die Schaltwärme wird mit dem Schmieröl abtransportiert und manchmal genügt schon die natürliche Kühlung über die Rohrleitungen und den Ölbehälter.

### 3.3.5 Einbau

Die Kupplung hat eine An- und eine Abtriebsseite, die beide beim Einbau zu befestigen sind. Bild 3.6 zeigt den Aufbau einer hydraulisch betätigten Lamellenkupplung. Der Innenmitnehmer 7 ist auf der Welle und der Außenmitnehmer 8 am Gegenstück festzu-

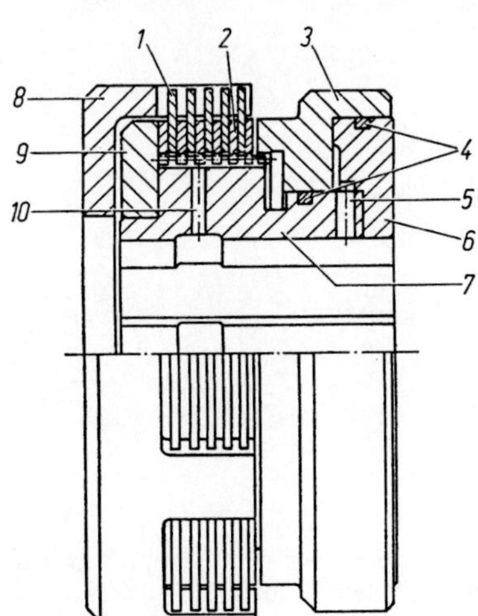

Bild 3.6. Aufbau einer hydraulisch betätigten Lamellenkupplung. *1* Außenlamelle, *2* Innenlamelle, *3* Kolben, *4* Dichtung, *5* Druckölzufuhr, *6* Zylinder, *7* Innenmitnehmer, *8* Außenmitnehmer, *9* Druckplatte, *10* Schmierölzufuhr

machen. Besonders ist auf den Rundlauf des Außenmitnehmers *8* zur Wellenaufnahme *7* zu achten. Sollten beide Teile nicht konzentrisch laufen, wären zwei Drehachsen, evtl. parallel verschoben, vorhanden. Über das angedrückte Lamellenpaket *1–2* sind aber Außen- und Innenmitnehmer starr verbunden. Bei jeder Umdrehung müssen radiale Ausgleichsbewegungen stattfinden. Unter diesem Zwang muß das geschlossene Lamellenpaket rutschen. Das geschieht manchmal ruckartig mit Geräusch. Diese radialen Kräfte können Wellen verspannen und Lager erheblich beanspruchen, abgesehen von Schädigungen an der Kupplung selbst. Kleine Ungenauigkeiten bewirken in Lamellenkupplungen innerhalb von Spielen an den Mitnehmern Relativbewegungen, wodurch sich die Lamellen am Gegenstück eingraben können (Bilder 3.7 und 3.8). Wird eine trockenlaufende Kupplung verwendet, muß die Nachstellung von Verschleiß oder der Wechsel von Reibkörpern möglich sein. Hier ist dafür zu sorgen, daß kein Öl oder Fett die trockenen Reibflächen erreicht. Abrieb von Reibbelägen verteilt sich in der Luft, was in geschlossenen Räumen vermieden werden sollte. Ein Staubschutz ist vorteilhaft. Er muß für Wartungsarbeiten leicht demontierbar sein.

Bild 3.7.  Im Mitnehmer eingegrabene Lamellen. (Zahnradfabrik Friedrichshafen AG)

Bild 3.8.  Die Lamellen haben den Innenmitnehmer durchgescheuert. (Zahnradfabrik Friedrichshafen AG)

# 4 Berechnungen zur praktischen Anwendung

## 4.1 Drehmoment

Als erstes Auswahlmerkmal für eine Reibkupplung gilt das Drehmoment. Die Höhe des Kupplungsmomentes muß für alle vorkommenden Betriebslasten ausreichend sein. Im Schaltbetrieb muß die vorbestimmte Schaltzeit eingehalten werden. Bild 2.32 gibt einen Hinweis auf die Reibflächentemperatur und die Höhe des Kennmomentes. Das Bezugsmoment $M_{Ks}$ wird nach Gl. (2.4.14) berechnet. Zweckmäßig ist danach das Kennmoment $M_K \approx 2 \cdot M_{Ks}$ zu wählen.

Die Höhe des Kupplungsmomentes kann aus den Anwendungsbedingungen festgelegt werden. Soll die Kupplung entworfen werden, müssen das Bauprinzip sowie mindestens der größte Durchmesser aus den Einbaubedingungen festgelegt werden. Kostenentscheidend ist bei Lamellenkupplungen die Wahl der Reibscheiben. Sie sollten aus möglichst großen Serien stammen. Angenommen, es soll für eine Kupplung der Bauart nach Bild 3.6 das Reibsystem bestimmt werden für 500 Nm Rutschmoment. Vorhanden sind Sinterlamellen mit den Durchmessern an der Reibfläche (als Beispiel):
Außendurchmesser 126 mm; Innendurchmesser 104 mm.
Reibwerte im Öllauf gegen Stahl:

$$\text{dynamisch } \mu_s = 0,1; \text{ statisch } \mu_{\ddot{u}} = 0,14$$

(s. Gl. (2.1.6) und Bild 2.3).

$$M = F\mu_s z\left(\frac{R+r}{2}\right),$$

$$500 = F \cdot 0,1 \cdot z\left(\frac{63+52}{2}\right) \cdot 10^{-3} = 5,75 \cdot 10^{-3} \cdot Fz \text{ Nm},$$

$$Fz = 8,696 \cdot 10^4 \text{ N}.$$

Die Reibfläche ist

$$A_R = \frac{\pi}{4}(126^2 - 104^2) = 3974 \text{ mm}^2.$$

Die notwendige Kraft $F$ wird um so kleiner, je mehr Reibflächen vorhanden sind. Dadurch reduziert sich auch die Flächenpressung in der Reibfläche.

Werden, wie in Bild 3.6, 10 Reibflächen gewählt, ergibt sich

$$F = 8,696 \cdot 10^3 \text{ N}$$

und die Lamellenpressung wird

$$p_L = \frac{8,696 \cdot 10^3 \text{ N}}{3,974 \cdot 10^3 \text{ mm}^2} = 2,19 \frac{\text{N}}{\text{mm}^2}.$$

Hätte der Kolben eine Fläche von 45 cm², müßte ein Öldruck von

$$p_{\text{Öl}} = \frac{8,696 \cdot 10^3}{10 \cdot 45} = 19,3 \text{ bar}$$

vorhanden sein. Üblicherweise hat die Kupplung Rückdruckfedern zum Lüften des Lamellenpaketes, wenn der Druck abgeschaltet wird. Hinzu kommt Reibung an den Dichtungen. Im Beispiel wäre die Druckstufe 24 bar zu wählen.

Ist die Kupplung eingeschaltet und sind die Reibflächen relativ in Ruhe, ergibt sich das übertragbare Drehmoment (auch statisches Moment genannt)

$$M_{\ddot{u}} = F\mu_{\ddot{u}}z\left(\frac{R+r}{2}\right) = 8{,}696 \cdot 10^3 \cdot 0{,}14 \cdot 10\left(\frac{63+52}{2}\right) \cdot 10^{-3},$$

$$M_{\ddot{u}} = 700\ \text{Nm}.$$

Die Kupplung ist durch zwei Drehmomentangaben gekennzeichnet,

— das in der Rutschphase wirkende Schaltmoment und
— das in der geschlossenen Kupplung wirkende übertragbare oder statische Moment, auch als Moment im Synchronzeitpunkt bezeichnet (Bild 2.11)

Der Verlauf des Schaltmomentes kann mit schreibenden Meßgeräten dargestellt werden. Jedoch ist das wirksame Drehmoment im Übergangsbereich der Bewegung zur Ruhe und umgekehrt in den Reibflächen nicht exakt zu ermitteln. Manchmal versucht man, sogenannte „Kriechmomente" bei äußerst geringer Gleitgeschwindigkeit von 2 bis 35 mm/min an den Reibflächen zu ermitteln [6]. Bei welchem Drehmoment eine geschlossene Reibkupplung aufreißt, ist demnach nicht genau festzulegen. Deshalb sollten alle Betriebspunkte unterhalb dem Schaltmoment liegen. Die Kupplung könnte zwar darüber arbeiten, bevor die Reibpaarung aufreißt. Sobald aber die Kupplung rutscht, kann sie nur das Schaltmoment von Antrieb zu Abtrieb übertragen. Wäre das Lastmoment höher, ergäbe sich Dauerschlupf mit allen nachteiligen Folgen.

## 4.2 Schaltarbeit — Schaltleistung

Eine Kupplung erzeugt während der Schaltung Wärme. Die Ursache liegt darin, daß die angepreßten Reibflächen aufeinander rutschen (Abschnitt 2.3).

Die Kupplung des Beispiels nach Abschnitt 4.1 hat ein dynamisches Drehmoment (in der Rutschphase) von $M = 500\ \text{Nm}$.

**4.2.1** Würde diese Kupplung eingeschaltet und wäre das Lastmoment der Maschine größer als 500 Nm, dann verhielte sich der Vorgang wie in Bild 2.14 dargestellt. Annahme: $\omega = \omega_1 = 52{,}36\ \text{s}^{-1}\ (\triangleq n = 500\ \text{min}^{-1})$

$$t_0 = 0; \quad t_1 = 1{,}0\ \text{s}.$$

Nach Gl. (2.3.2) ist dann die anfallende Schaltarbeit

$$Q = M\omega_1(t_1 - t_0) = 500 \cdot 52{,}36 \cdot 1{,}0,$$

$$Q = 2{,}62 \cdot 10^4\ \text{Nm} = \text{Ws} = \text{J}.$$

Die Kupplung hat eine gesamte Reibfläche von (Abschnitt 4.1)

$$A_{\text{Rg}} = A_{\text{R}}z = 3974 \cdot 10 = 39\,740\ \text{mm}^2.$$

Daraus errechnet sich die flächenbezogene Schaltarbeit (auch spez. Schaltarbeit genannt), s. Abschnitt 2.3.1.

$$q = \frac{Q}{A_{\text{Rg}}} = \frac{2{,}62 \cdot 10^4}{3{,}974 \cdot 10^4} = 0{,}659\,\frac{\text{Ws}}{\text{mm}^2} = \frac{\text{Nm}}{\text{mm}^2} = \frac{\text{J}}{\text{mm}^2}.$$

Die Zeit für den Vorgang ist 1 s. Demnach ergibt sich die flächenbezogene Schaltleistung zu

$$\dot{q} = \frac{q}{t} = \frac{0,659}{1} = 0,659 \, \frac{\text{W}}{\text{mm}^2}.$$

(s. Gl. (2.3.9)).

Soll die Lamellentemperatur für eine einmalige Schaltung abgeschätzt werden, kann gemäß Abschnitt 2.4.1.3 vorgegangen werden. Die Lamellendicke soll 1,3 mm sein, Angaben für $a$ s. Abschnitt 2.4.1.1

$$K = \frac{4 a t_3}{s^2}, \qquad (2.4.10)$$

$$K = \frac{4 \cdot 0,145 \cdot 1,0}{0,13^2} = 34,3.$$

Es gilt Gl. (2.4.12)

$$\vartheta_{\max} = \frac{\dot{q} t_3}{\varrho c s},$$

$$\dot{q} = 0,659 \, \text{W/mm}^2; \quad t_3 = 1 \, \text{s},$$

$$\varrho = 7,85 \cdot 10^{-3} \, \text{kg/cm}^3,$$

$$c = 0,111 \, \text{kcal/kg K}.$$

(Umrechnung für $c$: 1 kcal = 4187 Ws = J).

Damit wird

$$c = 0,111 \cdot 4187 = 465 \, \text{Ws/kg K}.$$

Damit kann die Temperaturerhöhung im Trockenlauf $\vartheta_{\max}$ errechnet werden:

$$\vartheta_{\max} = \frac{0,659 \cdot 10^2 \cdot 1}{7,85 \cdot 10^{-3} \cdot 465 \cdot 0,13} = 139 \, \text{K}.$$

**4.2.2** Soll die Kupplung in einer Maschine eine Masse $J = 4 \, \text{kg m}^2$ vom Stillstand auf $n_1 = 500 \, \text{min}^{-1}$ beschleunigen, ergibt sich die Schaltarbeit nach Gl. (2.3.6)

$$Q = \frac{J(n_1 - n_0)^2}{182,4} = \frac{4 \cdot 500^2}{182,4} = 5482 \, \text{J}.$$

Wäre zusätzlich das Lastmoment $M_\text{L} = 300 \, \text{Nm}$ während der Schaltung vorhanden, dann errechnete sich die Schaltarbeit entsprechend Gl. (2.3.14) für die Beschleunigung

$$Q_\text{ges} = \frac{J(\omega_1 - \omega_0)^2}{2} \cdot \frac{1}{\left(1 \pm \dfrac{M_\text{L}}{M_\text{K}}\right)},$$

$$Q_\text{ges} = \frac{4 \cdot (52,36 - 0)^2}{2} \cdot \frac{1}{\left(1 - \dfrac{300}{500}\right)},$$

$$Q_\text{ges} = 13\,708 \, \text{J}.$$

Wäre $\omega_0$ nicht Null, sondern

$$\omega_0 = 10,47 \, \text{s}^{-1} \, (n_0 = 100 \, \text{min}^{-1}),$$

würde die Schaltarbeit

$$Q_{\text{ges}} = \frac{4(52{,}36 - 10{,}47)^2}{2} \cdot \frac{1}{\left(1 - \dfrac{300}{500}\right)}$$

$$Q_{\text{ges}} = 8\,774\ \text{J}.$$

Wird vorausgesetzt, die Schaltung verläuft entsprechend Bild 2.19, ergibt sich ein anderer, genauerer Betrag der Schaltarbeit, weil der Drehmomentanstieg berücksichtigt wird. Der bisher eingelegte Gang soll ausgeschaltet sein. Die Welle dreht sich mit $\omega_0 = 10{,}47\ \text{s}^{-1}$ belastet mit dem Lastmoment $M_L = 300\ \text{Nm}$. Wird die Kupplung zur Zeit Null betätigt, dann steigt das Drehmoment an, um zur Zeit $t_{12}$ die volle Höhe zu erreichen. Bis zur Zeit $t_L$ ist das Lastmoment höher als das augenblickliche Kupplungsschaltmoment. Zwischen $t_L$ und $t_{12}$ ist das Kupplungsschaltmoment größer als das Lastmoment.

Soll die Kupplung in der Zeit $t_{12} = 0{,}1\ \text{s}$ von Null auf das volle Drehmoment ansteigen, dann ist die Schaltarbeit nach Gl. (2.3.26) bzw. Gl. (2.3.28) $Q_{\text{ges}} = 9\,401\ \text{J}$. Es sind also 7% mehr Schaltarbeit vorhanden als wenn der Drehmomentanstieg nicht berücksichtigt würde. Dieser Unterschied spielt dann eine Rolle, wenn die Kupplung äußerst knapp bemessen ist und am Rande der zugelassenen Beanspruchung betrieben wird.

Während der Schaltung sinkt in der Zeit 0 bis $t_L$ die Drehzahl $\omega_0$ auf $\omega_0'$ ab, weil das Lastmoment abbremsend wirkt (Bild 2.19)

$$\omega_0' = \omega_0 - \frac{1}{2}\frac{M_K}{J}\left(\frac{M_L}{M_K}\right)^2 t_{12} \quad \text{(s. Gl. (2.3.27))},$$

$$\omega_0' = 10{,}47 - \frac{1}{2}\cdot\frac{500}{4}\left(\frac{300}{500}\right)^2 \cdot 0{,}1 = 8{,}22\ \text{s}^{-1}$$

Absenkung von $n_0 = 100\ \text{min}^{-1}$ auf $n_0' = 78{,}5\ \text{min}^{-1}$.

Wenn die Kupplung nach der Zeit $t_{12}$ das volle Drehmoment aufgebaut hat, ist die Winkelgeschwindigkeit bzw. Drehzahl angestiegen auf

$$\omega_{12}' = \omega_0 + \frac{M_K}{2J}t_{12}\left(1 - 2\frac{M_L}{M_K}\right) \quad \text{(s. Gl. (2.3.24))},$$

$$\omega_{12}' = 10{,}47 + \frac{500}{2\cdot 4}\cdot 0{,}1\left(1 - 2\frac{300}{500}\right),$$

$$\omega_{12}' = 9{,}22\ \text{s}^{-1},$$

$$n_{12}' = 88\ \text{min}^{-1}.$$

**4.2.3** Zur weiteren Berechnung wird Naßlauf mit einem Ölstrom vom Lamelleninnendurchmesser nach außen angenommen. Weiterhin sollen folgende Annahmen gelten:

Schalthäufigkeit: $\qquad\qquad\qquad\qquad\qquad\qquad S_h = 240\ \text{h}^{-1}$,

Schaltabstand: $\qquad\qquad\qquad\qquad\qquad\qquad\quad T_s = \phantom{0}15\ \text{s}$,

Zeit, in der die Kupplung geschlossen ist: $\qquad t_a = \phantom{0}12\ \text{s}$.

Nach Gl. (2.2.9) errechnet sich

$$t_3 = \frac{J(\omega_1 - \omega_0)}{M_K - M_L} + \frac{t_{12}}{2}\left(\frac{M_K}{M_K - M_L}\right).$$

Mit den technischen Daten der Abschnitte 4.2.1 und 4.2.2 ist

$$t_3 = \frac{4(52{,}36 - 10{,}47)}{500 - 300} + \frac{0{,}1}{2} \cdot \frac{500}{500 - 300} = 0{,}96 \text{ s}.$$

Jetzt ergibt sich nach Bild 2.34

$$T_s = t_3 + t_a + t_b,$$

$$15 = 0{,}96 + 12 + t_b,$$

$$t_b = 2{,}04 \text{ s}.$$

Die flächenbezogene Schaltarbeit (Abschnitt 4.2.2) aus der gesamten Schaltarbeit

$$Q = 9401 \text{ J} \quad \text{ist}$$

$$q = \frac{9401}{39740} = 0{,}237 \text{ J/mm}^2 = 23{,}7 \text{ J/cm}^2.$$

Die mittlere flächenbezogene Schaltleistung ist

$$\dot{q} = \frac{q}{T_s} = \frac{0{,}237}{15} = 0{,}016 \text{ W/mm}^2 = 1{,}6 \text{ W/cm}^2.$$

Die Zeit $T_s$ ist der Schaltabstand, s. Bild 2.35.

Nach Tabelle 2.1, Abschnitt 2.4.2.1, werden gewählt bei Stahl/Sinter-Paarung:

$$\alpha_a = 250 \text{ W/m}^2 \text{ K},$$

$$\alpha_b = 320 \text{ W/m}^2 \text{ K}.$$

Mit den Gl. (2.4.23) bis (2.4.25) können $\vartheta_m$, $T_a$ und $T_b$ errechnet werden:

$$c = 465 \text{ Ws/kg K}; \quad l = 0{,}13 \text{ cm},$$

$$\varrho = 7{,}85 \cdot 10^{-3} \text{ kg/cm}^3,$$

$$\vartheta_m = \frac{q}{c \varrho l} = \frac{23{,}7 \cdot 10^3}{465 \cdot 7{,}85 \cdot 0{,}13} = 49{,}9 \text{ K},$$

$$T_a = \frac{sc\varrho}{2\alpha_a} = \frac{0{,}13 \cdot 465 \cdot 7{,}85 \cdot 10^{-3}}{2 \cdot 250 \cdot 10^{-4}} = 9{,}49 \text{ s},$$

$$T_b = \frac{sc\varrho}{2\alpha_b} = \frac{0{,}13 \cdot 465 \cdot 7{,}85 \cdot 10^{-3}}{2 \cdot 320 \cdot 10^{-4}} = 7{,}41 \text{ s}.$$

Nun kann die maximale Temperaturerhöhung nach längerer Betriebszeit (Beharrungstemperatur) ermittelt werden, Gl. (2.4.22), Bild 2.35:

$$\vartheta_{0\text{max}} = \vartheta_m \frac{1}{1 - e^{-(t_a/T_a + t_b/T_b)}}$$

$$= 49{,}9 \frac{1}{1 - e^{-(12/9{,}49 + 2{,}04/7{,}41)}} = 63{,}5 \text{ K}.$$

Zu dieser Temperatur wären noch die Temperatur des zulaufenden Kühlöls und der Anteil der Leerlauferwärmung zu addieren.

Mit Kühlöltemperatur $t_{Öl} = 40$ K wäre die Temperatur im Lamellenpaket

$$\vartheta_{max} = 63 + 40 = 103 \text{ K}$$

ohne Leerlauferwärmung. In diesem Beispiel wäre der Anteil der Leerlauferwärmung gering, da die Zeit $t_b$ der offenen Kupplung nur 2,04 s ist gegenüber $t_a = 12$ s der geschlossenen Kupplung.

Aus den Angaben in Tabelle 2.1, Abschnitt 2.4.2.1, ergibt sich die an der Kupplung notwendige Kühlölmenge:

$$V = (2,5\ldots3) \text{ cm}^3/\text{min cm}^2 \cdot \text{Lamellenfläche cm}^2,$$

$$= (2,5\ldots3) \cdot 397,4 = (994 \text{ bis } 1\,192) \text{ cm}^3/\text{min},$$

Also etwa $V = 1,2\,\text{l}/\text{min}^{-1}$.


## 4.3 Schaltzeit

Im Abschnitt 2.2.3 wurden Gleichungen abgeleitet für die Schaltzeit $t_3$. Die Gl. (2.2.9) lautet

$$t_3 = \frac{J(\omega_1 - \omega_0)}{(M_K - M_L)} + \frac{t_{12}}{2}\left(\frac{M_K}{M_K - M_L}\right).$$

Danach ist die Schaltzeit von vier wesentlichen Einflüssen abhängig:
— dem Trägheitsmoment $J$,
— der zu überwindenden Geschwindigkeitsdifferenz $(\omega_1 - \omega_0)$,
— dem wirksamen Drehmoment $(M_K - M_L)$,
— dem Einschaltverhalten der Kupplung $t_{12}$.

Besteht die Absicht, die Schaltzeit $t_3$ so klein wie möglich zu machen, kann Gl. (2.2.9) Ausgangspunkt entsprechender Überlegungen sein. Naheliegend ist, das Trägheitsmoment $J$ zu reduzieren. Das hat aber praktische konstruktive Grenzen, die nicht zu unterschreiten sind.

Bei bestehendem Lastmoment $M_L$ kann das Kupplungskennmoment erhöht werden. Häufig steigt die Zeit $t_{12}$ bei größeren Kupplungen an; außerdem nimmt auch das Trägheitsmoment der Kupplung selbst zu. Nicht selten heben sich dann die Wirkungen auf. Eine größere Kupplung zu nehmen ist nicht immer richtig und muß sorgfältig abgewogen werden.

Bestehen konstruktive Freiheiten, ein Getriebe einzuführen, dann kann die Schaltzeit optimiert werden. Für die folgenden Überlegungen soll Bild 4.1 gelten.

Das Getriebe (Zahnradstufe, Riementrieb usw.) soll die feste Übersetzung $i = \omega_1/\omega_2$ haben. Für alle Berechnungen müssen Trägheitsmomente, Drehzahlen und Drehmomente

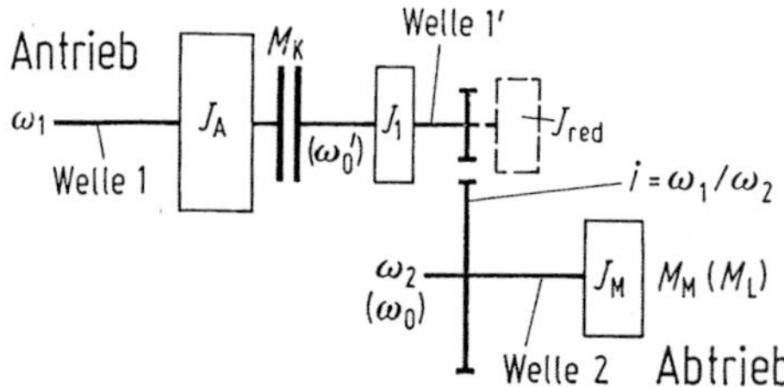


Bild 4.1. Antriebsschema mit Getriebe

auf die Kupplungswelle bezogen sein. Im Abschnitt 3.2 ist beschrieben, wie das Trägheitsmoment umgerechnet wird. Für die Bezeichnungen nach Bild 4.1 ist danach

$$J_{\text{red}} = J_{\text{M}} \frac{1}{i^2} = J_{\text{M}} \left(\frac{\omega_2}{\omega_1}\right)^2 .$$

Die Welle $1'$ hat das Trägheitsmoment $J_1$. Hier sind das Eigenträgheitsmoment der Welle $1'$ und die Kupplungsteile beteiligt. Das wirksame Gesamtträgheitsmoment ist jetzt

$$J_1 + J_{\text{M}} \left(\frac{\omega_2}{\omega_1}\right)^2 .$$

Ist am Abtrieb das Drehmoment $M_{\text{M}}$ erforderlich, dann ist an Welle $1'$ nur das Moment $M_{\text{M}}/i$ vorhanden. Auf der Welle $1'$ wäre also eine im Drehmoment kleinere Kupplung möglich, wenn $i > 1$. Damit sind das Eigenträgheitsmoment und die Anstiegszeit $t_{12}$ kleiner.

Folgende Ausgangssituation wird angenommen: Der Antrieb dreht konstant mit $\omega_1$. Die Masse $J_{\text{A}}$ ist erheblich größer als $J_1 + J_{\text{red}}$, so daß eine Drehzahlabsenkung von $\omega_1$ bei einer Schaltung praktisch zu vernachlässigen ist. Die Kupplung ist geöffnet und überträgt kein Drehmoment. An der Welle $2$ besteht die Drehgeschwindigkeit $\omega_0$, womit auch die Welle $1'$ die Ausgangsdrehzahl $\omega_0'$ hat.

Wird die Kupplung eingeschaltet, dann erhöht sich die Drehgeschwindigkeit der Welle $1'$ von $\omega_0'$ auf $\omega_1$; an der Welle $2$ wird der Drehzahlanstieg von $\omega_0$ auf $\omega_2$ vermerkt.

$$t_3 = \frac{\left(J_1 + J_{\text{M}} \left(\frac{\omega_2}{\omega_1}\right)^2\right)(\omega_1 - \omega_0')}{(M_{\text{K}} - M_{\text{L}})} + \frac{t_{12}}{2} \left(\frac{M_{\text{K}}}{M_{\text{K}} - M_{\text{L}}}\right),$$

$$\omega_0' = \omega_0 i = \omega_0 \frac{\omega_1}{\omega_2},$$

$$t_3 = \frac{\left(J_1 + J_{\text{M}} \left(\frac{\omega_2}{\omega_1}\right)^2\right) \omega_1 \left(1 - \frac{\omega_0}{\omega_2}\right)}{(M_{\text{K}} - M_{\text{L}})} + \frac{t_{12}}{2} \left(\frac{M_{\text{K}}}{M_{\text{K}} - M_{\text{L}}}\right), \qquad (4.3.1)$$

$$t_3 = \frac{\left(1 - \frac{\omega_0}{\omega_2}\right)}{(M_{\text{K}} - M_{\text{L}})} \left[J_1 \omega_1 + J_{\text{M}} \frac{\omega_2^2}{\omega_1}\right] + \frac{t_{12}}{2} \left(\frac{M_{\text{K}}}{M_{\text{K}} - M_{\text{L}}}\right).$$

Die erste Ableitung von $t_3$ nach $\omega_1$ wird

$$\frac{\mathrm{d}t_3}{\mathrm{d}\omega_1} = \frac{\left(1 - \frac{\omega_0}{\omega_2}\right)}{(M_{\text{K}} - M_{\text{L}})} \left[J_1 - J_{\text{M}} \left(\frac{\omega_2}{\omega_1}\right)^2\right].$$

Mit $\mathrm{d}t_3/\mathrm{d}\omega_1 = 0$ ergibt sich für

$$J_1 - J_{\text{M}} \left(\frac{\omega_2}{\omega_1}\right)^2 = 0,$$

$$J_1 = J_{\text{M}} \left(\frac{\omega_2}{\omega_1}\right)^2,$$

$$\omega_1 = \omega_2 \sqrt{\frac{J_{\text{M}}}{J_1}} \qquad (4.3.2)$$

oder

$$i = \frac{\omega_1}{\omega_2} = \sqrt{\frac{J_M}{J_1}} \, . \tag{4.3.3}$$

Aus dieser Entwicklung ist die günstigste Getriebeübersetzung mit Gl. (4.3.3) gefunden. Wird diese Übersetzung gewählt, ergibt sich mit den vorliegenden Werten der Trägheitsmomente, Drehmomente und Drehzahlen die kürzeste Schaltzeit $t_3$.

Am Beispiel mit den technischen Werten aus den Abschnitten 4.1 und 4.2 ergibt sich folgendes:

### 4.3.1 Schaltzeit ohne Getriebe oder i = 1,0

Nach Bild 4.1:

$$M_M \approx M_K = 500 \, \text{Nm}; \quad M_L = 300 \, \text{Nm am Abtrieb},$$

$$J_M = 4 \, \text{kgm}^2; \quad \omega_1 = 52{,}36 \, \text{s}^{-1}; \quad \omega_0 = 10{,}47 \, \text{s}^{-1},$$

$J_1' = 0{,}01 \, \text{kgm}^2 = $ Eigenträgheitsmoment der Kupplung (zu beschleunigen),

$$t_{12} = 0{,}1 \, \text{s},$$

$$t_3 = \frac{(4 + 0{,}01) \cdot (52{,}36 - 10{,}47)}{(500 - 300)} + \frac{0{,}1}{2}\left(\frac{500}{500 - 300}\right),$$

$$= 0{,}84 \qquad\qquad\qquad + 0{,}125,$$

$$t_3 = 0{,}965 \, \text{s};$$

ohne Lastmoment würde sich ergeben

$$t_3 = \frac{4{,}01 \cdot (52{,}36 - 10{,}47)}{500} + \frac{0{,}1}{2} = 0{,}386 \, \text{s} \, .$$

### 4.3.2 Schaltzeit mit Getriebe

$J_1'' = 0{,}1$ an Welle $1'$ vorhandene Maschineneigenmassen. Das Trägheitsmoment an der Welle $1'$ ist

$$J_1 = J_1' + J_1'' = 0{,}01 + 0{,}1 = 0{,}11 \, \text{kgm}^2 \, .$$

Daraus das günstigste Übersetzungsverhältnis

$$i = \frac{\omega_1}{\omega_2} = \sqrt{\frac{J_M}{J_1}} = \sqrt{\frac{4{,}0}{0{,}11}} = 6{,}03 \approx 6 \, .$$

Die Welle 2 soll nach wie vor von $\omega_0 = 10{,}47 \, \text{s}^{-1}$ auf $\omega_2 = 52{,}36 \, \text{s}^{-1}$ beschleunigt werden. Damit sind dann

$$\omega_0' = 6 \cdot \omega_0 = 62{,}82 \, \text{s}^{-1},$$

und

$$\omega_1 = \omega_2 \cdot 6 = 314{,}16 \, \text{s}^{-1} \, .$$

Mit Gl. (4.3.1) ist

$$t_3 = \frac{\left(0{,}11 + 4\left(\frac{1}{6}\right)^2\right) \cdot 314{,}16 \left(1 - \frac{10{,}47}{52{,}36}\right)}{500 - \frac{300}{6}} + \frac{0{,}1}{2}\left(\frac{500}{500 - \frac{300}{6}}\right)$$

$$t_3 = 0{,}1235 \qquad\qquad\qquad + 0{,}0556$$

$$= 0{,}179 \, \text{s} \, .$$

Mit der Kupplung nach Abschnitt 4.3.1, $M_K = 500$ Nm, aber auf der Welle *1* montiert, ergibt sich mit einem Getriebe $i = 6{,}0$ (optimal $i = 6{,}03$) eine erheblich kürzere Schaltzeit als ohne Getriebe. Eine gute Übersicht, wie sich die Schaltzeit mit der Getriebeübersetzung ändert, bietet Bild 4.2 , Kurve *1*. Hierzu wurde nur der erste Teil der Gl. (4.3.1) verwendet mit $M_L = 0$. Alle anderen Daten entsprechen dem vorstehenden Beispiel. Der Summand $t_{12}/2$ wurde fortgelassen. Wichtig ist, festzustellen, wie vorteilhaft sich schon kleine Übersetzungen auswirken. In diesem Beispiel fällt die Schaltzeit von 344 ms und $i = 1{,}0$ auf 186 ms mit $i = 2{,}0$; weiter auf 139 ms und $i = 3{,}0$. Man kann nicht immer den theoretischen Bestpunkt erreichen. Die Übersetzung $i \approx 3$ läßt sich mit einstufigen Getrieben relativ gut darstellen. Dabei gewinnt man $\approx 88\%$ der möglichen Zeit, die bei $i = 6$ mit $t_3' = 0{,}11$ s erreichbar ist.

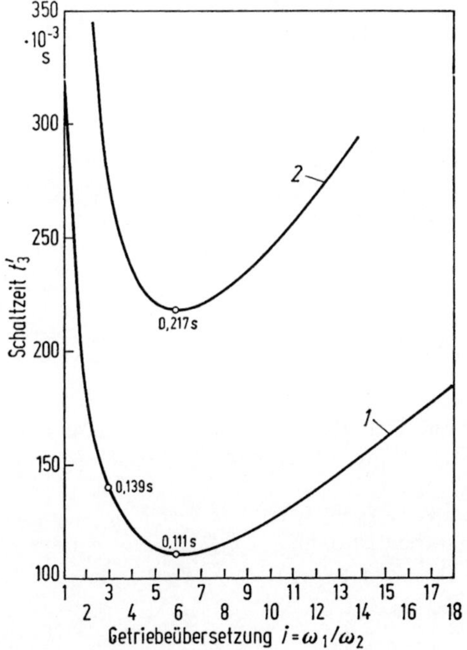



Bild 4.2. Schaltzeit, abhängig von der Getriebeübersetzung $i$ (Schema nach Bild 4.1), siehe Text

Eine Entscheidung, bei $i \approx 3$ zu bleiben, stellt möglicherweise einen wirtschaftlichen Kompromiß dar. Diese Festlegung kann nur dann verantwortungsvoll sein, wenn eine Untersuchung gemäß Bild 4.2 vorliegt, woraus der erreichbare Grenzwert ersichtlich ist. Man muß wissen, welche Zeit überhaupt erreichbar ist, um mit möglichst geringem Aufwand eine gute Annäherung zu realisieren.

Bei einer praktischen Aufgabe könnte es auch interessant sein, mit einem Getriebe eine geringere Zeitabsenkung darzustellen als im vorhergehenden Beispiel gezeigt wurde, aber eine kleinere Kupplung einzusetzen. Statt der Kupplung mit 500 Nm soll eine andere mit 250 Nm verwendet werden. Diese Kupplung hätte dann etwa ein Eigenträgheitsmoment, das mit zu beschleunigen wäre von $J_1 = 0{,}005$ kgm² und eine Zeit $t_{12} = 0{,}05$ s.

Mit diesen Daten wäre dann bei $i = 6$

$$t_3' = \frac{\left(J_1 + J_M \left(\frac{1}{6}\right)^2\right) \omega_1 \left(1 - \frac{\omega_0}{\omega^2}\right)}{M_K},$$

$$t_3' = \frac{\left(0{,}105 + 4\left(\frac{1}{6}\right)^2\right) \cdot 314{,}16 \left(1 - \frac{10{,}47}{52{,}36}\right)}{250} = 0{,}217 \text{ s}.$$

Für diesen Fall der Kupplung mit $M_K = 250$ Nm gilt die Kurve *2* nach Bild 4.2.

Soll nun die vollständige Zeit errechnet werden (hier ohne Lastmoment), muß die halbe Anstiegszeit addiert werden. Für beide Beispiele nach Bild 4.2 ergibt sich dann

$$t_{3/1} = 0{,}111 + \frac{0{,}1}{2} = 0{,}161 \text{ s},$$

$$t_{3/2} = 0{,}217 + \frac{0{,}05}{2} = 0{,}242 \text{ s}.$$

Gegenüber der Ausführung ohne Getriebe (Abschnitt 4.3.1), bietet auch das zweite Beispiel mit $t_3 = 0{,}242$ gegenüber $t_3 = 0{,}386$ noch einen erheblichen Vorteil. Bei diesen Überlegungen darf nicht vergessen werden, daß die Schaltarbeit mit und ohne Getriebe gleich ist. Das läßt sich anhand von Gl. (2.3.5) zeigen. Mit $\omega_0 = 0$ wird dann

$$Q = \frac{J_1 \omega_1^2}{2}.$$

Das gilt beispielsweise für die Anwendung ohne Getriebe. Mit Getriebe wäre bei einer Übersetzung $i$ die Winkelgeschwindigkeit der Kupplung auf der schnellen Welle $\omega_2 = \omega_1 i$, somit $\omega_2^2 = \omega_1^2 i^2$.

Das Trägheitsmoment reduziert sich dabei zu $J_{red} = J_1/i^2$. Die Werte betreffen die Kupplung auf der schnellen Welle. Die Schaltarbeit ist dann

$$\frac{J_{red} \omega_2^2}{2} = \frac{J_1 \omega_1^2 i^2}{i^2 2} = \frac{J_1 \omega_1^2}{2}.$$

Es ändert sich also theoretisch nichts an der Schaltarbeit. Praktisch kommt eine Erhöhung durch zusätzliche Getriebemassen dazu, die aber meist gering ist.

Nimmt man eine kleinere Kupplung, wie vorstehend dargestellt, dann muß die Frage der Schaltarbeit und Schaltleistung besonders sorgfältig geprüft werden.

Im Beispiel nach Abschnitt 4.3.1 wurde von 500 Nm erforderlichem Drehmoment an der Abtriebswelle ausgegangen. Das erste Beispiel in 4.3.2 verwendet die gleiche Kupplung auf der Vorgelegewelle, womit die Kurve *1* nach Bild 4.1 erreicht wird. Jetzt wirkt auf die Abtriebswelle während der Schaltung das Drehmoment $M = 500 \cdot i$. Dieses Moment wirkt zwar nur solange die Kupplung rutscht, aber es könnte nachgeordnete Maschinenteile auf die Dauer schädigen; vielleicht Schraubverbindungen lösen, die für die Betriebslast ausreichend sind. Man muß Vor- und Nachteile sorgfältig abwägen.

## 4.4 Stufenschaltung

### 4.4.1 Schaltgetriebe

Schaltbare Reibkupplungen werden als Schaltelemente in Getrieben eingesetzt. Das Schema eines Achtgang-Schaltgetriebes zeigt Bild 4.3 [46]. Der Stufensprung von zwei benachbarten Gängen, die eingeschaltet werden können, ist mit $\varphi_s$ bezeichnet. Der siebente Gang hat die Übersetzung $\varphi_s^0 = 1{,}0$, d.h. An- und Abtrieb haben gleiche Drehzahl. Der achte Gang geht ins Schnelle mit $\varphi_s^{-1}$; alle anderen Gänge übersetzen ins Langsame.

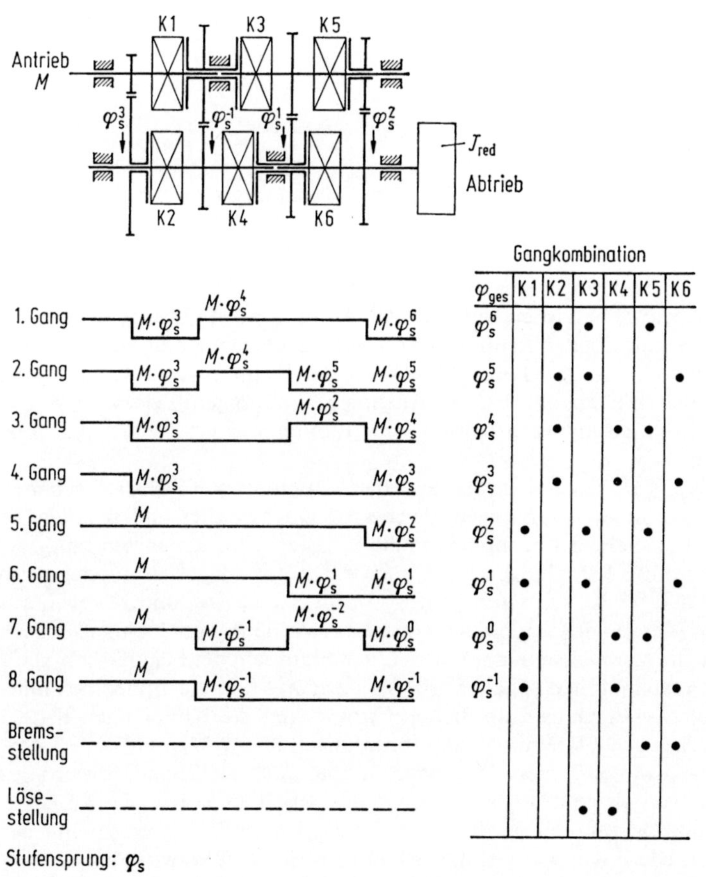


| $\varphi_{ges}$ | K1 | K2 | K3 | K4 | K5 | K6 |
|---|---|---|---|---|---|---|
| $\varphi_s^6$ | | • | • | | • | |
| $\varphi_s^5$ | | • | • | | | • |
| $\varphi_s^4$ | | • | | • | • | |
| $\varphi_s^3$ | | • | | • | | • |
| $\varphi_s^2$ | • | | • | | • | |
| $\varphi_s^1$ | • | | • | | | • |
| $\varphi_s^0$ | • | | | • | • | |
| $\varphi_s^{-1}$ | • | | | • | | • |
| Bremsstellung | | | | | • | • |
| Lösestellung | | | • | • | | |

Bild 4.3. Achtganggetriebe, Schema — Leistungsfluß — Schaltkombinationen

Beträgt der Stufensprung $\varphi_s = \sqrt{2} = 1{,}414$, dann sind die Stufensprünge vom achten zum ersten Gang aufgezählt ($\varphi_s^{-1} \ldots \varphi_s^6$): $0{,}707 - 1{,}0 - 1{,}414 - 2 - 2{,}828 - 4 - 5{,}657 - 8$. Ist die Antriebsdrehzahl $n_1 = 1450 \text{ min}^{-1}$, ergibt sich der Drehzahlbereich 2050 bis 181 min$^{-1}$. Die Schaltarbeit errechnet sich nach Gl. (2.3.6) zu

$$Q = \frac{J_{red}(n_1 - n_0)^2}{182{,}4} = \frac{J_{red}}{182{,}4}(n_1 - n_0)^2 = C(n_1 - n_0)^2.$$

Die Schaltarbeit beim Anfahren von Null auf den ersten Gang beträgt

$$Q_{0-1} = C \cdot 181^2 = C \cdot 3{,}276 \cdot 10^4 \text{ J}.$$

Vom ersten zum zweiten Gang:

$$n_2 = 1450 \cdot \frac{1}{\varphi^5} = 1450 \cdot \frac{1}{5{,}657} = 256 \text{ min}^{-1}$$

$$Q_{1-2} = C(256 - 181)^2 = C \cdot 0{,}5625 \cdot 10^4 \text{ J},$$

$$Q_{2-3} = C(362 - 256)^2 = C \cdot 1{,}124 \cdot 10^4 \text{ J},$$

$$Q_{3-4} = C(512 - 362)^2 = C \cdot 2{,}2500 \cdot 10^4 \text{ J},$$

$$Q_{4-5} = C(725 - 512)^2 = C \cdot 4{,}537 \cdot 10^4 \text{ J},$$

$$Q_{5-6} = C(1025 - 725)^2 = C \cdot 9{,}0 \cdot 10^4 \text{ J},$$

$$Q_{6-7} = C(1450 - 1025)^2 = C \cdot 18{,}1 \cdot 10^4 \text{ J},$$

$$Q_{7-8} = C(2050 - 1450)^2 = C \cdot 36 \cdot 10^4 \text{ J}.$$

Diese Berechnung wurde deshalb so ausführlich gemacht, um zu zeigen, daß auch bei gleichen Stufensprügen die Schaltarbeit unterschiedlich ist: Man muß auch überlegen, welche Kupplung die Schaltarbeit übernimmt. Soll vom dritten auf den vierten Gang geschaltet werden, wechseln in der Gangkombination die Kupplungen „K5-aus" und „K6-ein". K6 muß also die Schaltarbeit übernehmen, im obigen Beispiel $Q_{3-4} = C \cdot 2{,}25 \cdot 10^4$ J. Die Umschaltung vom vierten zum fünften Gang wechselt die volle Kupplungsbeschaltung.

Die Kupplungen K2/K4/K6 schalten aus und die Kupplungen K1/K3/K5 schalten ein. Werden die letztgenannten Kupplungen gleichzeitig eingeschaltet und schalten sie gleich schnell, fragt sich, welche der Kupplungen die Schaltarbeit übernehmen muß.

Zur Dimensionierung der Kupplungen dient auch das notwendige Drehmoment. Im Schema ist ersichtlich, daß für K1 das Drehmoment $M$, für K3 $\triangleq M\varphi_s^4$ und K5 ebenfalls $M\varphi_s^4$ belastend wirken. Werden die Kupplungen in diesem Verhältnis auch dimensioniert, dann muß K1, weil sie die schwächste Kupplung ist, den Hauptteil der Schaltarbeit übernehmen. Am sichersten rechnet man so, als würde sie die ganze Energie aufnehmen müssen. Die Umschaltung zweiter Gang zum dritten Gang bringt die Kupplungen K4/K5 zum Schalten. Entsprechend den Drehmomentanforderungen K4 $\triangleq M\varphi_s^3$ und K5 $\triangleq M\varphi_s^4$ könnten die Kupplungen dimensioniert sein. Man könnte auch aus Standardisierungsgründen beide Kupplungen gleich machen. Während der Schaltung stützt sich K5 einerseits über die letzte Zahnradstufe mit $\varphi_s^2$ an der Masse $J_{\text{red}}$ ab, und andererseits mit der Zahnradstufe $\varphi_s^1$ an K4. Diese Kupplung stützt sich am Antrieb ab und wirkt auf K5 ein. K4 wirkt auf K5 mit dem Übersetzungsverhältnis $\varphi_s^{-1}$; K5 wirkt auf K4 mit $\varphi_s^1$. Damit kann K5 schneller schließen und K4 wird höher beansprucht. Auf diese Weise muß man alle Schaltkombinationen analysieren und Folgerungen daraus für die Dimensionierung der Kupplungen ziehen.

Im Betriebsgeschehen wird das Getriebe nicht immer von Gang zu Gang in Reihenfolge geschaltet. Gänge werden auch übersprungen; beispielsweise von Null auf den achten Gang.

Die Schaltarbeit ist dann $Q = C(n_8 - 0)^2$. Nicht selten wurden auf diesem Weg Kupplungen thermisch überlastet. Als Abhilfe hat sich in der Praxis die sogenannte Stufenschaltung bewährt.

Wird statt von Null auf volle Drehzahl $n_8$ zunächst Null $\ldots \dfrac{1}{2} n_8$ und dann $\dfrac{1}{2} n_8 \ldots n_8$ geschaltet, ergibt sich

$$Q_1 = C \left( \frac{1}{2} n_8 - 0 \right)^2 = C \frac{1}{4} n_8^2,$$

$$Q_2 = C \left( n_8 - \frac{1}{2} n_8 \right)^2 = C \frac{1}{4} n_8^2.$$

Das heißt, mit halbierter Drehzahl erhält man nur 1/4 der Schaltarbeit je Kupplung. Insgesamt ist die Schaltarbeit auch nur die Hälfte von der Schaltung 0 .... $n_8$. Das Bild 2.16 zeigt diese Zusammenhänge. Sollten zwei Stufen nicht reichen, können beispielsweise drei gewählt werden, wobei der Vorteil für die thermische Belastung größer ist. Bild 4.4 [46] veranschaulicht das.

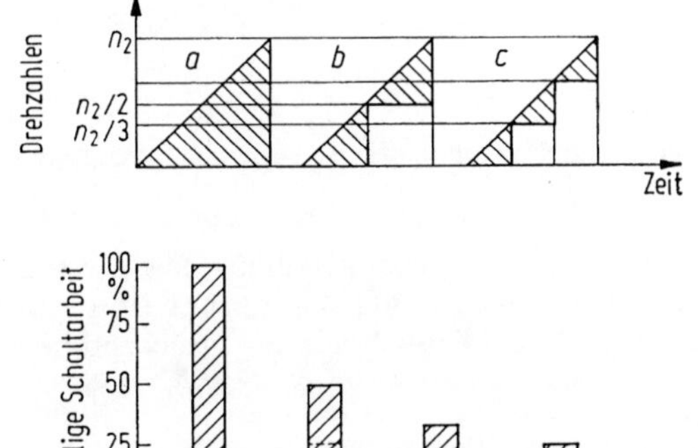


Bild 4.4. Schaltung in Stufen. *a* eine Schaltstufe, *b* zwei Schaltstufen, *c* drei Schaltstufen

### 4.4.2 Harte und weiche Schaltung

Bild 4.5 zeigt den Einschaltvorgang einer hydraulisch betätigten Lamellenkupplung, aufgebaut nach Bild 3.6. Bei dieser Messung arbeitet die Kupplung als Bremse. Der Öldruck zeigt einen steilen Anstieg mit Überschwingung. Diesem Verhalten folgt das Drehmoment. Der Drehzahlverlauf zeigt am Punkt A einen deutlichen Knick. Demgegenüber stellt Bild 4.6 einen flachen Anstieg des Öldruckes und Drehmomentes dar. Der Drehzahlübergang am Punkt A hat einen deutlich flacheren Verlauf. Man erkennt, daß schon in der Drehmomentenanstiegszeit $t_{12}$ die Drehzahl abgefallen ist. Der Kennwert für den Drehmomentanstieg nach Abschnitt 2.3.3 ist nach Bild 4.5: $m_K = 44000$ Nm/s und nach Bild 4.6 $m_K = 1775$ Nm/s.

Zweifellos schaltet die Kupplung mit dem kleineren Kennwert $m_K$ weicher. Die Kennlinien entstammen der Praxis. Die Kupplung nach Bild 4.5 erzeugt durch ihren Drehmomentaufbau in Zahnrädern des Getriebes sogenannte Spielschläge, bedingt durch das Verzahnungsspiel, ein schlagartiges Geräusch. Sobald der Drehmomentaufbau entsprechend Bild 4.6 war, erzeugte die Maschine kein Schaltgeräusch mehr.

Subjektiv beurteilen die Beobachter dieser Schaltvorgänge den Schaltablauf nach Bild 4.5 als „hart" und den nach Bild 4.6 als „weich".

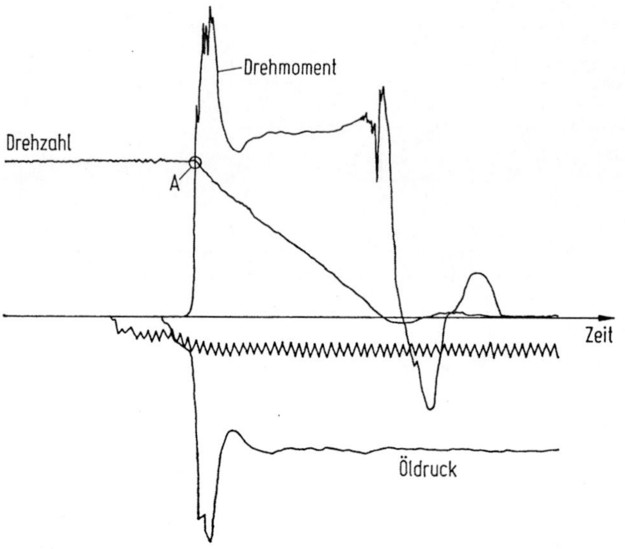


Bild 4.5. Kennlinie einer Kupplung bei schnellem Drehmomentaufbau; siehe Text. Kupplung nach Bild 3.6

In den Bildern 4.5 und 4.6 ist der Drehmomentverlauf nicht geradlinig. Die Messungen wurden in Prüfvorrichtungen gemacht. Besonders im Bild 4.6 erkennt man Aufschwingvorgänge im Drehmomentverlauf, die auf den Versuchsaufbau zurückzuführen sind.

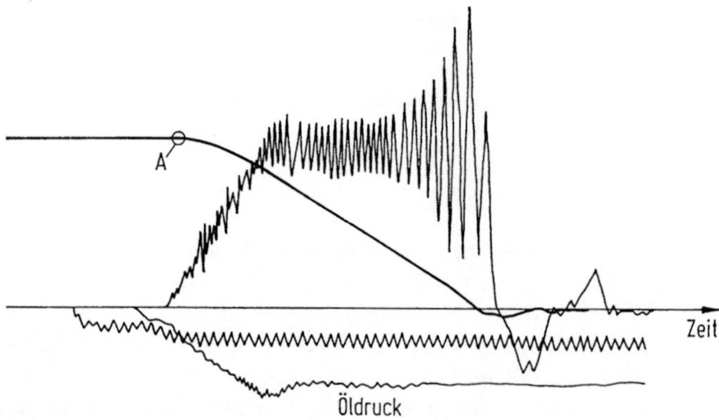


Bild 4.6. Kennlinie einer Kupplung bei langsamem Drehmomentenaufbau; siehe Text. Kupplung nach Bild 3.6

## 4.5 Lastschaltung

Das Thema Lastschaltung steht immer wieder im Diskussionsmittelpunkt. Zunächst muß geklärt werden, was darunter zu verstehen ist. Jeder Schaltvorgang mit rutschender Reibkupplung ergibt für diese Kupplung eine Wärmebelastung. Das ist eine Schaltung unter Last, aber keine Lastschaltung im hier gedachten Sinne.

Unter Lastschaltung soll verstanden werden:
Wird in einem mit schaltbaren Reibkupplungen ausgestatteten Getriebe von einer Stufe zur anderen geschaltet, dann muß ein vom Antrieb zum Abtrieb durch das Getriebe geleitetes Lastmoment auch während der Schaltung voll und ohne Momentenschwankungen übertragen werden.

Während der Schaltung wird eine äußere Last von einer Kupplung auf die andere schaltend, d.h. rutschend, übergeben. Der Vorgang wird häufig praktiziert. Hier besteht aber zusätzlich die Bedingung, eine äußere Last ohne Drehmomentschwankung, sozusagen von Kupplung zu Kupplung, weiterzureichen. Dabei ist zu unterscheiden, ob man in eine schnellere oder lamgsamere Stufe schaltet, d.h. ist eine Hochschaltung oder Abwärtsschaltung notwendig. Das Lastmoment wirkt hemmend oder helfend, bezogen auf die einschaltende Kupplung.

Bild 4.7 stellt eine Abwärtsschaltung dar. Am Anfang soll die Kupplung $K_I$ eingeschaltet sein. Das Lastmoment $M_L$ wird mit der Winkelgeschwindigkeit $\omega_I$ vom Antrieb direkt auf den Abtrieb geleitet. In der offenen Kupplung $K_{II}$ ergibt sich die Differenzgeschwindigkeit $(\omega_I - \omega_{II})$. Zur Zeit $t_0$ soll der Umschaltvorgang beginnen. Die Kupplung $K_I$ schaltet ab. Dazu fällt das Drehmoment vom sogenannten übertragbaren Moment $M_ü$ ab. (s. Abschnitt 2.2.3 und Bild 2.11). Linearen Verlauf vorausgesetzt, ist das Drehmoment $M_{üI}$ nach der Zeit $t_3$ Null. Zum Zeitpunkt $t_2$ ist $M_I = M_L$. Bisher waren die Reibflächen in $K_I$ noch relativ in Ruhe. Bei $t_2$ reißt $K_I$ auf und rutscht. Der veränderte Reibwert ergibt einen Drehmomentsprung an $K_I$ auf $M'_{KI}$. Die Winkelgeschwindigkeit $\omega_I$ beginnt abzufallen, wenn das Momentengleichgewicht des abfallenden $M_{üI}$ mit $M_L$ und dem ansteigenden Moment $M_{KII}$ erreicht ist.

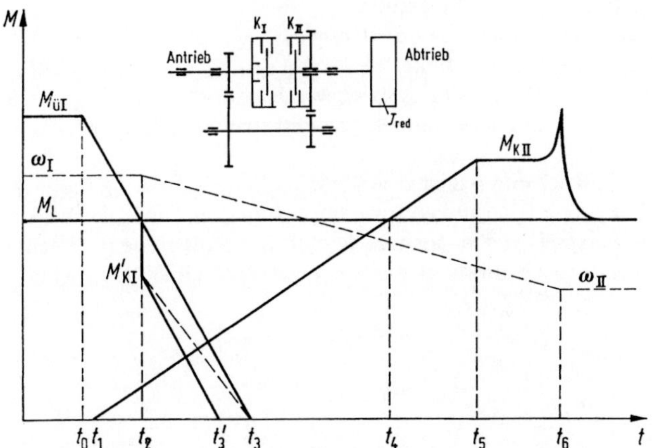


Bild 4.7. Schema einer Abwärtsschaltung mit überschneidenden Kupplungen

Während der Abwärtsschaltung hilft das Lastmoment zu bremsen. Man kann fünf Phasen unterscheiden:

Zeit $t_0$ bis $t_1$: Drehmoment von $K_I$ fällt ab, ist aber noch größer als $M_L$.

Zeit $t_1$ bis $t_2$: Drehmoment von $K_I$ fällt ab, erreicht bei $t_2$ die Größe von $M_L$; an der Kupplung $K_{II}$ baut das Drehmoment auf.

Zeit $t_2$ bis $t_3$   Drehmoment von $K_I$ wirkt noch treibend;
$\quad\quad\quad (t'_3)$: Lastmoment $M_L$ und Drehmoment $M_{II}$ bremsen.

Zeit $t_3$ bis $t_5$: Lastmoment $M_L$ und Drehmoment $M_{II}$ bremsen.

Zeit $t_5$ bis $t_6$: Lastmoment $M_L$ und $M_{KII}$ bremsen bis $\omega_{II}$ erreicht ist.

Bild 4.7 soll diesen Vorgang nur qualitativ beschreiben, es ist kein Ausführungsbeispiel.

Nach dieser kurzen Beschreibung ist klar, wie kompliziert der innere Zusammenhang einer exakten Lastschaltung ist; und das nur für den augenblicklich betrachteten Zustand. Die äußeren Bedingungen ändern sich in der Praxis ständig, bevorzugt am Abtrieb. Um den Vorgang theoretisch exakt zu steuern, müßten Sensoren installiert werden, die alle notwendigen Geschwindigkeiten, Drehmomente usw. als Eingangsgrößen erfassen. Über Prozeßrechner wären die Steuerdaten den Kupplungen zu übermitteln. Die Reibungswerte der Kupplung wären als konstant anzunehmen, was bekanntlich nicht richtig ist.

Von den Kupplungen könnte man Kennlinien ermitteln. Aber das Lastmoment ist nicht konstant. Seine Größe ist entscheidend für den ganzen Verlauf, wann $K_{II}$ zugeschaltet werden soll und in welcher Zeit $\omega_I$ nach $\omega_{II}$ am Abtrieb wechselt. Praktisch konnte diese Aufgabenstellung bisher nicht genau gelöst werden. In automatisch schaltbaren Getrieben für Straßenfahrzeuge finden bei den häufig angewendeten Systemen Lastschaltungen statt. Auch hier werden Kompromisse geschlossen, die in Versuchen ermittelt werden. Die häufigsten Betriebsbedingungen sind dazu der Maßstab. Der Fahrzeuginsasse empfindet die Qualität der Schaltung am zeitlichen Verlauf des Drehzahl-(Geschwindigkeits-) Übergangs. Mit langer Rutschzeit (nach Bild 4.7: $t_6 - t_2$) ergibt sich das Gefühl weicher Schaltung. Die notwendige Kupplungsüberschneidung ($t_3 - t_1$) wird im Versuch ermittelt. Entsprechend Bild 4.7 kann auch ein Schema für die Hochschaltung erstellt werden.

Vordergründig ergibt sich die Aufgabe, den Drehzahlübergang in der gewünschten Zeit darzustellen, wobei das Lastmoment übertragen werden muß. Für die Kupplung ergeben sich erschwerte Bedingungen: Die träge Masse muß in der Drehzahl verändert werden; das Lastmoment ist zu übertragen. Wenn sich die Kupplungen überschneiden (Zeit $t_3 - t_1$ in Bild 4.7) entsteht zusätzliche Belastung.

Die Kupplung $K_I$ überträgt Drehmoment. Schließt nun $K_{II}$, ergibt sich an den rutschenden Reibscheiben eine Differenzgeschwindigkeit. $K_I$ treibt $K_{II}$ an. Das Drehmoment von $K_{II}$ stützt sich über die Zahnradkette an der Antriebswelle und letztlich $K_I$ ab. Dadurch verspannt sich das System $K_I$ und $K_{II}$, eine sogenannte Blindleistung kreist im System.

Mit dem Antriebsschema in Bild 4.7 und 4.8 ist eine übersichtliche Erklärung möglich: Zunächst werden positive und negative Richtungen für das Drehmoment und die Winkelgeschwindigkeit festgelegt. Im Beispiel ist die positive Richtung rechtsdrehend, negativ entsprechend linksdrehend. Das Antriebsmoment ($+M_{An}$) mit der Winkelgeschwindig-

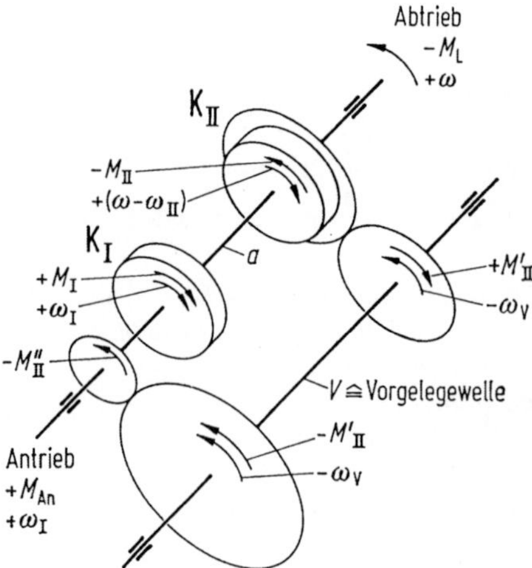


Bild 4.8. Drehmomente und Winkelgeschwindigkeiten in einem Getriebe, wenn die Kupplungen mit Überschneidung schalten, Schema nach Teilbild 4.7

keit $(+\omega_{\mathrm{I}})$ treibt an, die Leistung ist positiv, wird dem System zugeführt $+P_{\mathrm{An}} = (+M_{\mathrm{An}}) \cdot (+\omega_{\mathrm{I}})$.

Die Kupplung $K_{\mathrm{I}}$ muß das Antriebsmoment abstützen, also mit entgegengerichtetem augenblicklichem Moment $(-M_{\mathrm{I}})$; die Drehrichtung bleibt bestehen

$$-P_{\mathrm{I\,zu}} = (-M_{\mathrm{I}})(+\omega_{\mathrm{I}}).$$

$K_{\mathrm{I}}$ wirkt ihrerseits auf den Wellenteil $a$ mit positivem Moment $(+M_{\mathrm{I}})$

$$+P_{\mathrm{I\,ab}} = (+M_{\mathrm{I}})(+\omega_{\mathrm{I}}).$$

An der Kupplung $K_{\mathrm{II}}$ dreht ein Teil mit $(+\omega_{\mathrm{II}})$, der andere Teil ist auf der Welle $a$ befestigt und hat die Winkelgeschwindigkeit $(+\omega)$. Daraus ergibt sich als Relativgeschwindigkeit $(\omega - \omega_{\mathrm{II}})$. Ist $\omega > \omega_{\mathrm{II}}$, dann wirkt die Welle $a$ auf $K_{\mathrm{II}}$ treibend. Dem versucht $K_{\mathrm{II}}$ durch das augenblickliche Moment $(-M_{\mathrm{II}})$ entgegenzuwirken

$$-P_{\mathrm{II\,zu}} = -(M_{\mathrm{II}})(\omega - \omega_{\mathrm{II}}).$$

Nach diesem Schema geht es weiter:

$$+P_{\mathrm{II\,ab}} = (+M_{\mathrm{II}})(+\omega_{\mathrm{II}}) = -P_{\mathrm{V\,zu}} = +M'_{\mathrm{II}}(-\omega_{\mathrm{V}}),$$
$$+P_{\mathrm{V\,ab}} = (-M'_{\mathrm{II}})(-\omega_{\mathrm{V}}),$$
$$-P_{\mathrm{a}} = (-M''_{\mathrm{II}})(+\omega_{\mathrm{I}}).$$

Mit $P_{\mathrm{a}}$ ist die augenblicklich im System kreisende Blindleistung bestimmt. Blindleistung deshalb, weil sie vorhanden ist und die Bauteile belastet, aber keine Nutzarbeit verrichtet. Der Betrag der Blindleistung muß zur Nutzleistung addiert werden, wenn die augenblickliche Bauteilbeanspruchung ermittelt wird.

Die Blindleistung wird zu Null, wenn an der Kupplung $K_{\mathrm{II}}$ die Differenzgeschwindigkeit zu Null wird und $K_{\mathrm{I}}$ geöffnet ist.

Aus den vorstehenden Erläuterungen ist ersichtlich, daß eine theoretisch exakte Lastschaltung in der Praxis nicht zu realisieren ist. Man muß mit Kompromissen leben, die aber in vielen Fällen hinreichen und das Problem lösen können.


## 4.6 Lebensdauer

Eine schaltbare Reibkupplung kann aus verschiedenen Gründen ausfallen. Beispielsweise können sich die Reibscheiben am Mitnehmer eingraben (Bild 3.7), oder diesen sogar vollständig durchscheuern (Bild 3.8). Weiterhin können Dichtungen an pneumatisch oder hydraulisch betätigten Kupplungen beschädigt sein.

Der häufigste Grund für Beanstandungen an Reibkupplungen ist die abgenützte Reibfläche. Während der Schaltung muß die Reibfläche Wärme aufnehmen, die Temperatur steigt. In naßlaufenden, d.h. ölgeschmierten und ölgekühlten Reibsystemen transportiert das Öl die Wärme aus der Kupplung heraus. Das ist dann gut möglich, wenn die Oberfläche der Reibscheiben mit Strömungskanälen für das Öl versehen ist (Nutungen, Rillen). Ist zusätzlich noch die Ölmenge ausreichend, dann kann die Kupplung praktisch verschleißfrei arbeiten.

In der Praxis ist das bei elektromagnetisch betätigten Kupplungen mit der Reibpaarung Stahl/Stahl (Bild 6.6) nachgewiesen. Ebenso an Kupplungen der Reibpaarung Stahl/Sinterbronze (Bild 3.6). Im letzten Beispiel glätten sich die Bearbeitungsriefen auf der Oberfläche des Sinterbelages. Dabei nimmt die Lamellendicke bis etwa 0,05 mm ab. Diesen Wert kann man nach kurzer Betriebszeit messen. Auch nach Jahren ändert er sich nicht, wenn die Betriebsbedingungen nicht verschärft werden und die Kupplung dadurch überlastet wird.

Trocken betriebene Reibsysteme nutzen sich ab. Dadurch entsteht Abrieb. Bild 4.9 zeigt den Zusammenhang von Abrieb und Temperatur für einen homogenen Belag, bestehend aus Asbest mit metallischen Einschlüssen, gebunden durch Kautschuk und Kunstharz.

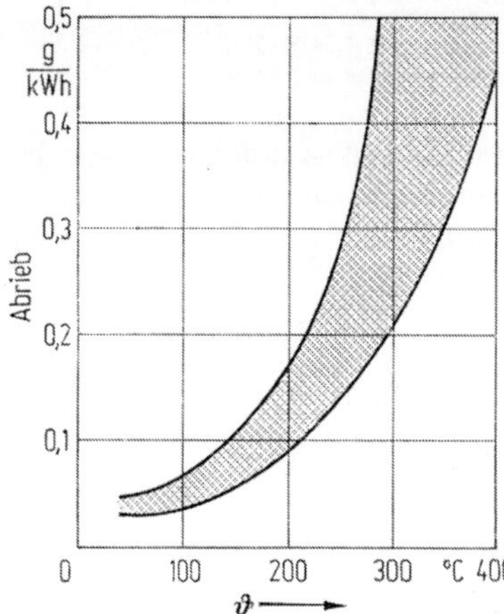


Bild 4.9. Verschleiß eines homogenen Belages in Abhängigkeit von der Temperatur. Nach [5]

Eine andere Darstellung zeigt Bild 4.10a und b. Hier ist der Verschleiß je Reibfläche abhängig von der flächenbezogenen Schaltleistung $\dot{q}$ W/cm² (Abschnitt 2.3.1, Gl. (2.3.9)) aufgetragen.

Auf dem Bild sind die Versuchsergebnisse für zwei Reibbeläge dargestellt: Einen Belag kennzeichnet Kurve *1*; dem anderen Belag sind die Kurven *2* und *3* zugeordnet.

Bei den Versuchen zu den Kurven *1* und *2* wurde der Reibbelag als geschlossener Ring auf einen Träger geklebt und gegen eine Stahlscheibe betrieben. Vom zweiten Belag wurden außerdem zylinderförmige Reibkörper gefertigt, die in Bohrungen einer Trägerscheibe geführt links und rechts mit ihren Stirnflächen an Gegenplatten reiben. Zwischen diesen Reibkörpern ist freier Raum (Bild 4.10b). Die Kontaktfläche der Reibpaarung ist kleiner als die bei Drehung überstrichene Kreisringfläche. Zwischen den Kontaktflächen

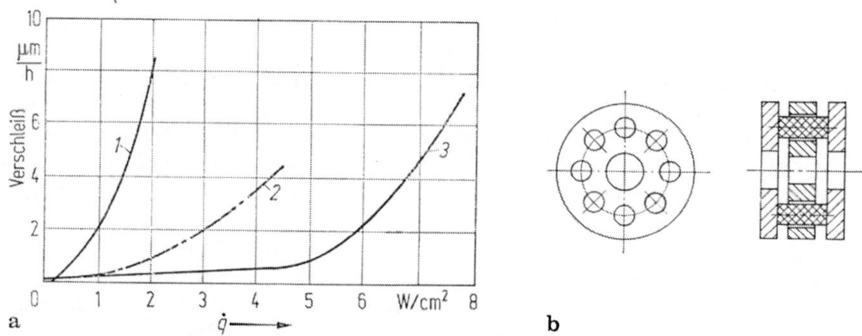


Bild 4.10. Verschleiß über der flächenbezogenen Schaltleistung für zwei Reibbelagsarten a) Kurven *1* und *2*: Beläge ringförmig; Kurve *3*: Der Belag nach Kurve *2* ist zylinderförmig ausgeführt und reibt an den Stirnflächen gemäß Bildteil b); siehe Text

kann Kühlluft die Stahloberfläche kühlen. Der Reibkörper gleitet immer auf gekühlten Flächen. Die vom vorher gleitenden Körper erzeugte Wärme konnte zum Teil inzwischen mit der Luft abgeführt werden.

Die Kurven sind auf die besonderen Bedingungen der Konstruktion bezogen. Sie sollen beispielhaft zeigen, daß die Lebensdauer nicht nur vom gewählten Material abhängig ist — vgl. Kurven *1* und *2* — sondern auch von der konstruktiven Gestaltung, sprich hier: Von der Kühlung — vgl. Kurven *2* und *3*.

Die Ordinate gibt den Verschleiß in Mikrometer je Stunde an. Sollte der je Reibfläche zugelassene Verschleiß 1 mm betragen und liegt eine flächenbezogene Schaltleistung von 2 W/cm² vor, kann die Lebensdauer errechnet werden. In der Reihenfolge der Kurven nach Bild 4.10:

$$L_{K1} = \frac{1 \cdot 10^3}{7} = 143 \text{ h},$$

$$L_{K2} = \frac{1 \cdot 10^3}{0,8} = 1250 \text{ h},$$

$$L_{K3} = \frac{1 \cdot 10^3}{0,35} = 2860 \text{ h}.$$

Der dargestellte große Einfluß von Konstruktion und Betriebsbedingungen einer Reibkupplung auf die Lebensdauer der Reibbeläge bei Trockenlauf erklärt auch, warum die Hersteller derartiger Reibmaterialien mit Verschleißangaben zurückhaltend sind.


## 4.7 Leerlauf

Zwei Betriebszustände sind für schaltbare Reibkupplungen typisch: Angelegte oder voneinander getrennte Reibflächen.

Mit angelegten Reibflächen überträgt die Kupplung ihr Drehmoment, sie ist eingeschaltet. Soll das Drehmoment abgeschaltet werden, müssen die Reibflächen getrennt werden. Dazu ist ein kleiner Abstand erforderlich. Sie sollten sich nicht berühren und innerhalb ihre Lüftspiels frei rotieren. In der Praxis trifft das leider nicht zu. Die Reibflächen erzeugen ein Leerlaufdrehmoment. Wie hoch dieses Drehmoment ist, hängt von den Maßen der Reibscheiben, ihrer Anzahl, dem Lüftspalt, der Zähigkeit des Mediums im Lüftspalt und weiteren Einflußgrößen ab. Zu letzteren gehören nicht nur die Relativgeschwindigkeit, Drehzahl und die Menge einer Kühlflüssigkeit, sondern auch bei Magnetkupplungen sogenannte magnetische Streuflüsse und die Remanenz.

Den praktischen Erfahrungen zufolge ist das Leerlaufmoment sogenannter naßlaufender Kupplungen nicht zu vernachlässigen. Trocken eingesetzte Kupplungen erzeugen ein derart geringes Leerlaufmoment, daß es unberücksichtigt bleiben kann. Das gilt, wenn die Reibflächen getrennt sind und umgeben von Luft frei rotieren und eventuelle magnetische Streuflüsse vernachlässigt werden können. In naßlaufenden Kupplungen muß das Fluid, meist Öl, die Schaltwärme abführen und es schmiert gleichzeitig die Reibflächen. Die Ölmenge ist nach der Schaltwärme zu bemessen. Die Kupplung wird je Flächeneinheit an den Reibflächen eine bestimmte Ölmenge in der Zeiteinheit zugeführt (s. Abschnitt 2.4.2.1, Tabelle 2.1).

Intensive Kühlung kann erreicht werden, wenn das Öl am Innendurchmesser den Reibflächen zugeführt wird. Dann strömt es im Lüftspalt nach außen, unterstützt von der Fliehkraft bei Rotation.

Am Innendurchmesser der Reibflächen ist der Kreisumfang am kleinsten. Das nach außen strömende Öl findet laufend größere Querschnitte vor. Irgendwann reicht die Menge nicht mehr aus, um den Lüftspalt zu füllen. Dann ist die Strömung gestört. Eine anschauliche Darstellung hierzu brachte eine nähere Untersuchung dieses Themas [14]. Dazu dienten zwei Plexiglasscheiben. Der Ölfilm im Spalt zwischen diesen Scheiben konnte, während sie sich drehten, mit einem Stroboskop beurteilt werden. Laufen die Scheiben gleichsinnig, reißt der Ölfilm oberhalb einer Grenzdrehzahl ab, Luft tritt in den Spalt ein und das Öl läuft in einzelnen Bahnen radial nach außen (Bild 4.12).

Versuche mit einer stehenden und einer rotierenden Scheibe zeigten bei kleinen Drehzahlen den voll mit Öl benetzten Spalt. Bei steigender Drehzahl drangen entlang der stehenden Scheibe Luftblasen von außen nach innen ein, die sich mit dem rotierenden Öl zu Schlieren versetzen. Nachdem die Drehzahl weiter gesteigert wurde, legte sich der Ölfilm voll an die rotierende Scheibe an; die stehende Scheibe war nur noch von Luft umgeben. Das Leerlaufmoment ist danach stark abgesunken. Bei laminarer Strömung kann mit dem Newtonschen Schubspannungsansatz für den Lamellenspalt $s$ und den Reibscheibenradius $r$ das Drehmoment einer Scheibenseite errechnet werden [15]

$$M = \frac{\pi r^4}{2s}\,\eta\omega. \tag{4.7.1}$$

Das Leerlaufmoment ist danach von der Ölzähigkeit $\eta$ und der Winkelgeschwindigkeit $\omega$ linear abhängig, solange die Voraussetzung laminarer Strömung besteht.

Schaltbare Reibkupplungen mit Ölkühlung haben sich in vielen Maschinenarten eingeführt. Einen hohen Anteil haben dabei die Lamellenkupplungen mit mehreren Reibscheiben. Im geöffneten Betriebszustand ergeben sich mehrere Spalte, die ihren Anteil zum Leerlaufmoment beitragen.

Zu einer guten Kupplungsauslegung gehört es auch, das Leerlaufverhalten über den ganzen Betriebsbereich klarzustellen.

Dazu sind Versuche notwendig. Ein Beispiel zeigt Bild 4.11. Die Linien mit der kinematischen Viskosität von 110 cSt sind für das Verhalten typisch. Zuerst steigt das Drehmoment mit der Drehzahl an, bis bei der Grenzdrehzahl die Ölströmung gestört ist und

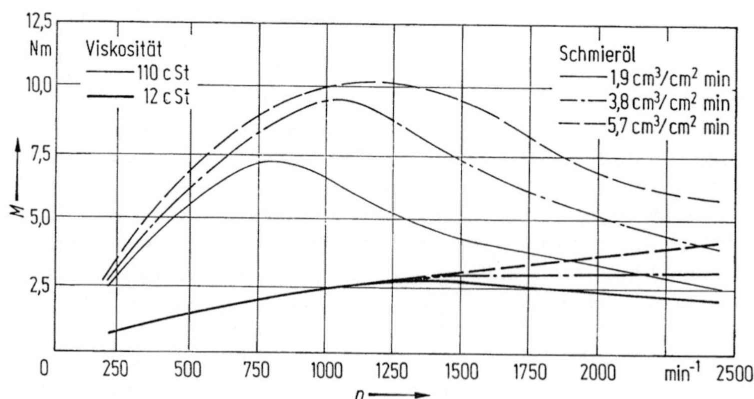


Bild 4.11. Leerlaufdrehmoment über der Drehzahl für eine Lamellenkupplung nach Bild 3.6 mit fünf Außenlamellen, besintert mit Radialnuten und gerillt, sechs Innenlamellen Stahl Reibdurchmesser: $D_i = 104$ mm; $D_a = 126$ mm (Bild 5.15) Lüftspalt (rechnerisch) 0,12 mm. Bei der Messung rotierten die Innenlamellen, die Außenlamellen standen still. (Zahnradfabrik Friedrichshafen AG)

sich vermutlich so verhält wie in Bild 4.12 dargestellt ist. Im weiteren Verlauf nimmt das Leerlaufmoment ab. Die Grenzdrehzahl steigt mit zunehmender Ölmenge. Mit geringerer Ölviskosität steigt das Leerlaufmoment nicht mehr so hoch; die Grenzdrehzahl wird auch zu höherer Drehzahl verschoben.

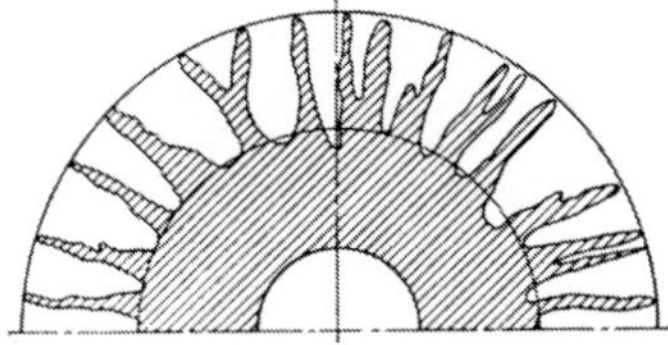

Bild 4.12. Strömungsbild zwischen zwei gleichsinnig rotierenden Scheiben bei aufgerissenem Ölstrom. Nach [14]

Unter gleichen Bedingungen für den Versuch mit den Ergebnissen nach Bild 4.11, aber entgegengesetzt zu den Innenlamellen rotierenden Außenlamellen wurden die Meßwerte für Bild 4.13 ermittelt.

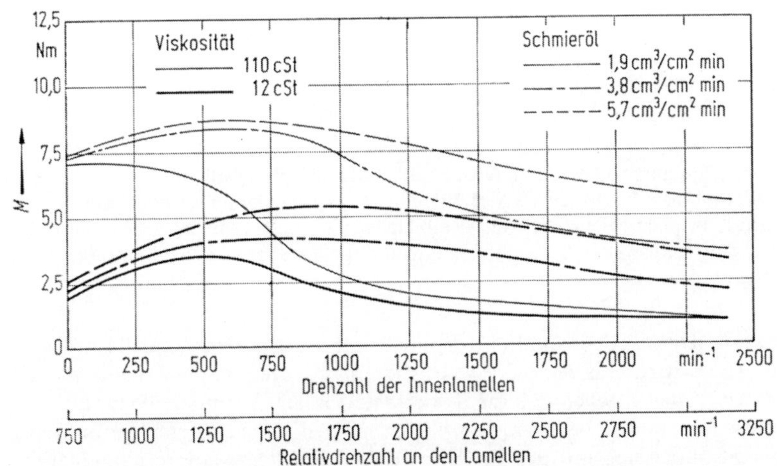


Bild 4.13. Daten wie Bild 4.11. Unterschied: Die Außenlamellen drehen mit 750 min$^{-1}$ im entgegengesetzten Sinn wie die Innenlamellen. (Zahnradfabrik Friedrichshafen AG)

Die Grenzdrehzahl für das Drehmomentenmaximum ist geringer geworden, bezogen auf die Drehzahl der Innenlamellen. Das liegt vermutlich am zusätzlichen Fördereffekt der rotierenden Außenlamelle. Nicht nur die Ölviskosität, Ölmenge und die Drehzahl wirken sich aus; auch der Spalt zwischen den Reibscheiben hat Einfluß auf den Betrag des Leerlaufmomentes und die Grenzdrehzahl für sein Maximum. Das zeigen die auf Bild 4.14a und b verzeichneten Meßwerte.

Alle dargestellten Meßwerte wurden an Lamellen ermittelt, die eben sind. Besondere Einrichtungen, um den Lüftspalt zu sichern, waren nicht vorhanden. Der gesamte Lüftweg der Betätigungseinrichtung geteilt durch die Anzahl der möglichen Spalte ergibt den rechnerischen Lüftspalt.

In einigen Kupplungskonstruktionen sind besondere Vorkehrungen getroffen, jeden Lüftspalt zu sichern. Hierzu gehören Schrauben- oder Wellfedern, die das Lamellenpaket auseinanderdrücken sollen. Ein anderer Weg ist, die Lamellen selbst zu wellen und so die

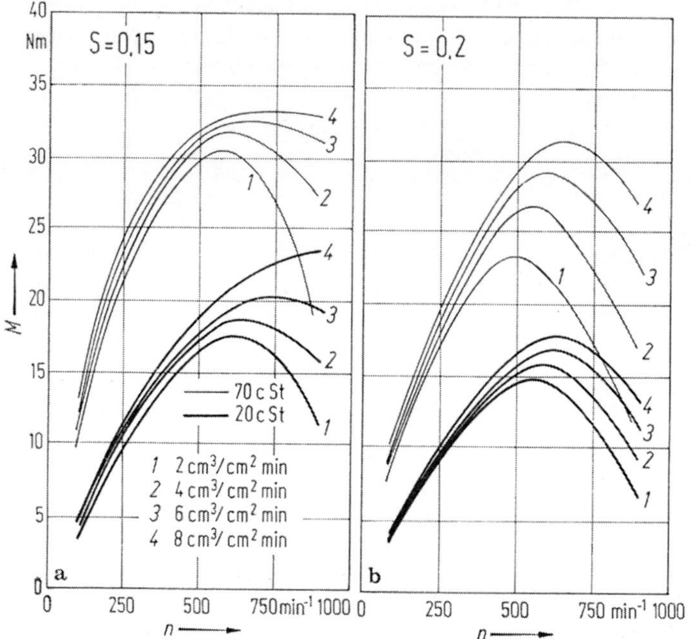

Bild 4.14. Leerlaufdrehmoment über der Drehzahl. Lamellenkupplung mit fünf Außenlamellen besintert mit Radialnutung und Rillen (Bild 5.19) und sechs Innenlamellen aus Stahl. Außenlamellen stillstehend, Innenlamellen drehend. Reibfläche: $D_i = 204$ mm; $D_a = 248$ mm (Bild 5.15). a) Lamellenspalt rechnerisch 0,15 mm; b) Lamellenspalt rechnerisch 0,20 mm. (Zahnradfabrik Friedrichshafen AG)

öffnende Federkraft darzustellen. Dadurch entsteht der Lüftspalt je Lamelle mit guter Sicherheit. Außerdem wird nur eine Lamelle, die Innen- oder Außenlamelle gewellt. Aus der Anzahl der Wellen ergeben sich die Kontaktstellen zur Gegenlamelle im Leerlauf. Gewellte Lamellen findet man bevorzugt in elektromagnetisch betätigten Kupplungen. Das Lamellenpaket öffnet sich mit der Federkraft der Lamellen, wenn die magnetische Betätigung abgeschaltet wird. Durch Remanenz und magnetischen Streufluß neigen diese Kupplungen dazu, daß die Lamellen „kleben" bleiben; dagegen wirkt das federnde Lamellenpaket.

Sollten keine Meßwerte über Leerlaufdrehmomente vorliegen, genügt für erste Berechnungen der Erfahrungswert

$$M_{\text{Leerlauf}} \approx (0,5 \dots 1,0) \cdot M_{\text{K}} \cdot 10^{-2} \tag{4.7.2}$$

($M_{\text{K}}$ Kupplungskennmoment).

Mit anderen Worten: Das Leerlaufmoment ist etwa 0,5 bis 1\% vom Kupplungskennmoment. Das gilt für Lamellenkupplungen mit Kühlölströmung vom Lamelleninnendurchmesser zum -außendurchmesser.

# 5 Gestaltung wichtiger Bauteile von Kupplungen

## 5.1 Allgemeine Überlegungen

Die Bezeichnung „schaltbare Reibkupplung" kennzeichnet wesentliche Merkmale dieses Kupplungssystems:
— die Kupplung ist schaltbar,
— die Kupplung überträgt das Drehmoment durch Reibkräfte;

übertragen bedeutet zuführen und abführen.

Eine schaltbare Reibkupplung muß demzufolge aus Bauteilen bestehen, die
— schalten bzw. betätigen, Anpreßkraft aufbringen;
— Reibkräfte erzeugen;
— das Drehmoment zu- und abführen.

Alle konstruktiven Unterschiede von Kupplungen bestehen in Variationen dieser grundlegenden Funktionsteile.

## 5.2 Erzeugen der Anpreßkraft im Betätigungssystem

### 5.2.1 Mechanische Betätigung

Mit mechanischen Mitteln, Hebeln und Gestängen, soll die Betätigungskraft auf die Reibkörper geführt werden. Ein Beispiel stellt Bild 5.1 dar. Die Reibscheiben *1* müssen zusammengedrückt werden, um die Kupplung einzuschalten. Dazu greift die Kraft an der Schiebemuffe *2* an und bewegt sie in Richtung Lamellen. Der Umlenkhebel *3* gleitet an der Schräge *6* in Richtung Wellenmitte und spannt über den kurzen Hebelteil die Lamellen zusammen. Die Schaltung ist dann vollzogen. Mit der Betätigungskraft wird die Kupp-

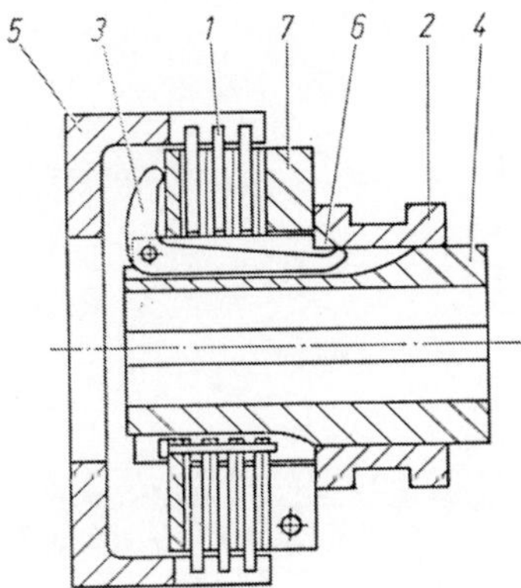


Bild 5.1. Reibkupplung mit mechanischer Betätigung. *1* Reibscheiben, *2* Schiebemuffe, *3* Umlenkhebel, *4* Nabe/ Innenmitnehmer, *5* Außenmitnehmer, *6* Schaltnut, *7* Stellring

lung eingeschaltet, geschlossen. Bild 7.2 zeigt eine mechanisch betätigte Kraftfahrzeugkupplung. Dort öffnet die Betätigungskraft die Kupplung, sie wird ausgeschaltet. Den
Schließvorgang übernehmen Federn und ergeben bei ruhender Betätigung eine eingeschal-
tete Kupplung.

Nach [59] ist definiert: (s. auch Bild 2.11)

Schließende Kupplung:

Der Reibschluß wird beim Aufbringen der Betätigungskraft hergestellt.

Öffnende Kupplung:

Der Reibschluß wird beim Aufbringen der Betätigungskraft aufgehoben.

## 5.2.2 Pneumatisch betätigte Kupplung

Bei dieser Kupplungsart entsteht die Anpreßkraft für das Reibsystem in einer Zylinder-/
Kolbenanordnung mittels Druckluft. Ein Ausführungsbeispiel zeigt Bild 5.2. Der Zylinder ist mit Schrauben an der Nabe befestigt. Auf die Anpreßplatte wirkt der axial frei
bewegliche Kolben. Er führt sich auf der Nabe und im Zylinder. Die Kreisringfläche $A$
zwischen beiden Führungen und der Luftdruck $p$ sind zuständig für die Anpreßkraft.

$$F = Ap.$$

Zwischen Kolben und Zylinder sind Dichtungen angeordnet. Sie hemmen den Zylinder-
lauf, mindern also die Kolbenkraft. Der Luftdruck von pneumatischen Geräten wird auf
den Normalzustand bezogen, den Ansaugzustand mit dem Absolutdruck 1 bar [49]. Das

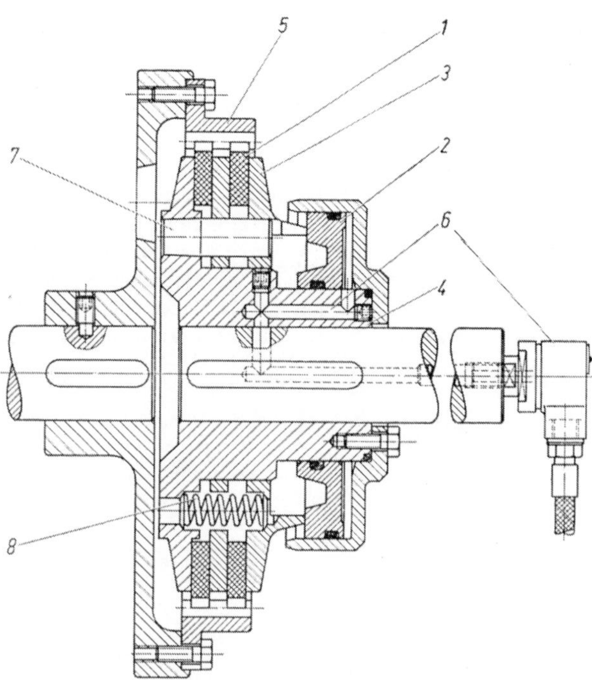

Bild 5.2. Reibkupplung mit pneumatischer Betätigung. (Heinrich Desch KG). *1* Reibscheiben,
*2* Zylinder/Kolben, *3* Anpreßplatte, *4* Nabe/Innenmitnehmer, *5* Außenmitnehmer, *6* Druckluft-
zufuhr, *7* Bolzen, *8* Druckfeder

Volumen verdichteter Luft ist kleiner als im Normalzustand, zu errechnen nach den allgemeinen Gasgesetzen. Im Zylinder befindet sich ein verdichtetes Volumen, das erheblich vergrößert wird, wenn es ins Freie entleert. Hier sind große Strömungsquerschnitte erforderlich. In den Versorgungsnetzen der Industrie beträgt der Luftdruck 6 bis 8 bar. Vor der Kupplung muß die Druckluft gereinigt werden in sogenannten Druckluftaufbereitungsgeräten. Sie bestehen aus Filter, Kondensatabscheider, Druckminderventil, Öler. Die Luft muß von festen Bestandteilen getrennt werden, sonst könnten Fremdkörper am Kolben/Zylinder zu Störungen führen. Außerdem sollte kein Wasser, das bei der Kompression aus der Luftfeuchtigkeit anfällt, in den Zylinder gelangen. Der Luftdruck muß auf den Auslegungsdruck eingestellt werden und bevor die Luft in den Zylinder strömt wird ihr etwas Öl beigegeben. Mit dem Öl muß sparsam umgegangen werden. Von abgeschalteten Kupplungen strömt die Luft ins Freie und vernebelt Öl im Raum. Das kann störend auf Personen und Geräte wirken.

Eine Eigenart pneumatischer Betätigungen ist ihr Bauvolumen. Der geringe Druck verlangt häufig große Kolbenflächen, um bestimmte Kräfte zu erzeugen. Wie das Bild 5.2 zeigt, entsteht daraus bei guter Gesamtkonzeption der Kupplung kaum ein Nachteil.

### 5.2.3 Hydraulisch betätigte Kupplung

In der Grundanordnung sind hydraulisch und pneumatisch betätigte Kupplungen gleich aufgebaut (vgl. Bilder 5.2 und 3.6). Eine konstruktive Variante ist in Bild 5.3 dargestellt. Hier, im Gegensatz zu den anderen Bildern, steht der Zylinder/Kolben still, er dreht sich nicht. Die Betätigungskraft wird über ein Axiallager auf die Druckplatte übertragen.

Der Fliehkrafteinfluß auf das Öl im Betätigungszylinder, der nach Bild 3.6 vorhanden ist, entfällt bei stehendem Zylinder. In pneumatischen Systemen spielt dieser Punkt wegen

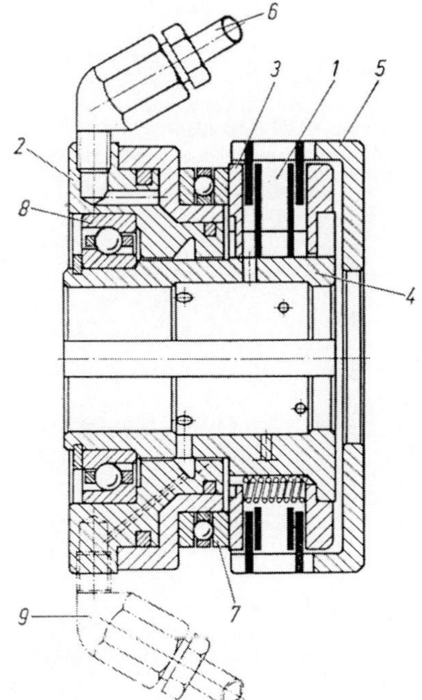

Bild 5.3. Reibkupplung mit hydraulischer Betätigung. Der Betätigungszylinder dreht nicht mit. (Baruffaldi Frizioni, Mailand). *1* Reibscheiben, *2* Zylinder/ Kolben, *3* Anpreßplatte, *4* Nabe/Innenmitnehmer, *5* Außenmitnehmer, *6* Druckölzufuhr, *7* Drucklager, *8* Lager, *9* Schmierölzufuhr

der geringen Luftdichte keine Rolle. Bei stehendem Zylinder begrenzt die Lagerung die Drehzahl. Mit steigender Drehzahl kann sich infolge Fliehkraftwirkungen auf die Ölmasse im rotierenden Zylinder der Öldruck so hoch aufbauen, daß die Kupplung selbsttätig schließt. Gegen diesen Schließeffekt wirken eingebaute Rückdruckfedern, die den Kolben bis zu einer Grenzdrehzahl, die von der Rückdruckkraft abhängig ist, in Ruhe halten.

Bild 5.4 stellt eine ölgefüllte Kupplung dar, die mit der Winkelgeschwindigkeit $\omega$ rotiert. Am Radius $r$ kann die Fliehkraft und der daraus entstehende Druck im Öl errechnet werden

Fliehkraft: $\mathrm{d}F_\mathrm{F} = \mathrm{d}mr\omega^2$,

$$\mathrm{d}m = 2\pi r\,\mathrm{d}rx\varrho$$

($\varrho$ spezifische Masse).

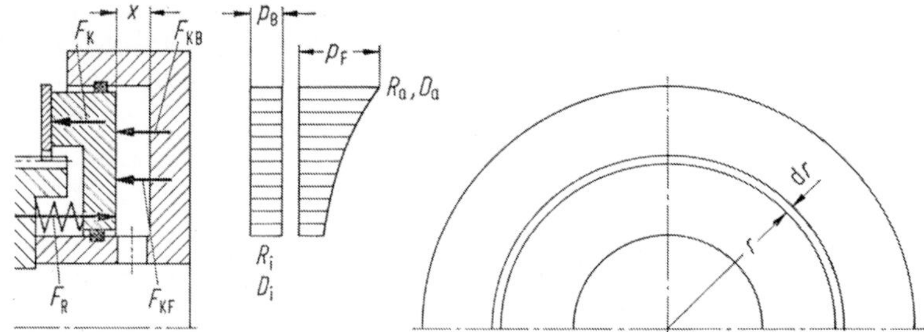

Bild 5.4. Kräfte am rotierenden Zylinder einer hydraulisch betätigten Kupplung. $F_\mathrm{K}$ Kolbenkraft, $F_\mathrm{KB}$ Kolbenkraft infolge Betriebsdruck $p_\mathrm{B}$, $F_\mathrm{KF}$ Kolbenkraft infolge Fliehkraftdruck, $F_\mathrm{R}$ Rückdruckkraft der Feder

Die Masse $\mathrm{d}m$ wirkt auf die Umfangsfläche

$$A_\mathrm{F} = 2\pi rx.$$

Der Fliehkraftdruck wird

$$\mathrm{d}p_\mathrm{F} = \frac{\mathrm{d}F_\mathrm{F}}{A_\mathrm{F}} = \varrho\omega^2 r\,\mathrm{d}r.$$

Am Radius $R$ ist der Druck

$$p_\mathrm{F} = \varrho\omega^2\,\frac{R^2}{2}. \tag{5.2.1}$$

Ein Flächenelement des Kolbens am gleichen Radius $R$ ist

$$\mathrm{d}A = 2\pi R\,\mathrm{d}R.$$

Mit dem Öldruck nach Gl. (5.2.1) entsteht die Kolbenkraft

$$\mathrm{d}F_\mathrm{KF} = \pi\varrho\omega^2 R^3\,\mathrm{d}R.$$

Die Kolbenfläche $A_\mathrm{K}$ verläuft zwischen den Radien $R_\mathrm{i}$ und $R_\mathrm{a}$

$$A_\mathrm{K} = \pi(R_\mathrm{a}^2 - R_\mathrm{i}^2)$$

$$F_\mathrm{KF} = \pi\varrho\omega^2 \int_{R_i}^{R_\mathrm{a}} R^3\,\mathrm{d}R = \frac{\varrho\omega^2}{4}\,A_\mathrm{K}(R_\mathrm{a}^2 + R_\mathrm{i}^2),$$

$$F_\mathrm{KF} = \frac{\varrho\omega^2}{16}\,A_\mathrm{K}(D_\mathrm{a}^2 + D_\mathrm{i}^2). \tag{5.2.2}$$

Mit

$$\omega = \frac{\pi n}{30} \quad \text{und} \quad \varrho_{\text{Öl}} = 880 \text{ kg/m}^3$$

wird

$$F_{\text{KF}} = 0{,}603 n^2 A_{\text{K}} (D_{\text{a}}^2 + D_{\text{i}}^2) \cdot 10^{-12} \text{ N} \tag{5.2.3}$$

($n$ in min$^{-1}$; $A_{\text{K}}$ in mm$^2$; $Da$, $Di$ in mm).

Die Federrückdruckkraft $F_{\text{R}}$ muß bei abgeschalteter, aber mit Öl gefüllter Kupplung der Kraft nach Gl. (5.2.3) entgegenwirken.

Mit $F_{\text{KF}} = F_{\text{R}}$ kann die Grenzdrehzahl bestimmt werden ab der, wird sie überschritten, die Kupplung selbsttätig schließt. Als Folge wird die Leerlaufleistung steigen und möglicherweise entstehen Schäden durch thermische Überlastung an den Reibflächen.

Der Betriebsdruck $p_{\text{B}}$ ergibt die Kolbenkraft $F_{\text{KB}}$. Liegt der Betriebsdruck an, ist die Kupplung also betätigt, dann ergibt sich die Anpreßkraft $F_{\text{K}}$ auf die Reibelemente zu

$$F_{\text{K}} = F_{\text{KB}} + F_{\text{KF}} - F_{\text{R}}.$$

Bei der Kupplung nach Bild 5.3 entfällt der Summand $F_{\text{KF}}$, weil der Zylinder nicht rotiert. Rotiert der Zylinder, dann steigt die Schließkraft gemäß Gl. (5.2.3) mit $n^2$. Für hohe Leerlaufdrehzahlen könnte hierin ein Anwendungshindernis liegen. Deshalb wurden schon Ventile eingebaut, die den Zylinderraum entleeren können.

### 5.2.4 Elektromagnetisch betätigte Kupplung

Elektromagnetisch betätigte Kupplungen haben ein weites Anwendungsfeld gefunden. Vielfältig sind ihre Bauformen, die sich den jeweils besonderen Anforderungen angepaßt haben. Vorteilhaft für die Anwendung dieser Kupplungsart ist die einfache Energiezufuhr zur Betätigung. Im einfachsten Aufbau benötigt man nur einen unkomplizierten elektrischen Schalter und ein Kabel. Die Entfernung vom Schalter zur Kupplung kann beliebig gewählt werden, womit eine Fernsteuerung einfach realisiert werden kann.

Für das magnetische Betätigungssystem besteht eine Grundbedingung: Alle Werkstoffe, die im Magnetkreis liegen, müssen magnetisierbar sein. Luftstrecken bilden einen hohen magnetischen Widerstand. Nichtmagnetisierbare Stoffe verhalten sich im Magnetkreis wie Luftstrecken mit entsprechend hohem Widerstand.

Die magnetischen Eigenschaften eines Werkstoffes werden als Kurve dargestellt (Bild 5.5). In Abhängigkeit von der magnetischen Feldstärke $H$ (Einheit: A/cm) wird die magnetische Flußdichte, auch magnetische Induktion $B$ genannt, (Einheit: Tesla, 1 T = 1 Vs/m$^2$) ermittelt. Je besser ein Werkstoff magnetisierbar ist, desto höher ist seine Flußdichte bei gleicher Feldstärke. Bei 13 A/cm Feldstärke ergeben sich nach Bild 5.5 die Induktionen 1,4 T bei Kurve *2* und 2,03 T bei Kurve *1*.

Den grundsätzlichen Aufbau einer elektromagnetisch betätigten Reibkupplung zeigt Bild 5.6.

Der Magnetkörper *1* ist ein ringförmiger Körper, in den eine Nut eingebracht ist, damit die Spule *2* montiert werden kann. Im Querschnitt entsteht dabei ein U-Profil mit den Stirnflächen $A_1$ und $A_2$. Diesen Flächen gegenüber befindet sich der Anker *3*, wenn er an den Flächen $A_1$ und $A_2$ aufliegt, ist der Luftspalt $l = 0$.

Die Spule *2* wird beispielsweise mit isoliertem Kupferdraht gewickelt. Dazu werden nebeneinander $z$ Windungen gelegt, bis die gewünschte Breite erreicht ist. Danach ergibt sich mit $n$ Lagen übereinander die notwendige Höhe des Spulenwickels. Die gesamte Windungszahl ist dann $nz = w$. Aus ihrem ohmschen Widerstand und der angelegten Spannung eines Gleichstromes ergibt sich ein Strom in Ampere, der durch die Spule

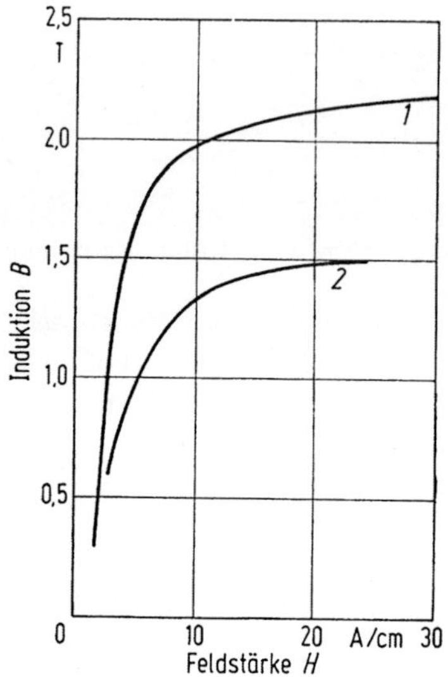



Bild 5.5.   Magnetisierungskennlinien.  *1* spezieller Magnetwerkstoff, *2* CK 10 nach DIN 17 200 (geglüht)

fließt. Dieser Strom induziert ein Magnetfeld, das im Magnetkörper sammelt und sich mit dem Anker als Brücke über die Polflächen $A_1$ und $A_2$ schließt.

Die Zugkraft eines Magneten errechnet sich zu [35]

$$F = B^2 A \cdot 40 \text{ N} \qquad (5.2.4)$$

($A$ Fläche in cm²; $B$ Induktion in T an der Fläche $A$).

Entsprechend kann die Flächenpressung abgeleitet werden

$$p = F/A = B^2 \cdot 40 \text{ N/cm}^2. \qquad (5.2.5)$$

Die Magnetkraft und Flächenpressung ändert sich mit dem Quadrat der Induktion. Die in Bild 5.5 dargestellten Magnetisierungskurven würden bei der Feldstärke 13 A/cm² die Flächenpressung am Magnetpol von $p_1 = 164{,}8$ N/cm² (Kurve *1*) und $p_2 = 78{,}4$ N/cm² ergeben. Dieser Vergleich zeigt, wie wichtig gut magnetisierbare Werkstoffe für elektromagnetisch betätigte Kupplungen sind.

Die Gl. (5.2.4) und (5.2.5) gelten nur, wenn der Luftspalt $l$ im Magnetsystem Null ist (Bild 5.6). Mit Luftspalt $l$ entsteht an den Polflächen $A_1$ und $A_2$ zum Anker ein großer magnetischer Widerstand. Dadurch sinkt die magnetische Zugkraft. Unter der Voraussetzung, daß die gesamte magnetische Energie im Luftspalt wirkt (der Eisenwiderstand ist relativ klein) ergibt sich die Zugkraft zu [35]

$$F = \frac{6{,}3 \cdot 10^{-7}}{\left(\dfrac{1}{A_1} + \dfrac{1}{A_2}\right)} \frac{\Theta^2}{l^2} \text{ N} \qquad (5.2.6)$$

($A_1$, $A_2$ Polflächen in cm² (Bild 5.6); $l$ Luftspalt in cm; $\Theta$ Durchflutung der Spule, Stromstärke mal Windungszahl; $\Theta = Iw\,A$).

Wird beispielsweise der Anker durch Federn gehalten, dann muß die Zugkraft über den Luftspalt besonders groß sein. Das läßt sich nach Gl. (5.2.6) nur durch eine hohe Durchflutung erreichen. Die Spule wird größer, auch ihr Einbauraum und damit der Magnetkörper.

Die Berechnung von Magnetkreisen ist nicht einfach. Bisher wurde angenommen, das Magnetfeld geht den vorgezeichneten Weg und alle Feldlinien nehmen am Vorgang teil. Das ist in der Praxis nicht so. Jeder Magnetpol streut Feldlinien in den Raum, die über unkontrollierte Wege zum anderen Pol zurückfinden. Das wird von der Energie im Magnetfeld und den angrenzenden Bauteilen beeinflußt. Bild 5.7 gibt dazu einige Hinweise. Die Welle wird sich durch den Streufluß als Stabmagnet mit Nord- und Südpol darstellen. Auch das Gehäuse führt einen Magnetfluß. Das gilt, wenn die Werkstoffe magnetisierbar sind, was für die meisten Stahl- und Eisensorten zutrifft.

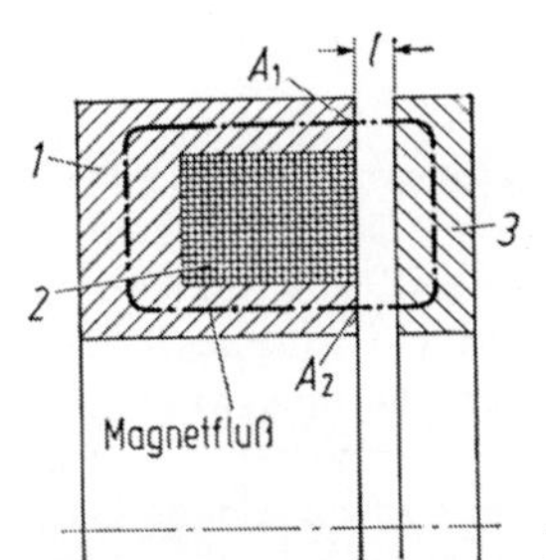


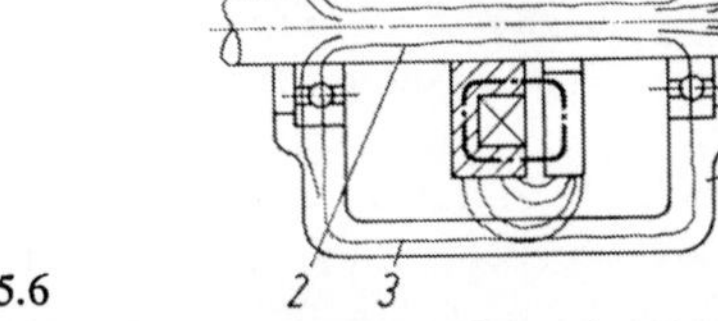


Bild 5.6. Elektromagnet. *1* Magnetkörper, *2* Spule, *3* Anker, $A_1$, $A_2$ Polflächen; *l* Luftspalt
Bild 5.7. Magnetische Streufelder an einer elektromagnetisch betätigten Kupplung. *1* Streufeld an den Polen mit Luftspalt, *2* Streufluß in der Welle, *3* Streufluß im Gehäuse, *4* Streufeld vom Wellenende zum Gehäuse

Der magnetische Streufluß ist nicht zu unterdrücken. Störende Auswirkungen können dadurch gemildert werden, daß gut magnetisch leitende Wege mit geringem magnetischen Widerstand zu schaffen sind, die gleichsam als Brücke an der gefährdeten Stelle vorbeiführen. So wird in der Praxis mit gutem Erfolg verfahren.

Die Gl. (5.2.6) gibt nur die physikalischen Zusammenhänge wieder; nicht aber notwendige Korrekturfaktoren. Diese sind Erfahrungssache und von Fall zu Fall unterschiedlich. Die Berechnung nach dieser Gleichung wird zu günstige Werte ergeben. Das muß beachtet werden. Aus Versuchen mit bestimmten ausgeführten Systemen kann der Korrekturfaktor ermittelt werden.

Das Grundsystem der elektromagnetischen Betätigung von schaltbaren Reibkupplungen (Bild 5.6) wird bei unterschiedlichen Kupplungskonstruktionen verwendet.

In sogenannten Polreibkupplungen (Bild 6.4) ist das Grundprinzip verwirklicht. Dann gibt es Lamellenkupplungen mit magnetisch durchfluteten (Bild 6.6) und nicht durchfluteten (Bild 6.7) Lamellen. In der ersten Anordnung wird der Magnetfluß durch das gesamte Lamellenpaket geführt. Damit ist der Werkstoff für die Lamellen festgelegt, er muß magnetisierbar sein. Der Magnetfluß nimmt, durch Streuflüsse bedingt, von Lamelle zu Lamelle ab. Die Induktion verringert sich deshalb auch laufend und gemäß Gl. (5.2.5) ergibt sich dann von Lamelle zu Lamelle eine abnehmende Flächenpressung. Je näher eine Lamelle am Magnetkörper ist, desto höher ist ihr Drehmomentanteil am Gesamtmoment. Etwa sieben Lamellenpaare sind noch sinnvoll. Erheblich mehr bringen relativ wenig Steigerung des Drehmomentes.

Werden die Lamellen nicht in den Magnetkreis gelegt, ist das Reibsystem frei wählbar wie bei mechanisch-, pneumatisch- und hydraulisch betätigten Kupplungen. Hier ist bei Kupplungen für Trockenlauf eine Nachstellung erforderlich (Bild 6.7). Am Anfang besteht am Magnet ein Luftspalt, der bei Verschleiß geringer wird. Liegt der Anker an, dann werden die Lamellen nicht mehr zusammengedrückt und es ist nachzustellen.

## 5.3 Reibsysteme

### 5.3.1 Allgemeine Betrachtung

Körper, die aufeinandergleiten, erzeugen an den Berührungsflächen Widerstände, d.h. Reibkräfte $F_R$. Sie sind den auf die Kontaktfläche wirkenden Normalkräften $F_N$ proportional. Der Proportionalitätsfaktor $\mu$ wird auch als Koeffizient der Reibung oder Reibbeiwert bezeichnet [30]

$$F_R = \mu F_N. \tag{5.3.1}$$

Abhängig von den Bewegungsverhältnissen am Reibkontakt stellt sich die Höhe des Reibbeiwertes ein. Nach Erfahrung ist der Reibbeiwert der Ruhe (Gleitgeschwindigkeit gleich Null) höher als der in gleitenden Flächen. Alle sich berührenden Flächen sind im allgemeinen nicht eben. Die Größe der Kontaktflächen hängt sowohl von Fehlern der Makrostruktur (Welligkeit, Unebenheit usw.) als auch denen der Mikrostruktur (Rauhigkeiten) ab. Die Kontaktpunkte verhaken sich in ihren Rauhigkeiten und müssen bei Gleitung gewissermaßen über Berg und Tal geführt werden. Auf die Gegenfläche wirkt dadurch eine Mitnahmekraft. Versuche mit geschliffenen und geläppten Reibflächen lassen den Einfluß der Oberflächenstruktur erkennen. Man kann annehmen, daß mit feinster Oberflächenbeschaffenheit (Poliereffekt) die Adhäsion zusätzlich zum Mikroformschluß an Bedeutung gewinnt [29]. Alle fremden Schichten, die den reinen metallischen Kontakt verhindern, mindern auch die Adhäsion. Hierzu gehören Oxidschichten und andere Schutzschichten, die beispielsweise bei Eisenwerkstoffen durch Nitrieren aufgebracht werden.

Mechanisch bearbeitete Reibpaarungen sind im Neuzustand noch nicht aufeinander eingestellt. Sie müssen sich angleichen. Der Praktiker nennt das einlaufen. Hierbei glätten sich die Rauhigkeiten, Spitzen biegen um und werden in Täler eingebracht. Dabei vergrößert sich die Kontaktfläche. Dieser Vorgang darf nicht dazu führen, daß sich an einigen Berührungsstellen Material abträgt und auf die andere Reibseite festsetzt. Bei Eisenwerkstoffen entstehen manchmal örtliche Verschweißungen, die wieder abgeschert werden. Diese Stellen ziehen oft Riefen und stören den Einlaufvorgang.

Nach einem guten Einlauf bestehen große Flächenanteile mit innigem Kontakt, so daß bei geeigneten Werkstoffen die Adhäsion wirksam werden kann [29]. Ein höherer Reibbeiwert $\mu$ gegenüber dem Neuzustand läßt darauf schließen.

Reibpaarungen werden nicht nur trocken, sondern auch naß, zumeist ölgeschmiert, betrieben. Das Öl entfernt die Schaltwärme von den Reibflächen. Im Reibspalt befindet sich eine Flüssigkeitsschicht. Die Ölmoleküle versuchen sich ihrer Verschiebung zu widersetzen; der Widerstand wird als „flüssige Reibung" bezeichnet. Der Reibwert $\mu$ ist bei flüssiger Reibung geringer als bei trockener Reibung. Wird der Ölfilm auf den Reibflächen so dünn, daß teilweise Berührung des Reibmaterials möglich ist, spricht man von Mischreibung. Das Öl ist eine viskose Flüssigkeit. Je größer die Belastung, desto dünner ist der Ölfilm. Nimmt die Viskosität zu, wird der Ölfilm bei gleicher Belastung dicker. Mit steigender Temperatur sinkt die Viskosität.

Der Zusammenhang des Reibbeiwertes mit den Eigenschaften des Öles, der spezifischen Flächenbelastung und Drehzahl ist auch wichtig zur Beurteilung von Gleitlagern. Frühere Arbeiten [41, 44] liegen hierzu vor. Die Stribeck-Kurve (Bild 5.8) [29] zeigt wesentliche Zusammenhänge. Sie kann als allgemeines Gesetz über das Verhalten geschmierter Gleitflächen gelten [44].

Mit der Gümbelschen Kennzahl $\eta\omega/p$ kann eine Gleichung aufgestellt werden, mit deren Hilfe für Reibpaarungen der Beiwert $\mu_f$ der Flüssigkeitsreibung bestimmbar ist [29].

$$\mu_f = K \sqrt{\frac{\eta\omega}{p}} \qquad (5.3.2)$$

($\eta$ Dynamische Viskosität, $\omega$ Winkelgeschwindigkeit, $p$ Flächenpressung, $K$ Beiwert).

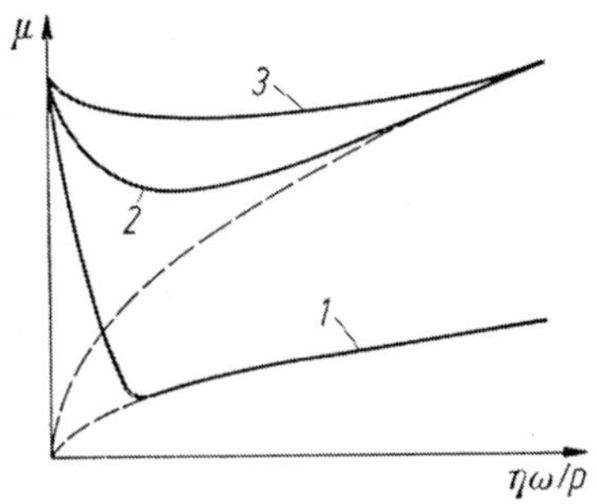

Bild 5.8. Reibungsverlauf über der Gümbelschen Kennzahl. Nach [29]. *1* Stribeck-Kurve für Gleitlager, *2* und *3* Reibwertverlauf mit großem $K$-Wert nach Gl. (5.3.2); *2* ausgeprägtes Minimum im Mischreibungsgebiet, *3* fast konstanter Verlauf im Mischreibungsgebiet

Die Linien *2* und *3* nach Bild 5.8 geben Versuchsergebnisse mit Reibflächen wieder. Größe und Struktur der Reibfläche (Nuten, Rillen usw.) beeinflussen den Verlauf des Reibbeiwertes über der Gümbelschen Zahl [29]. Beispielsweise hat die Paarung Sinterbelag mit Radialnuten gegen Stahl geläppt den Verlauf nach Linie *2* (Bild 5.8). Werden zusätzlich in die Sinterreibfläche Spiralrillen eingebracht, ergibt sich der Verlauf nach Linie *3*.

Als Erkenntnis aus Versuchen mit verschiedenartig profilierten Sinterbelägen kann festgehalten werden [29]: Die Anzahl von Öleinführungsstellen (Nuten, Kanten) in die Reibfläche muß klein gehalten werden, weil sonst viele gut tragende Ölfilme entstehen. Zusammenhängende Flächen sollen möglichst klein sein.

Schmale Gleitflächen und Reibflächen mit Spiralrillen und wenig Ölnuten ergeben hohe Beiwerte $K$ nach Gl. (5.3.2). Reibflächen dieser Ausführungen arbeiten praktisch im Mischreibungsgebiet bis zu höheren Gümbelschen Zahlen. Nach [44] ist es eine falsche Annahme, daß mit Festkörperberührung die hydrodynamische Wirkung aufhört. Einige Kontaktstellen stören den tragenden Ölfilm nicht. Wie sich der Verlauf des Reibwertes einstellt (Kurve *2* oder *3*, Bild 5.8) hängt vom Anteil der Festkörperkontakte und hydrodynamischen Zonen ab. Das ist wiederum eine Frage der Makro- und Mikrostruktur der Reibfläche und auch davon, wie sich die Reibkörper unter der auf sie wirkenden Kraft anpassen (verformen) können.

Bild 5.9 gibt für drei Lamellenausführungen mit Sinterbelag den Reibwert als Funktion der Gleitgeschwindigkeit an. Die Gegenlamelle ist eine glatte Stahllamelle. Entsprechend den bisherigen Feststellungen hat die Lamelle *1*, nicht durchgehende Nuten und Rillungen, den höchsten Reibwert. Bei der glatten Lamelle mit durchgehenden Nuten können gut tragende Ölfilme entstehen, weshalb der Reibwert niedrig ist. Allerdings können scharfkantige Ölnuten bei geringem Ölangebot den Ölfilm abstreifen und einen höheren Reibbeiwert ergeben [7].

Auf den Einschaltvorgang, den Anstieg des Drehmomentes, hat das Reibflächenprofil ebenfalls Einfluß. Bild 5.10 spricht für sich [50]. In dem ölbenetzten Lamellenspalt muß das Öl verdrängt werden. Je größer die zusammenhängenden Flächen sind, desto länger ist die Zeit, um das Öl herauszudrücken. Diese Zeit ist dem Quadrat der Lamellenbreite bei glatten Lamellen bzw. der Flächenbreite zwischen zwei Rillen proportional [21].

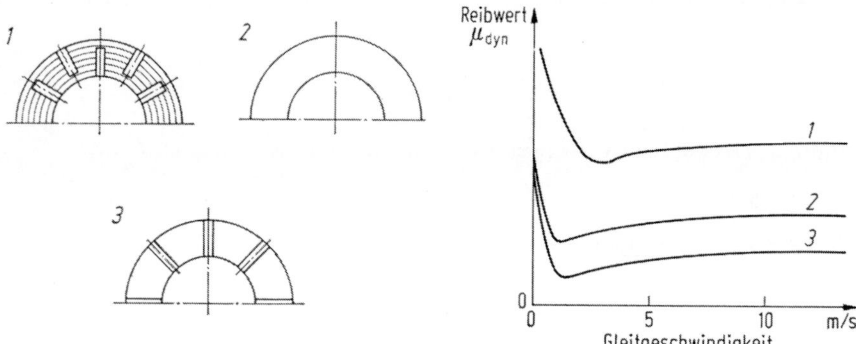

Bild 5.9. Reibbeiwert als Funktion der Gleitgeschwindigkeit für die Lamellenoberflächen *1* bis *3*. Nach [7]

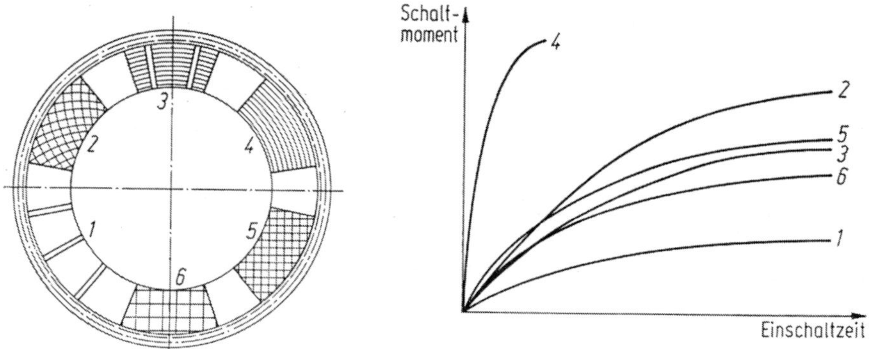

Bild 5.10. Einschaltverhalten von Lamellen mit verschiedenen Reibflächenprofilen, Gegenlamelle Stahl, glatt. Nach [50]

## 5.3.2 Reibwerkstoffe — Übersicht

Charakteristisch für das Betriebsverhalten einer Reibkupplung ist die eingesetzte Reibpaarung. Sie muß den Anforderungen gemäß ausgewählt werden. Jede Reibpaarung hat typische Eigenschaften und Anwendungsbereiche (s. auch Abschnitt 9.4.2).

Die Reibpaarung Stahl/Stahl wird bevorzugt bei elektromagnetisch betätigten Reibkupplungen verwendet, wenn der Magnetfluß seinen Weg über die Reibkörper nimmt (s. Abschnitt 5.2.4).

Weit verbreitet sind sogenannte organische Reibbeläge, allgemein bekannt von Kraftfahrzeugkupplungen und -bremsen. Sie sind aus hochwertigen organischen und anorganischen Materialien zusammengesetzt. Je nach Verwendung unterliegt das Material Zug-, Scher- und Biegespannungen.

Die Anforderungen an Reibbeläge sind zusammengefaßt [36]:

— verwendbar im weiten Temperaturbereich,
— der Reibwert sollte temperaturabhängig sein,
— geringer Verschleiß (lange Lebensdauer),
— Gegenreibwerkstoff soll geschont werden,

— unempfindlich gegen Witterungseinflüsse (Luftfeuchtigkeit),
— Reibgeräusche sollen vermieden werden,
— gute Wärmestandfestigkeit (geringes Schwinden und Verwerfen),
— gute mechanische Festigkeit.

Der Reibwert und Verschleiß hängen von folgenden Einflußgrößen ab:
— Materialzusammensetzung,
— Anpreßdruck,
— Gleitgeschwindigkeit,
— Reibflächentemperatur,
— Dauer der Beanspruchung,
— Gegenreibwerkstoff,
— Öl- oder Trockenlauf.

Zur grundsätzlichen Zusammensetzung der sogenannten organischen Reibbeläge können folgende Hinweise dienen [36]:

Grundsubstanz ist Asbest verschiedener Faserlänge. Neuerdings werden Ersatzstoffe wie Glasfasern, Mineralwolle, Kohlenstoff- und Aramidfasern erprobt, weil Asbest bei der Verarbeitung gesundheitliche Schäden verursacht.

Diese Grundsubstanz ergibt hohe Strukturfestigkeit. Weiterhin werden Füllstoffe verwendet mit unterschiedlicher Zielsetzung:

— zur Verfestigung und Verbilligung (Schwerspat, Kaolin, Silicate, Aluminiumoxide);
— zur Verbesserung des Härtungsverhaltens von duroplastischen Kunstharzbindern und des Vulkanisationsverhaltens von Kunstkautschukbindemitteln und
zur Beeinflussung der Reibwertcharakteristik (Metalloxide des Eisens, Magnesiums, Zinks usw. —
Metalle wie Eisen, Blei, Kupfer, Zink, Messing, Bronze in Form von Pulver, Fasern, Spänen oder Wolle,
Metallsulfide, z.B. Molybdänsulfid, Graphitpuder und Elektrokohle);
— zur Stützung des Reibwertes für gute Konstanz, auch bei höheren Temperaturen, und zur Minderung des Verschleißes (Harze, Baumwolle),
— zur Bindung der gesamten Mischung. (Phenol- und Kresolharze und ihre anorganisch bzw. organisch modifizierten Abwandlungen). Die Bindemittel beeinflussen den Reibwertverlauf und Verschleiß des Reibmaterials.

Das Material wird als plastische Masse in einen Strang gedrückt (extrudiert) und anschließend weiter verarbeitet oder in Formen unter Druck mit Hitze zu Rohformen verarbeitet [51, 54].

In diese Kategorie können auch die sogenannten „Papierbeläge" eingeordnet werden. Sie bestehen aus einem mit Harz getränkten, mit Baumwollfasern, Asbest und Füllstoffen aufgebauten Material [1]. In Materialspezifikationen auch als „Spezialvlies" bezeichnet [52].

Zu den organischen Reibmaterialien gehören auch Kork und Mischungen von Kork mit Kautschuk.

Reibbeläge aus Sinterwerkstoffen sind eine weitere wichtige Gruppe. Es gibt Sinterbronze- und Sintereisenmischungen; je nach dem, welches der Hauptbestandteil ist.

Die Sinterbronze enthält etwa 60 bis 75% Kupfer. Mit Gewichtsanteilen unter 10% sind Blei, Zinn, Eisen und Zink vertreten.

Der Reibwert und seine Charakteristik wird durch Zusätze von Kohlenstoff, Aluminiumoxid, Quarzit, Magnesit und Mullit beeinflußt. Der Kohlenstoff (Graphit) liegt bei 5 bis 10%, die anderen Bestandteile zusammen bei etwa 3% [53]. Aus den verschiedenen Mischungsverhältnissen entstehen Reibwerkstoffe unterschiedlicher Eigenschaften.

| Reibmaterial | | | Betriebs-art | Reibwert[10] | | Max. zul. flächen-pressung | | Max. zul. Gleitge-schwin-digkeit | Max. zul. Dauer-tempe-ratur |
| Art | Typ | Her-stel-ler | | $\mu$ stat. | dyn. | $p$ stat. | N/cm² dyn. | $v$ m/s | $\vartheta$ K |
|---|---|---|---|---|---|---|---|---|---|
| organisch | OSS | [1] | trocken | | 0,35 | 150 | | 15 | etwa 300 |
| „ | HOK | | „ | | 0,40 | 300 | | 20 | etwa 380 |
| „ | 996 | | „ | | 0,45 | 350 | | 20 | etwa 400 |
| „ | 600/97 | | „ | | 0,38 | 400 | | 25 | etwa 400 |
| „ | 2045 | | „ | | 0,38 | etwa 430 | | 40 | etwa 430 |
| organisch | 145 | [2] | trocken | | 0,40 | 300 | | 30 | 250 |
| „ | 142 | | naß | | 0,07 | 150 | 100 | 10 | [7] |
| organisch (Vlies)[8] | 361 | | „ | 0,09 | 0,13 | 500 | 200 | 20 | [7] |
| „ [8] | 362 | | „ | 0,08 | 0,125 | 500 | 200 | 20 | [7] |
| „ [8] | 363 | | „ | 0,145 | 0,13 | 500 | 200 | 20 | [7] |
| „ [8] | 365 | | „ | 0,11 | 0,125 | 500 | 200 | 20 | [7] |
| Sinter | 711 | | „ | 0,08 | 0,05 | 600 | 250 | 50 | [7] |
| „ | 714 | | „ | 0,105 | 0,06 | 800 | 300 | 100 | [7] |
| „ | 718 | | „ | 0,115 | 0,08 | 800 | 350 | 100 | [7] |
| Sinter | HS05 | [3] | naß | 0,11 | 0,1 | | 350 | 40 | [7] |
| | HS09 | | „ | 0,15 | 0,12 | | 500 | 80 | Sinterbelag: |
| | HS09 | | trocken | 0,32 | 0,24 | | 150 | 35 | kurzztg.: |
| | HS15 | | „ | 0,40 | 0,36 | | 100 | 10 | 700 K |
| | HS39 | | naß | 0,13 | 0,11 | | 300 | 30 | Dauer: |
| | HS40 | | | 0,12 | 0,1 | | 250 | 30 | 320 K |
| | HS55 | | „ | 0,12 | 0,095 | | 300 | 40 | |
| Sinter | 523 | [4] | trocken | 0,65 | 0,53 | 800 | 100 | 12 | etwa 450 |
| | 521 | | „ | 0,70 | 0,48 | 600 | 100 | 10 | etwa 400 |
| | 261 | | „ | 0,42 | 0,30 | 1 000 | 150 | 10 | |
| | 240 | | „ | 0,28 | 0,19 | 400 | 100 | 12 | |
| | 220 | | „ | 0,29 | 0,25 | 800 | 100 | 12 | |
| | 220 | | naß | 0,13 | 0,08 | 800 | 140 | 14 | [7] |
| | 221 | | „ | 0,15 | 0,1 | 800 | 250 | 14 | [7] |
| | 221 | | trocken | 0,5 | 0,3 | 800 | 120 | 10 | |
| | 241 | | „ | 0,33 | 0,28 | 700 | 50 | 7 | |
| | 241 | | naß | 0,14 | 0,08 | 700 | 120 | 12 | [7] |
| | 293 | | „ | 0,16 | 0,12 | 1 000 | 400 | 3 | [7] |
| | 270 | | „ | 0,14 | 0,09 | 800 | 200 | 12 | [7] |
| | 201 | | „ | 0,14 | 0,06 | 1 000 | | 10 | [7] |
| organisch (asbestfrei) | 5903 | [5] | trocken | | 0,48 | | 120 | 20 | 300 |
| | 5906 | | „ | | 0,57 | | 120 | 20 | 300 |

Bild 5.11. Zulässige Daten von Reibwerkstoffen[9)]
Fußnoten siehe Seite 104.

| Flächenbezogene Schaltarbeit je Schaltung | Flächenbezogene stündl. Schaltarbeit | Flächenbezogene Schaltleistung | Dichte | Wärmeleitfähigkeit | Spez. Wärmekapazität | Ölaufnahme | Gegenwerkstoff |
|---|---|---|---|---|---|---|---|
| $q$ | $Q_h$ | $\dot{q}$ | $\varrho$ | $\lambda$ | $c$ | | |
| J/mm² | J/mm² h | W/mm² | g/cm³ | W/m K | kJ/kg K | % | |
| siehe Bild 4.9 | | | | 0,35...0,5⁶ | 1,01...1,1 | | GG30 mind. HB = 200 |
| | | | | „ | „ | | |
| | | | | — | „ | | |
| | | | | — | „ | | |
| | | | | — | „ | | |
| spezif. Verschleiß 0,41 cm³/kWh | | | 2,4 | 0,77 | 0,91 | | GG30 |
| 0,6 | 80 | 0,5 | 1,28 | 0,34 | 1,56 | — | Stahl HB > 120 |
| 1,0 | 150 | 2,5 | 0,77 | 0,1 | 1,3 | 30...50 | GG, St; HB > 120 |
| 0,8 | 130 | 1,3 | 0,59 | 0,1 | 1,3 | 70...90 | „ „ |
| 1,0 | 150 | 2,5 | 0,78 | 0,1 | 1,3 | 40...60 | „ „ |
| 1,2 | 180 | 2,0 | 0,93 | 0,1 | 1,3 | 40...60 | „ „ |
| 1,5 | 120 | 0,71 | 6,3 | 27 | 0,42 | — | St, HRC = 48–52 |
| 2,0 | 150 | 0,85 | 5,4 | 24 | 0,42 | — | „ |
| 2,0 | 200 | 1,25 | 5,2 | 14 | 0,42 | — | „ |
| 2,0 | 210 | 2,3 | | | | | } + GG30 |
| 2,0 | 210 | 2,3 | | | | | |
| | | | | 45...100 | | | |
| 2,0 | 210 | 2,3 | | | | | } + Stahl HRC = 40± 3 oder HRC = 50± 3 |
| 2,0 | 210 | 2,3 | | | | | |
| 2,0 | 210 | 2,3 | | | | | |
| | | | | | | | St, GG |
| | | | | | | | GS, GG, GGG |
| | | | | | | | GS, St, GG, GGG |
| | | | | | | | „ |
| | | | | | | | „ |
| | | | | | | | „ |
| | | | | | | | „ |
| | | | | | | | „ |
| | | | | | | | „ |
| | | | | | | | „ |
| | | | | | | | Stahl |
| | | | | | | | St, GG, GGG, GS |
| | | | | | | | „ |
| spezif. Verschleiß 0,039 cm³/kWh | | | 2,232 | 0,8 | | | GG25 |
| spezif. Verschleiß 0,039 cm³/kWh | | | 2,080 | 0,84 | | | GG25 |

Das Material wird in Pulverform gemischt, auf einen Stahlträger geschüttet (Streusinterverfahren), dann gesintert im Ofen, die Form vorgepreßt, unter Druck gesintert und fertiggepreßt. Oberflächenstrukturen wie Nuten und Rillen können mit eingepreßt werden [50, 52, 53]. Andererseits werden Belagteile (Klötze, Ringe)in ähnlichem Verfahren hergestellt und später auf Belagträger aufgeschraubt oder aufgenietet. Im Streusinterverfahren kann man aber dünne raumsparende und wirtschaftlich vorteilhafte Sinterlamellen herstellen.

Für hohe Wärmebelastungen werden spezielle Werkstoffe hergestellt, die einen hohen Anteil an keramischen Zusätzen enthalten. [45, 54]. Sie werden auch als Metallkeramik bezeichnet und sind spröde. Deshalb müssen sie auf Trägern befestigt werden.

### 5.3.3 Zulässige Beanspruchung von Reibwerkstoffen

Um die Abmessungen einer Reibkupplung bestimmen zu können, sind zunächst der Reibwert und die zulässige Flächenpressung der Reibpaarung wichtig. Die Gleitgeschwindigkeit bestimmt die zulässige Drehzahl und die flächenbezogenen Werte der Schaltarbeit sowie Schaltleistung sind zur thermischen Auslegung wichtig. In Bild 5.11 sind einige Daten über Reibbeläge, die am Markt angeboten werden, zusammengestellt. Mit abfallender Gleitgeschwindigkeit nimmt üblicherweise der Reibwert zu (s. oberer Kurvenverlauf in Bild 5.12). Die Kupplung erzeugt dadurch im Synchronpunkt einen Ruck. Das ist beispielsweise in Fahrzeugen unangenehm. Für diese Anwendung sind sogenannte Papierbeläge eingeführt. Durch besondere Mischung und Behandlung der Materialien konnte der Reibwertverlauf der gestrichelten Kurve nach Bild 5.12 angepaßt werden. In Bild 5.11 trifft das auf die Beläge 361/362 und 365 zu. Der Reibwert ist immer in Verbindung von Reibmaterial und Gegenwerkstoff sowie Öleigenschaften zu sehen. Die Angaben nach Bild 5.11 sind so zu verstehen und gelten als Anhaltswerte.

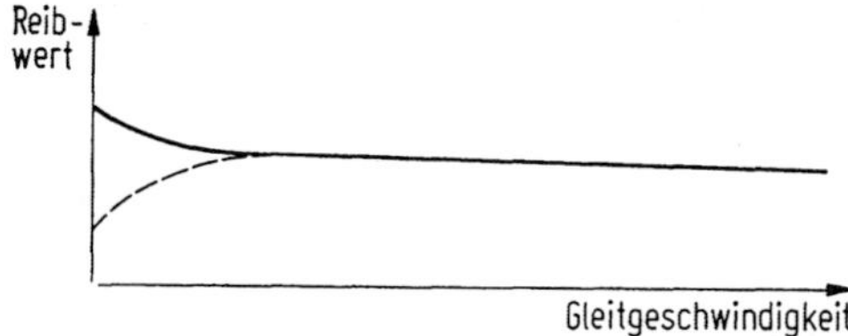


Bild 5.12. Verlauf des Reibwertes über der Geschwindigkeit

Als Gegenwerkstoffe sind üblich:

Bei organischen Belägen: Guß oder Stahl mit einer Brinellhärte HB 30 $\geq$ 2000 N/mm². Oberfläche mit einer Rauhigkeit $R_t \leq 20\ \mu$m [51].

Bei Papierbelägen: Grauguß oder Stahl mit Brinellhärte HB 30 $\geq$ 1200 N/mm², Oberflächenrauhigkeit $R_t \leq 0,8\ \mu$m [52].

---

Fußnoten zu Bild 5.11

1 Rich. Klinger AG, Gumpoldskirchen
2 Jurid-Werke GmbH, Reinbek
3 Hoerbiger & Co., Schongau
4 MIBA Gleitlager AG, Vorchdorf
5 Hecker-Werke, Weil i. Sch.
6 Gültig für Reibwerkstoffe ohne Metallbeimischung. Mit Metall ergeben sich höhere Werte.
7 Abhängig von der maximal zulässigen Öltemperatur
8 Eigenschaften stark abhängig von der Ölsorte
9 Nach Firmendruckschriften
10 Ermittelt nach besonderen Prüfbedingungen

Bei Sinterbelägen: Grauguß, Sphäroguß oder Stahl mit einer Brinellhärte HB 30 = 1 900 bis 2 500 N/mm²; Stahlguß und Nichteisenmetalle sind weniger geeignet (s. auch Abschnitt 5.3.4). Rauhigkeit der Oberfläche $R_t \leq 15\ \mu$m, für Hochleistungskupplungen $R_t \leq 3\ \mu$m [50].

Rutschende Kupplungen erzeugen Reibschwingungen, auch Stick-Slip genannt. Dieser Vorgang ist bei Konstruktionen nicht vorhersehbar. Häufig kann man erst nach langen Versuchen am ausgeführten Gerät die Reibschwingungen zurückdrängen. Die gefundenen Abhilfemaßnahmen lösen dann das spezielle Problem, sind aber nicht oft mit Erfolg auf andere Systeme übertragbar. Die Stick-Slip-Neigung kann vermindert werden durch geringe Anpreßkräfte im Reibkontakt, kleinen Reibwert, hohe Federsteife der anschließenden Bauteile und große beteiligte Massen [26]. Bei einem Reibwertverlauf nach Bild 5.12, gestrichelt, ist der Stick-Slip nicht vorhanden [7]. Das gilt auch, wenn Sinterreibbeläge mit fast gleichen dynamischen und statischen Reibwerten und großer Porösität (geringerer Dichte) (Bild 5.11) gewählt wurden.

Vergleicht man die zulässige flächenbezogene Schaltarbeit von Sinterlamellen mit unterschiedlicher Dichte (Porösität), aber sonst gleicher Zusammensetzung, ergibt sich ein wichtiges Ergebnis: In den Poren des Sintermaterials kann sich bei geringerer Dichte mehr Öl sammeln, die Wärmeaufnahmefähigkeit steigt und die Spitzentemperatur wird abgesenkt [56].

## 5.3.4 Gestaltung der Reibscheiben

Reibscheiben mit speziellen Reibmaterialien bestehen fast immer aus einer Trägerscheibe und dem auf sie aufgebrachten Reibmaterial. Organische Reibwerkstoffe werden als Ringe oder Segmente aufgenietet oder aufgeklebt, Papierreibbeläge werden aufgeklebt.

Sintermaterial wird nach dem Streusinterverfahren auf die Trägerscheibe aufgesintert. Es kann auch als Scheibe oder Segment auf die Trägerscheibe aufgenietet, selten aufgeschraubt werden. Dieser Weg verlangt relativ dicke Sinterteile und ist hinsichtlich des Bauvolumens der Kupplung gegenüber den Reibscheiben, hergestellt nach dem Streusinterverfahren, im Nachteil.

Die Reibscheiben und ihre Gegenscheiben aus Guß oder Stahl führen sich in Bauteilen, die mit An- oder Abtrieb verbunden sind (s. Beispiele in Kapitel 6). Außen- oder Innenreibscheiben/Lamellen benötigen deshalb Kontaktprofile als Nuten oder Verzahnungen usw. (Bilder 5.13 und 5.19). In diesen Mitnahmeprofilen gleiten die Reibscheiben während der Schaltung. Es muß dafür gesorgt werden, daß sie leichtgängig sind; sowohl von der Gestaltung (Toleranzen) als auch aus Gründen der Reibung in den Führungen (Abschnitt 2.1.3).

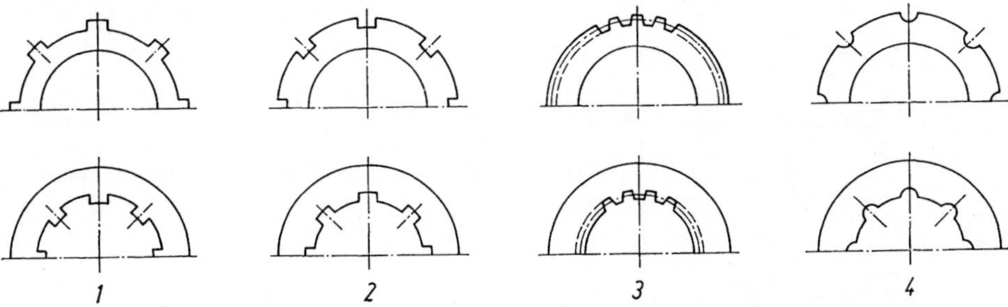

Bild 5.13. Beispiele für Mitnehmerprofile in den Lamellen. Nach [7]. Oben Außenlamellen, unten Innenlamellen, *1* Nuten in Mitnehmer, *2* Mitnahmelappen in Außenmitnehmer, Keile am Innenmitnehmer, *3* Evolventenprofil, *4* Bolzenmitnahme

| Stahllamelle<br>bzw. Belagart | $d = \dfrac{D_i}{D_a}$ |
| --- | --- |
| kein Belag | 0,87...0,75 (0,67) |
| organischer Belag | 0,63...0,58 |
| Papierbelag | 0,88...0,74 |
| Sinterbelag | 0,87...0,76 (0,67) |

Bild 5.14. Richtwerte für Durchmesserverhältnisse von Reibscheiben (Bild 5.15) mit verschiedenen Belägen. Nach [7]

Für die Maße an Reibscheiben geben die Bilder 5.14 bis 5.18 Richtwerte. Ebenheit und Parallelität nach DIN 7184.

Die Ebenheit der Lamellen ist wichtig, damit der Lamellenspalt exakt eingehalten werden kann. Wellige oder tellerförmige Lamellen vermindern das konstruktionsbedingte Spiel, im Grenzfall führt das zu erhöhtem Leerlaufmoment. Der Belag muß auf beiden Seiten exakt gleich sein, sonst tritt bei Wärmebelastung und Sinterbelägen Bimetallwirkung auf, wodurch die Lamelle tellern kann.

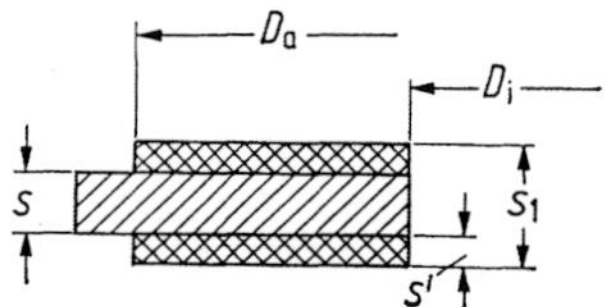

Bild 5.15. Reibscheibe. Nach [7]. $D_a$ Belagaußendurchmesser, $D_i$ Belaginnendurchmesser, $s$ Dicke der Trägerscheibe, $s'$ Dicke des Reibbelages, $s_1$ Gesamtdicke der Reibscheibe

Besondere Bedeutung hat die Parallelität von Lamellen, sowohl mit als auch ohne Belag, für den Einlaufvorgang. In diesem Punkt ungenaue Lamellen können zu langer Einlaufzeit führen [50, 7]. In ölgeschmierten Kupplungen mit Sinterbelag und hohen spezifischen Beanspruchungen an den Mitnahmeprofilen werden diese Profile induktiv gehärtet. Das Trägerblech wird dazu als Ck 45 oder Ck 60 DIN 17222 hergestellt. Entsprechend werden die Stahl-Gegenlamellen ausgeführt. Sie werden vergütet auf etwa

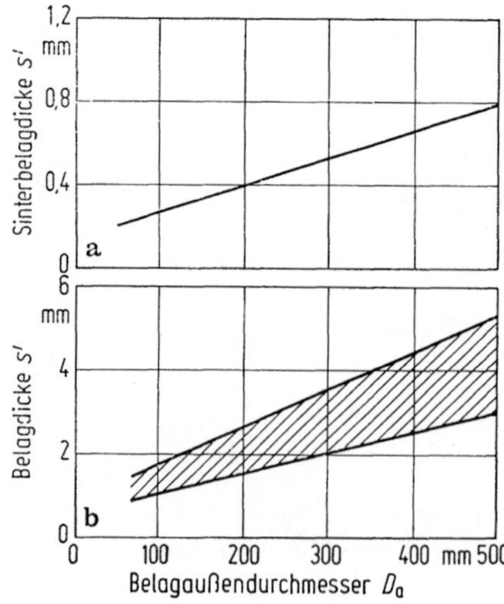

Bild 5.16. Dicke des Reibbelages abhängig vom Belagaußendurchmesser, Richtwerte. Nach [7]. a) Streusinter für Öllauf; b) organischer Reibbelag

| Belagaußen-durchmesser $D_a$ in mm | Dicke der Trägerscheibe $s$ in mm |
|---|---|
| >75 | 0,8...1,6 |
| 75...250 | 1,6...2,4 |
| 250...450 | 2,4...3,2 |
| 450...600 | 3,2...5,0 |

Bild 5.17. Richtwerte für Belagaußendurchmesser und zugehörige Dicken der Trägerscheibe für Sinterbelag. Nach [50]

HRC 37 bis 46. Nach dem Vergüten sind Spannungen im Material vorhanden, die bei hoher thermischer Belastung zum Lamellenverzug führen können. Besser ist deshalb, die Konstruktion mit einer Lamellenfestigkeit von HRC = 20 bis 35 auszuführen. Manchmal werden die Stahllamellen in Umfangsrichtung mit einer Wellung versehen; Wellhöhe zwischen 0,05 bis etwa 0,6 mm (unter 500 Durchmesser). Dadurch wirkt die Lamelle als Feder, die Kupplung öffnet schnell. Gewellte Lamellen sollen wegen der Federeigenschaften mit HRC = 40 ± 3 ausgeführt werden [7].

| Belagaußen-durchmesser $D_a$ in mm | Toleranz Gesamtdicke $s$ in mm | Ebenheits-toleranz mm | Parallelitäts-toleranz mm |
|---|---|---|---|
| 40...100 | ±0,05 | 0,1 | 0,03 |
| 100...200 | ±0,06 | 0,2 | 0,04 |
| 200...300 | ±0,07 | 0,3 | 0,05 |
| 300...400 | ±0,09 | 0,5 | 0,07 |
| 400...500 | ±0,10 | 0,6 | 0,08 |
| >500 | ±0,12 | 0,8 | 0,10 |

Bild 5.18. Toleranzen von Sinterlamellen, Richtwerte. Nach [50]

Bild 5.19. Lamellenpaar. Außenlamelle mit Sinterbelag, Innenlamelle Stahl

# 6 Ausgeführte Kupplungen

## 6.1 Mechanische Kupplungen

Diese Bezeichnung wird für Kupplungen verwendet, die ausschließlich mit mechanischen Mitteln betätigt werden. Zu dieser Gruppe gehören die Kraftfahrzeugkupplungen (s. Kapitel 10).

Bild 5.1 zeigt eine im allgemeinen Maschinenbau verwendete mechanisch betätigte Mehrscheibenkupplung (Abschnitt 5.2.1). Hier sind drei Reibscheiben vorhanden. Derartige Kupplungen wurden schon mit 15 Lamellenpaaren gebaut, wobei sowohl Außen- als auch Innenlamelle aus Stahl bestehen. Das Lamellenpaket wird vom Umlenkhebel *3* (Bild 5.1) gegen den Stellring *7* gedrückt. Dieses System funktioniert, weil der Umlenkhebel federt. Ohne diesen Federeffekt würde die Anpreßkraft auf die Lamellen sofort nachlassen, wenn der geringste Verschleiß auftritt. Mit dem Stellring *7* ist die Kupplung einzustellen. Die Innenlamellen greifen in die Nabe ein, für die Außenlamellen ist ein Mitnehmer *5* vorgesehen. Die Schiebemuffe *2* kann mit einer Schaltgabel verschoben werden. Soweit menschliche Kraft zur Betätigung herangezogen wird, kann gefühlvoll geschaltet werden. Allerdings entzieht sich dadurch die Kupplungsbelastung einer genauen Berechnung und es muß genügend Sicherheit bei der thermischen Auslegung eingeplant werden.

Eine andere Kupplung dieser Bauart zeigt Bild 6.1. Auch hier wird über einen Schaltring *2*, Schalthebel *3*, Druckring *4*, Nachstellring *5*, Tellerfeder *6* die Druckscheibe an die Reibscheiben *1* angedrückt. Der Schalthebel ist kurz und steif, weshalb als federndes Element die Tellerfeder vorhanden ist. Mit dem Nachstellring wird die Kupplung eingestellt; bei Verschleiß kann hier nachgestellt werden sofern die Tellerfeder *6* nicht mehr genügend ausgleicht.

## 6.2 Pneumatische Kupplungen

Bekannt sind diese Kupplungen auch unter dem Namen Druckluftkupplung. Bild 5.2 zeigt ein Ausführungsbeispiel. Ein Vergleich zu Bild 6.1 zeigt deutlich, daß der Kupplungsaufbau sich nur in der Betätigungsbaugruppe unterscheidet: Die mechanische Betätigung wird durch Kolben und Zylinder ersetzt. Der Luftdruck (zumeist 6 bis 8 bar) bewirkt eine Kolbenkraft, die unmittelbar auf die Anpreßplatte und damit auf die Reibscheiben übertragen wird. Sollte Verschleiß an den Reibflächen eintreten, dann erhöht sich der Kolbenhub. Hier ist nicht nachzustellen. Solange der maximal zulässige Verschleiß nicht erreicht ist, kann von wartungsfreier Kupplung gesprochen werden. Natürlich dürfen andere Bauteile nicht zu Schaden kommen, besonders ist hier die Kolbendichtung angesprochen. Der Dichtungswerkstoff muß bei dem Luftdruck und der maximalen Kolbengeschwindigkeit hohe Standzeit haben, auch wenn Wasser und Öl anwesend sind (s. Abschnitt 5.2.2). Wird der Luftdruck abgeschaltet, dann drückt die Feder *8* (Bild 5.2) die Anpreßplatte mit Kolben in die Ausgangslage zurück. Die Reibscheiben *1* können

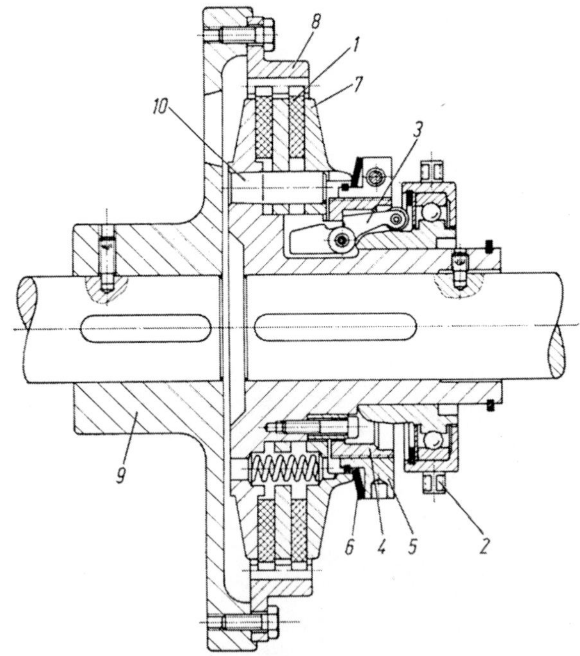

Bild 6.1. Mechanisch betätigte Reibkupplung. (Heinrich Desch KG). *1* Reibscheiben, *2* Schaltring, *3* Schalthebel, *4* Druckring, *5* Nachstellring, *6* Tellerfeder, *7* Druckscheibe, *8* Außenmitnehmer, *9* Nabe/Innenmitnehmer, *10* Bolzen

jetzt frei rotieren. Mit zunehmendem Verschleiß wird der Kolbenhub größer. Wird eine besonders exakt schaltende Kupplung benötigt, kann darin eine Störungsursache liegen. Der größere Kolbenhub verlangt mehr Luftvolumen und damit werden die Zeiten für Ein- und Ausströmen länger. Die Kupplung wird langsamer. Das muß bei der Planung bedacht werden.

Eine Kupplung mit anderem Aufbau zeigt Bild 6.2. Der wesentliche Unterschied zur Kupplung nach Bild 5.2 besteht in der nicht rotierenden Zylinder/Kolben-Baugruppe. Die Reibscheibe *1* ist an einem Träger befestigt. Über den Anschluß *10* gelangt Druckluft in den Zylinderraum. Dadurch werden der Zylinder *5* und Kolben *6* auseinandergedrückt. Vom Zylinder gelangt die Kolbenkraft über das Lager *7* auf die Druckplatte *2* und schließlich zur Reibscheibe *1*, deren Trägerkörper sich an einem Lager, das auf der Nabe *3* arretiert ist, abstützt. Der Kolben *6* stützt sich unmittelbar am Lager *8* ab. Über eine Stellmutter *4* werden alle Teile auf der Nabe gehalten. Sie dient auch zur Verschleißnachstellung. Die Druckscheibe *2* kann auf der Nabe *3* axial gleiten; gegen Verdrehen ist sie durch eine oder mehrere Paßfedern gesichert. Bei abgeschalteter Druckluft drückt die Feder *9* Druckscheibe, Lager *7* und den Kolben in die Ausgangslage zurück. Am Träger der Reibscheibe *1* kann ein angrenzendes Bauteil befestigt werden.

Zwischen Druckscheibe und Nabe wird das Drehmoment über Paßfeder übertragen. Damit kann ein Drehmoment von dem Träger der Reibscheibe zur Nabe geleitet werden, oder umgekehrt. Der stehende Zylinder/Kolben gestattet radiale Luftzufuhr. Die Kupplung kann an irgendeiner Stelle eingebaut werden, ohne daß eine besondere Luftzuführung benötigt würde, wie in Bild 5.2 dargestellt. Der Nachteil besteht in der Baulänge und den benötigten Lagern, womit sich die Einsatzgrenzen abzeichnen.

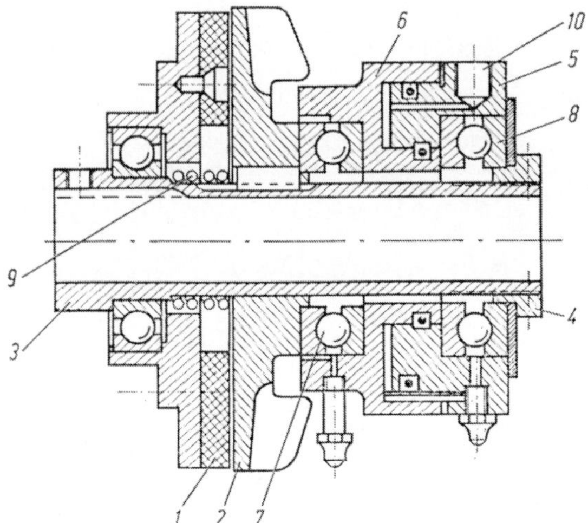

Bild 6.2. Pneumatisch betätigte Reibkupplung. (Horton Inc., Minneapolis). *1* Reibscheibe, *2* Druckscheibe, *3* Nabe, *4* Stellmutter, *5* Zylinder, *6* Kolben, *7, 8* Axiallager, *9* Druckfeder, *10* Druckluftanschluß

## 6.3 Hydraulische Kupplungen

Man sagt hydraulische Kupplungen und meint hydraulisch betätigte Reibkupplungen. Das Betätigungssystem arbeitet mit Fremdenergie, die sich im wesentlichen als Druck in einer Flüssigkeit darstellt. Als Flüssigkeit hat sich weitgehend Mineralöl eingeführt. Das Öl hat besondere Spezifikationen und wird als Hydrauliköl gehandelt. In Höchstdruckanlagen muß es besonders druckfest sein, zumal Betriebsdrücke bis etwa 400 bar auftreten können. Manchmal muß das Öl sowohl schmieren (z.B. Zahnradstufen) als auch Druckflüssigkeit sein. Es wurden schon Getriebeöle und Motorenöle für derartige Anforderungen verwendet. Allerdings muß das Öl rechtzeitig gewechselt und besonders gut gefiltert werden. Filterfeinheit etwa 10 μm, was über Papierfilter erreichbar ist.

Wenn die Gesamtanlage freizügige Wahl des Öldruckes gestattet, dann sollte der Systemdruck unter 100 bar gewählt werden. Verbreitet sind Druckstufen von 24 bis 60 bar. Mit diesen Drücken lassen sich geschickte Konstruktionen für hydraulisch betätigte Reibkupplungen ausarbeiten. Letztlich bestimmt man mit dem Betriebsdruck die Standzeit von Dichtelementen, Schläuchen und anderen Bauteilen. Die Ölzufuhr mit hohem Druck über rotierende Teile kann auch Probleme bringen.

Bild 3.6 zeigt eine hydraulisch betätigte Reibkupplung. Das Drucköl strömt von der Welle durch eine Bohrung *5* in den Zylinderraum und drückt über den Kolben *3* das Lamellenpaket gegen die Druckplatte *9*. Die Innenlamellen greifen in Profile des Innenmitnehmers/Nabe *7*, die Außenlamellen sind mit dem Außenmitnehmer *8* formschlüssig verbunden. Über die im Reibkontakt stehenden Lamellen entsteht eine Verbindung vom Außenmitnehmer zur Nabe. Mit hoher thermischer Belastung der Reibflächen ergibt sich die Forderung nach Ölkühlung. Dazu dienen Bohrungen *10*, denen aus der Welle Kühlöl zufließt, das die Lamellen radial durchströmt.

Die Kupplung nach Bild 3.6 wird u.a. in Zahnrad-Schaltgetrieben zur Gangschaltung verwendet. Eine eingebaute Kupplung mit Ölzufuhr zeigt Bild 6.3. Auf der Welle *10* ist die Kupplung mit Paßfedern befestigt und das Zahnrad *4* auf Wälzlagern gelagert. Sobald der Kupplung über die Druckölzufuhr *5* und den Druckölkanal *7* Drucköl zugeführt

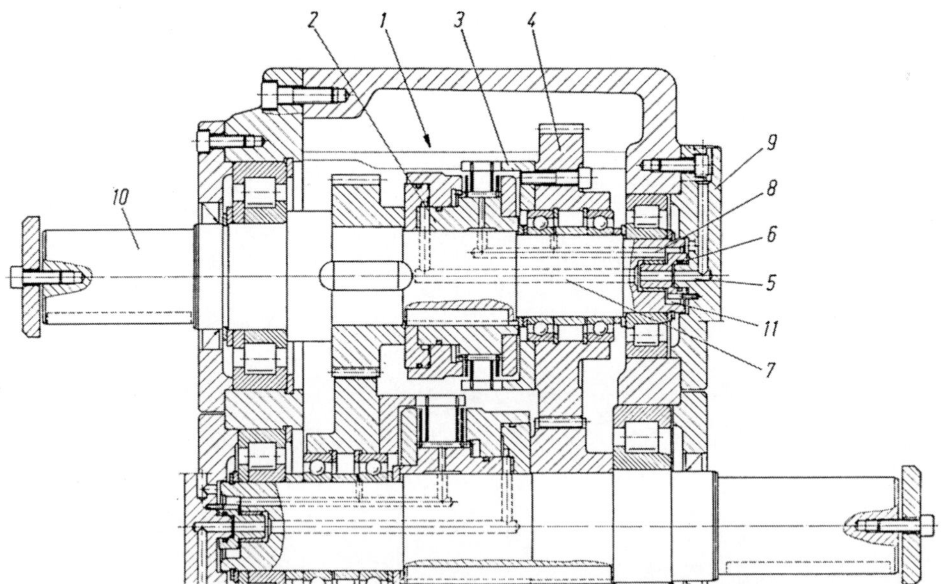

Bild 6.3. Hydraulisch betätigte Lamellenkupplung eingebaut in ein Schaltgetriebe. (Zahnrad-fabrik Friedrichshafen AG). *1* Kupplung, *2* Nabe, *3* Außenmitnehmer, *4* Zahnrad, *5* Drucköl-zufuhr, *6* O-Ring, *7* Druckölkanal, *8* Schmierölkanal, *9* Deckel mit Ölzufuhr, *10* Welle, *11* Schmierölraum

wird, entsteht eine reibschlüssige Verbindung von der Welle über die Kupplungsnabe zum Kupplungsaußenmitnehmer, der am Zahnrad verschraubt ist. Dadurch bilden das Zahn-rad und die Welle eine funktionale Einheit. Das Drucköl wird am Wellenende über einen Zapfen, der in einer Bohrung mit geringem Spiel gleitet, in den Kanal *7* eingeführt. Der Zapfen kann sich nach der Bohrung einstellen. Dafür sorgt als elastisches Glied und Ab-dichtung der O-Ring *6*. Der Zapfen hat außerdem eine Verdrehsicherung am Gehäuse-deckel. Das Schmieröl läuft zunächst mit geringem Druck in den Raum *11*. Der Deckel *9* hat zur Welle einen engen Spalt. Das hier anfallende Lecköl schmiert das angrenzende Lager. Durch den Überdruck im Raum *11* gelangt das Schmieröl in den Kanal *8*. Das Lecköl aus der Druckzuführung tritt in den Schmierkanal über. Der kleine Durchmesser und geringe Spalt am Zapfen der Druckölzuführung begrenzt die Leckmenge. Druck- und Schmieröl sind das gleiche Öl. Diese Konstruktion läuft mit 24 bar betriebssicher, die maximale Wellendrehzahl ist 3000 min⁻¹.

Bild 5.3 zeigt eine hydraulisch betätigte Reibkupplung, bei der sich die Betätigungs-baugruppe nicht mitdreht. Über den Anschluß *6* gelangt Drucköl in den Zylinder *2*. Die Druckkraft pflanzt sich durch das Drucklager *7* zum Lamellenpaket fort. Am Lager *8* wird die Reaktionskraft abgestützt. Am Anschluß *9* wird Schmieröl zugeführt, das über Bohrungen in einen Ringraum am Innendurchmesser der Nabe eintritt und danach durch Bohrungen den Lamellen von innen zugeführt wird.

Diese Ölzuführung erspart Bohrungen in der Welle und eine gesonderte Ölzufuhr am Wellenende. Der Nachteil ist die Baulänge und die Lebensdauerbegrenzung durch die Tragfähigkeit der Lager.

## 6.4 Elektromagnetisch betätigte Kupplungen

### 6.4.1 Einflächenkupplungen

Abschnitt 5.2.4 erläutert das elektromagnetische System der Betätigung und Bild 5.6. gibt hierzu nähere Hinweise. Mit der in Bild 6.4 dargestellten Einflächenkupplung wird daran angeknüpft. Die Reibpartner sind der Rotor *3* und Anker *4*. Der Rotor wird auf der Welle befestigt, der an einer Ringfeder *5* befestigte Anker wird über diese an einem anzukuppelnden Gegenstück befestigt.

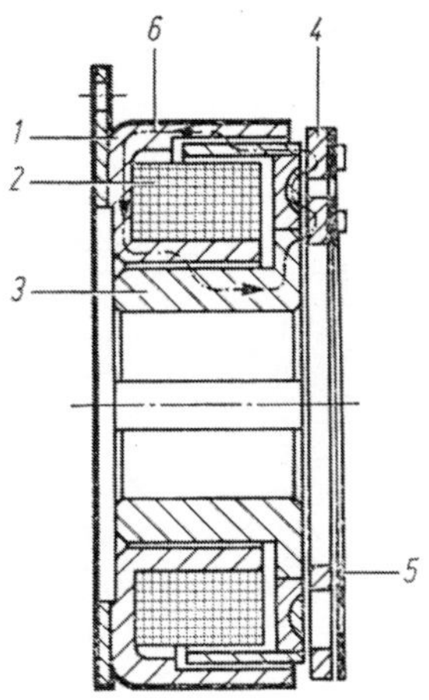


Bild 6.4. Elektromagnetisch betätigte Einflächenkupplung. (Zahnradfabrik Friedrichshafen AG). *1* Magnetkörper, *2* Spule, *3* Rotor, *4* Anker, *5* Ringfeder, *6* Magnetfluß

Wird die im Magnetkörper *1* befestigte Spule *2* mit Strom versorgt (meistens 24 V Gleichstrom), dann bildet sich ein Magnetfluß *6*, der den Anker *4* an den Rotor *3* preßt und den Reibschluß erzeugt. Bei dieser Kupplung verläuft der Magnetfluß zweimal zwischen Rotor und Anker. Deshalb spricht man von doppelt durchfluteter Einflächenkupplung. Im Gegensatz dazu stellt Bild 5.6 eine einfache Durchflutung dar. Der Magnetkörper *1* (Bild 6.4) wird ortsfest, aber zentrisch zum Rotor *3* befestigt. Die Reibpaarung dieser Kupplung ist Stahl/Stahl. Der Magnetfluß durchläuft die Reibflächen, deshalb muß das Reibmaterial magnetisierbar sein.

Eine einfach durchflutete Einflächenkupplung zeigt Bild 6.5. Im Gegensatz zu Bild 6.4 ist hier sogenanntes organisches Reibmaterial *5* vorhanden. Der Anker *4* gleitet in seiner Führung *7* in Richtung Rotor *3*, wenn das Magnetfeld *8* von der Spule *2* im Magnetkörper *1* erzeugt wird. Die zur Stabilität des Rotors notwendige Verbindung *6* ist aus unmagnetischem Material, womit ein magnetischer Kurzschluß im Rotor ausscheidet.

Zwischen Rotor *3* und Anker *4* reibt die gesamte Kontaktfläche sowohl am Reibbelag als auch im metallischen Bereich. Diese Kupplungen werden auch teilweise als Polflächenkupplungen bezeichnet. Rein sachlich trifft das auch auf Bild 6.4 zu.

### 6.4.2 Magnetisch durchflutete Lamellenkupplungen

Neben den einfacher aufgebauten Einflächenkupplungen haben sich auch elektromagnetisch betätigte Lamellenkupplungen bewährt (Bild 6.6). Der Magnetfluß wird durch die Lamellen geführt, deshalb spricht man von „magnetisch durchfluteten" Kupplungen.

Hinsichtlich der Stromzufuhr wird in Schleifring- und schleifringloser Kupplung unterschieden. Meist 24 V Gleichstrom.

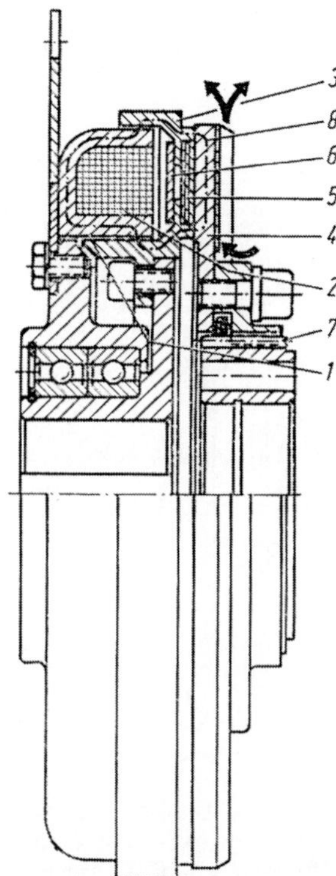

Bild 6.5. Elektromagnetisch betätigte Einflächenkupplung. (Baruffaldi Frizioni, Mailand). *1* Magnetkörper, *2* Spule, *3* Rotor, *4* Anker, *5* Reibmaterial, *6* unmagnetische Verbindung, *7* Profil *8* Magnetfluß

Der Magnetfluß wird vom Magnetkörper durch die Lamellen über den Anker und zurück geführt. Die schleifringlose Variante hat zusätzlich zur Schleifringausführung den Rotor *3* (Bild 6.6b). Dadurch sind zwei zusätzliche Luftspalte im Magnetkreis, weshalb die Spule stärker sein muß als bei der Schleifringausführung (s. Abschnitt 5.2.4). Bei der Schleifringausführung wird häufig nur ein Schleifring verwendet. An die Stromzuführung *6* (Bild 6.6a) wird der Pluspol des Gleichstromes angeschlossen, der Minuspol wird an Masse gelegt. So wird auch die Spule angeschlossen. Damit schließt sich der Stromkreis, wenn auf die gleiche Weise an der Stromversorgung verfahren wird. Es gibt auch Kupplungen, bei denen zwei Schleifringe nebeneinander liegen. Dann führt ein Ring den Pluspol, der andere den Minuspol. Im Trockeneinsatz ist der auf den Schleifring gleitende Kontaktstift aus Kohle hergestellt; im Naßbetrieb unter Öl werden spezielle Bronzebürsten verwendet, die den Ölfilm abstreifen und gleichzeitig den elektrischen Kontakt sichern. Die Bürsten werden angefedert.

In der Praxis haben sich folgende Gleitgeschwindigkeiten als zulässig gezeigt: Mit einer einzigen Bürste und ölnasser Schleifringfläche können bis 10 m/s angewendet werden. Wird zusätzlich eine Blindbürste verwendet, sind maximal 20 m/s erreichbar. Die Blindbürste ist vom gleichen Typ wie die Stromzuführungsbürste, aber ohne Stromanschluß. Ihre Aufgabe ist, das Öl vor der Stromzuführbürste abzustreifen und damit zu vermeiden, daß diese aufschwimmt. Die Kohlebürsten im Trockenlauf können bis 40 m/s betrieben werden. Eine Stromzuführung dieser Art hat ihre Anwendungsgrenzen dann, wenn die Bürsten aufschwimmen oder durch Schwingungen abheben. In beiden Fällen kommt es zur Unterbrechung des Stromes und damit zur Abschaltung der Kupplung.

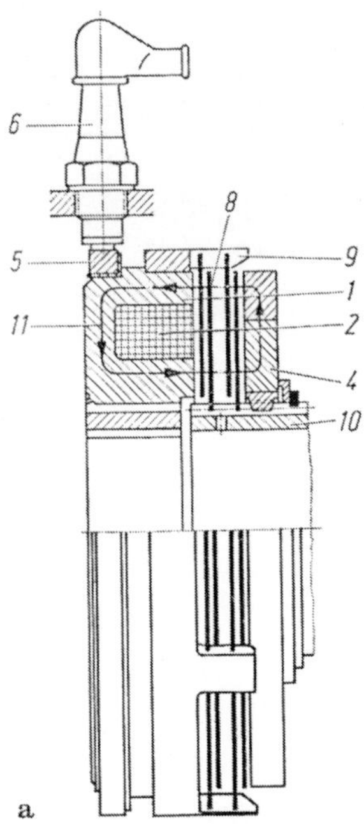

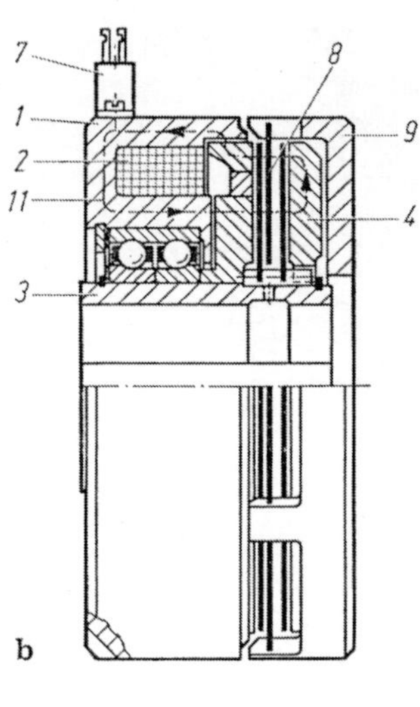

Bild 6.6. Elektromagnetisch betätigte Lamellenkupplungen mit magnetisch durchfluteten Lamellen a) mit Schleifring; b) schleifringlos. (Zahnradfabrik Friedrichshafen AG). *1* Magnetkörper, *2* Spule, *3* Rotor, *4* Anker, *5* Schleifring, *6* Stromzuführung, *7* Stromanschluß, *8* Lamellenpaket, *9* Außenmitnehmer, *10* Innenmitnehmer, *11* Magnetfluß

An schleifringlosen Kupplungen wird der Stromanschluß *7* (Bild 6.6b) generell zweipolig vorgenommen. Der Magnetkörper der letztgenannten Kupplung ist auf dem Rotor *3* gelagert und wird gegen Drehen gesichert. Der Reibschluß wird zwischen Rotor *3* über das Lamellenpaket *8* zum Außenmitnehmer hergestellt. Bei der Schleifringkupplung steht nur die Stromzuführung *6* ortsfest still. Alle anderen Teile rotieren. Der Magnetkörper *1* (Bild 6.6a) wird an einem Teil der Leistungsübertragung befestigt. Dann verläuft das Drehmoment über den Magnetkörper *1*, den Außenmitnehmer *9*, das Lamellenpaket *8* zum Innenmitnehmer *10*.

### 6.4.3 Magnetisch nicht durchflutete Kupplungen

Die Bedingung von Kupplungen mit magnetisch durchfluteten Lamellen — der Lamellenwerkstoff muß magnetisierbar sein — kann dadurch behoben werden, daß die Lamellen nicht in den Magnetkreis einbezogen werden. Bild 6.7 zeigt eine Schleifringkupplung dieser Art. Der Magnetfluß *7* tritt nur vom Magnetkörper *1* zum Anker *3* über. Der Anker wird angezogen und drückt seinerseits im oberen Teil auf die Lamellen. Diese können aus beliebigen Werkstoffen bestehen. Für einen eventuellen Verschleißausgleich hat der Anker eine Nachstelleinrichtung. Die Innenlamellen greifen in ein Profil am Magnetkörper ein; die Außenlamellen in den Außenmitnehmer *6*. Nachteilig gegenüber der durchfluteten Kupplung nach Bild 6.6a ist die schlechte Ölzufuhr, wenn die Lamellen vom Innendurchmesser aus geschmiert werden sollen. Zur Stromversorgung und zum Anbau in Maschinen gilt die Beschreibung zu Bild 6.6a.

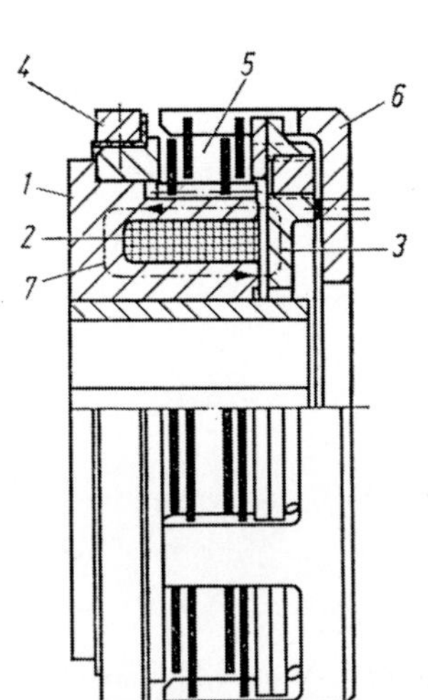
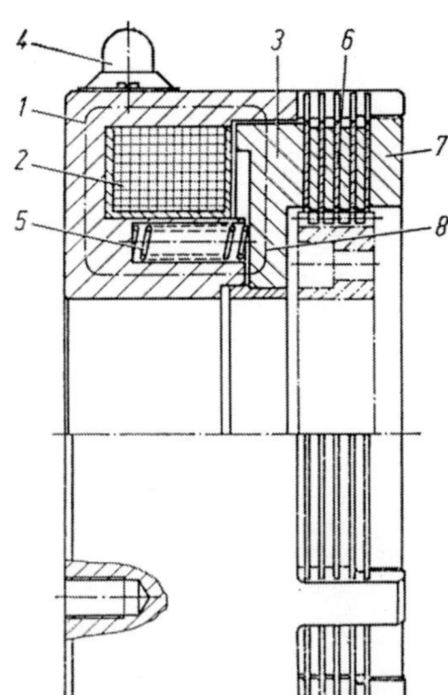

Bild 6.7        Bild 6.8

Bild 6.7. Elektromagnetisch betätigte Schleifring-Lamellenkupplung mit magnetisch nicht durchfluteten Lamellen. (Zahnradfabrik Friedrichshafen AG). *1* Magnetkörper, *2* Spule, *3* Anker,
*4* Schleifring, *5* Lamellenpaket, *6* Außenmitnehmer, *7* Magnetfluß
Bild 6.8. Elektromagnetisch gelüftete, mit Federkraft betätigte Bremse. (Zahnradfabrik Friedrichshafen AG). *1* Magnetkörper, *2* Spule, *3* Anker, *4* Stromzuführung, *5* Feder, *6* Lamellenpaket,
*7* Druckplatte, *8* Magnetfluß

Eine elektromagnetisch gelüftete, mit Federkraft betätigte Bremse zeigt Bild 6.8
Würde ein Schleifring aufgesetzt, dann hätte man eine Kupplung, die mitrotieren könnte
Das Lamellenpaket *6* wird von den Federn *5* über den Anker *3* an die Druckplatte *7*
angedrückt. Dadurch entsteht der Reibschluß, den die Spule durch ihr Magnetfeld aufheben kann. Über die Stromzuführung *4* erhält die Spule *2* Energie (Gleichstrom
24 V), der Magnetfluß *8* bildet sich aus und der Anker *3* wird gegen die Kraft der Federn *5* an den Magnetkörper *1* gezogen. Diese Bremse ist bei ruhendem Strom eingeschaltet, deshalb spricht man von Ruhestrombremse im Gegensatz zum Arbeitsstromprinzip,
bei dem mit Strom eingeschaltet wird [63]; man bezeichnet dieses System auch als öffnend
(Bild 2.11, [59]).

## 6.5 Kupplungs-Brems-Einheiten

### 6.5.1 Hydraulisch betätigte Kupplungs-Brems-Einheit

Eine häufig gestellte Aufgabe lautet Start- und Stopp-Vorgänge auszuführen. Maschinen
sind zu takten oder zur Sicherheit abzubremsen. Bild 6.9 stellt die Kombination einer
hydraulisch betätigten Lamellenkupplung mit einer hydraulisch gelüfteten, federkraft-
geschlossenen Bremse dar.

Im Ruhezustand, Öldruck gleich Null, drücken die Federn *3* den Kolben *2* gegen das
Lamellenpaket *6*, das sich an einer Druckplatte am Grundkörper *1* abstützt. Die federbelastete Bremse ist damit eingeschaltet. Der gegen ein ortsfestes Gestell befestigte Außenmitnehmer *8* hält über das geschlossene Lamellenpaket *6* den Grundkörper *1* und damit
die Maschinenwelle fest.

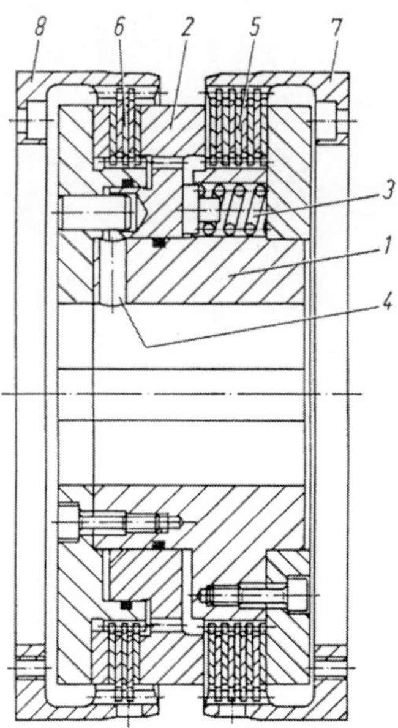

Bild 6.9. Hydraulisch betätigte Kupplungs-Brems-Einheit. (Zahnradfabrik Friedrichshafen AG). *1* Grundkörper, *2* Kolben, *3* Federn, *4* Druckölanschluß, *5* Lamellenpaket Kupplung, *6* Lamellenpaket Bremse, *7* Außenmitnehmer Kupplung, *8* Außenmitnehmer Bremse

Tritt Drucköl über den Anschluß *4* in den Zylinderraum ein, beginnt sich der Kolben *2* in Richtung Lamellenpaket *5* zu bewegen, sobald die Kolbenkraft die Federkraft überwinden kann. Das Lamellenpaket *5* der Kupplung wird geschlossen und auf die Druckplatte am Grundkörper *1* angedrückt. Kolbenkraft abzüglich Federkraft ist die Preßkraft auf das Lamellenpaket der Kupplung. Würde sich der Außenmitnehmer *7* konstant drehen (beispielsweise mit einem Schwungrad), dann beschleunigt die schließende Kupplung über die Reibung im Lamellenpaket *5* die komplette Kupplungs-Brems-Einheit mit der Maschinenwelle. Würde danach der Öldruck abgeschaltet, wird der Kolben *2* von der gespeicherten Energie der Federn *3* auf das Lamellenpaket *6* gedrückt. Die Kupplung öffnet sich, die Bremse schließt. Durch die federbelastete Bremse ist die Maschine in ihrer Position festgehalten, gesichert.

## 6.5.2 Elektromagnetisch betätigte Kupplungs-Brems-Einheit

Für hohe Schaltfrequenzen (Start-Stop-Vorgänge) und schnelle Schaltungen sind Kupplungs-Brems-Einheiten, elektromagnetisch betätigt, gern verwendete Geräte. Bild 6.10 zeigt eine Konstruktion, die freistehend zwischen Antriebsmotor und Maschine eingebaut werden kann. Auf der Welle *2* ist ein Antriebsrotor *1* (z.B. Riemenscheibe) gelagert; die Welle ist ihrerseits im Lager *9* und dem in die Rotorgruppe *5* integrierten Lager aufgenommen, wobei sich das letztgenannte Lager über die Magnetkörper *3* und *4* am Gehäuse *8* abstützt. Erhält der Magnetkörper/Spule *3* das Kupplungssignal, dann tritt der Anker *6* mit dem ihm gegenüberliegenden Teil der Rotorgruppe *5* in Reibkontakt. Die Rotorgruppe ist mit der Welle verbunden, sie wird mitgenommen. Der Kupplungsvorgang ist vollzogen. Soll gebremst werden, muß zunächst der Kupplungsvorgang aufgehoben werden, der Anker *6* löst sich. Danach erhält der Magnetkörper/Spule *4* Energie und der gehäusefeste Anker *7* wird an die Rotorgruppe *5* gezogen. Die Welle *2* wird gebremst und im Stillstand festgehalten, solange die Spule *4* Strom hat. Der Antrieb *1* kann frei rotieren.

Kupplung und Bremse haben getrennte Betätigungsorgane. Deshalb kann während der Schaltung eine gewisse Überschneidung (Achtung: zusätzliche Schaltarbeit) eingeplant werden. Das schließende System wird eingeschaltet, bevor das öffnende ganz gelöst hat. Damit kann die Gesamtzeit des Vorgangs gekürzt werden.

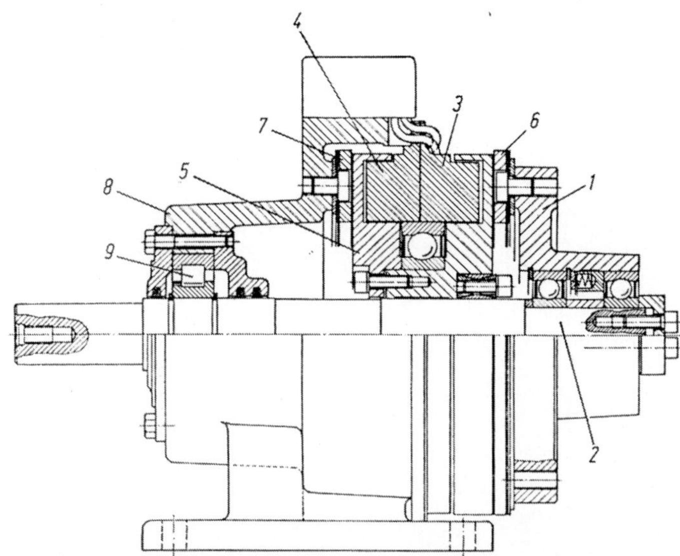

Bild 6.10. Elektromagnetisch betätigte Kupplungs-Brems-Einheit. (Zahnradfabrik Friedrichshafen AG). *1* Antrieb, *2* Abtrieb/Welle, *3* Magnetkörper Kupplung, *4* Magnetkörper Bremse, *5* Rotorgruppe mit integriertem Lager, *6* Anker Kupplung, *7* Anker Bremse, *8* Gehäuse, *9* Lager

## 6.6 Überlastkupplungen

Auf der Basis von Reibsystemen werden Kupplungen gebaut, die bei einem bestimmten Drehmoment rutschen sollen und damit Maschinen vor Überlastungen schützen. Bild 6.11 stellt eine derartige Kupplung dar, deren Drehmoment mit der Federvorspannung eingestellt wird. Die Reibscheiben *2* und Zwischenplatte *5* werden über die Anpreßplatte *3* von Federn *4* angedrückt. Das Profil *7* leitet die Reibkraft von Anpreß- und Zwischenplatte auf den Grundkörper *1* und damit die Maschinenwelle. Wird der Außenmitnehmer *6* an ein Maschinenteil innerhalb des Antriebsstranges befestigt, muß das Drehmoment über den Reibschluß geführt werden. Sobald das Reibmoment überwunden ist, rutscht die Kupplung. Das Rutschmoment ist kleiner als das Abreißmoment, weil in den meisten Fällen der Reibwert der Ruhe höher ist als der Reibwert der Bewegung.

Rutschkupplungen, die vom Reibwert abhängen, sind mit allen Problemen behaftet, die einer Reibpaarung anhaften. Umwelt- und Betriebsbedingungen können hier Veränderungen bewirken. Ein Reibwerkstoff mit Stahlspänen kann zur Rostbildung neigen, wenn die Luftfeuchtigkeit hoch ist und lange einwirken kann. Rutschkupplungen haben sich in der Praxis bewährt, solange keine hohe Drehmomentgenauigkeit über längere Zeit verlangt ist.

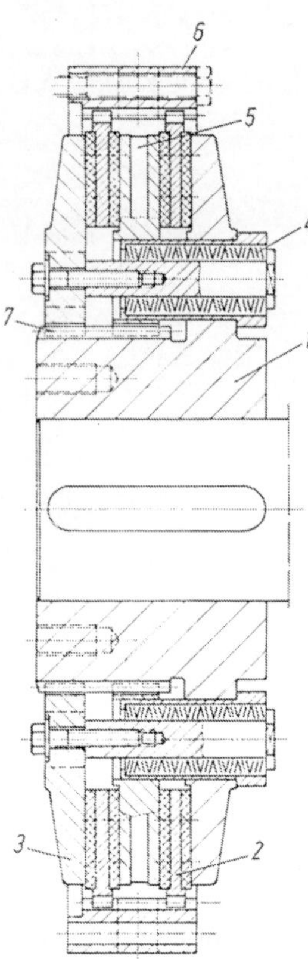

Bild 6.11.  Überlast-Rutschkupplung. (Heinrich Desch KG).
*1* Grundkörper (Nabe),  *2* Reibscheiben,  *3* Anpreßplatte,
*4* Federn, *5* Zwischenplatte, *6* Außenmitnehmer, *7* Profil

# 7 Besonderheiten der Kraftfahrzeugkupplungen

## 7.1 Begriffe, Funktion und Anforderungen

Zusätzlich zu den unter Abschnitt 1.1 gemachten Angaben sind bei Kraftfahrzeugkupplungen weitere Fachausdrücke gebräuchlich. Zunächst zur Definition: Nach herrschender Ansicht besteht die komplette Kraftfahrzeugkupplung aus

— Motorschwungrad (Abschnitt 9.2),

— Kupplungsdruckplatte (Abschnitt 9.3),

— Kupplungsscheibe(n) (Abschnitt 9.4),

— Ausrücker (Abschnitt 9.5),

— Zwischenscheibe (nur bei Mehrscheibenkupplungen).

Diese Teile sowie die Funktion einer Kraftfahrzeugkupplung sind in den Bildern 7.1 und 7.2 gezeigt.

Das Schwungrad stellt die Gegenreibfläche. Man unterscheidet Topfschwungräder (hohes Trägheitsmoment) und flache Schwungräder (ab Sechszylindermotoren die Regel). Die auf dem Schwungrad befestigte Kupplungsdruckplatte wird häufig nur als Kupplung oder auch als Druckplatte bezeichnet. Oft findet man sie nach dem krafterzeugenden Element als Membranfederkupplung oder Schraubenfederkupplung näher spezifiziert. Für die Kupplungsscheibe wird auch der Ausdruck Mitnehmerscheibe, für den Ausrücker Kupplungsdrucklager verwendet.

Weitere, mehr ins Detail gehende Fachausdrücke, werden zusammen mit den entsprechenden Begriffen in Kapitel 9 gebracht.

Die speziellen Bedingungen im Kraftfahrzeug haben, zusammen mit den großen Stückzahlen und dem Preisdruck, die Entwicklung von nur auf diesen Verwendungszweck ausgerichteten Kupplungen erzwungen. So wurde die Kraftfahrzeugkupplung heute zu einer Spezialkupplung, die sich noch zusätzlich in die verschiedenen Kupplungstypen für die einzelnen Fahrzeugarten — Pkw, Nkw, Schlepper — auffächert.

Die Forderungen an eine moderne Fahrzeugkupplung sind zahlreich. Die wichtigsten sind: Sichere Übertragung des auftretenden Drehmomentes, weicher Eingriff (Anfahrkomfort), geringe Ausrückkraft, unempfindlich gegen Drehschwingungen, wartungsfrei, einfacher Aufbau, schnell und leicht montierbar, gute Durchlüftung (Kühlung), einfach und genau wuchtbar, preiswert in sehr großen Stückzahlen herstellbar, lange Lebensdauer (etwa wie die des Motors), Verminderung der durch die Motorungleichförmigkeit erregten Drehschwingungen im Antriebsstrang. Besonders für den Einsatz in Personenwagen treten noch als Forderung die Drehzahlfestigkeit (Gehäuse aus Stahlblech) und der Leichtbau hinzu. Hier steht auch der Preis besonders im Vordergrund. Bei Nutzfahrzeugen hingegen sind oft auch aufwendigere Ausführungen mit langer Lebensdauer gefragt. Dann gibt die Relation Kosten für die Standzeit des Fahrzeuges zum Kupplungspreis den Ausschlag.

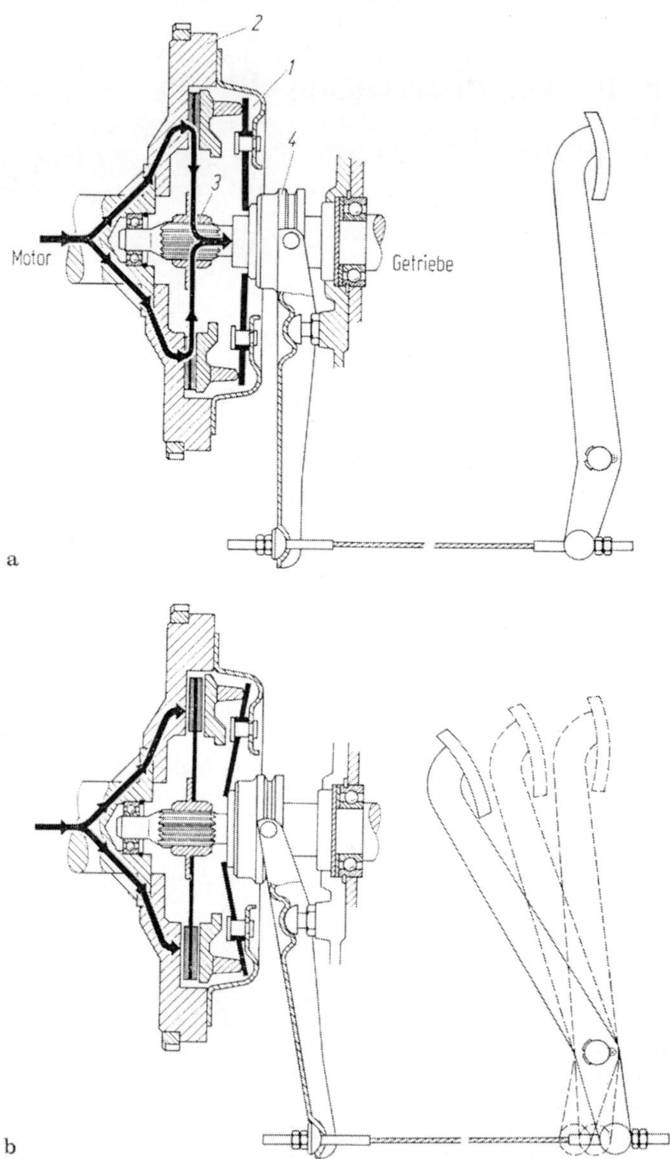


Bild 7.1. Funktionsschema einer Kraftfahrzeugkupplung (Membranfederdruckplatte) mit Ausrückung (Ausrückgabel, Seilzug, Kupplungspedal). a) Kupplung eingerückt (eingekuppelt); b) Kupplung ausgerückt (ausgekuppelt). Die schwarzen Pfeile deuten den Kraftfluß vom Motor zum Getriebe an. *1* Kupplungsdruckplatte, *2* Motorschwungrad, *3* Kupplungsscheibe, *4* Ausrücker

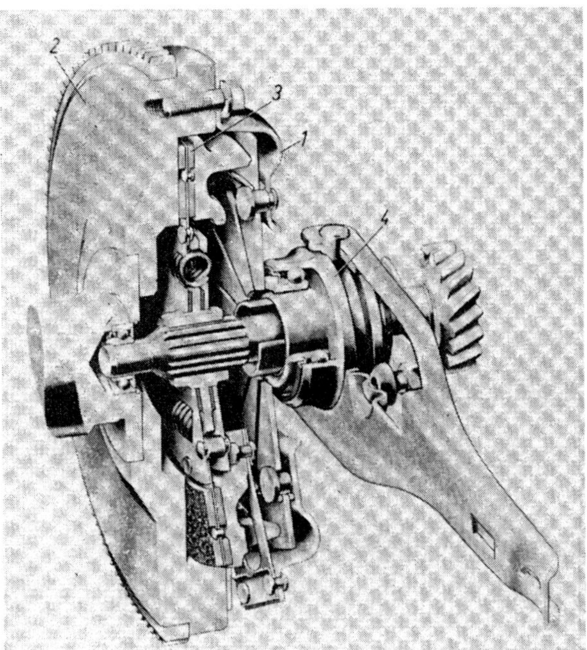

Bild 7.2. Schnittbild einer Kraftfahrzeugkupplung für Personenwagen und leichte Nutzfahrzeuge nach Bild 7.1. Die Kupplungsscheibe ist mit einem Torsionsschwingungsdämpfer ausgerüstet. (Bezeichnungen *1* bis *4* s. Unterschrift zn Bild 7.1)

## 7.2 Stöße und Schwingungen im Antriebsstrang

Im Antriebsstrang treten Schwingungen auf, die durch die Kupplung häufig beeinflußt werden können.

Dazu gehören:
— Getriebegeräusche im Leerlauf (Anregung 25 bis 50 Hz),
                im Fahrbetrieb (Anregung 50 bis 150 Hz),
— Nachschwingen    im Lastwechsel (3 bis 10 Hz),
— Rupfen (etwa 7 bis 13 Hz).

### 7.2.1 Getriebegeräusche und deren Berechnung

Verzahnungs- und Abstandsfehler können bei im Kraftfluß liegenden Zahnradpaaren zu Geräuschen führen. Diese sollen jedoch hier nicht behandelt werden. Unser Interesse gilt ausschließlich jenen Geräuschen in Handschaltgetrieben, die durch das Abheben und Wiederaufsetzen von nicht im Kraftfluß befindlichen Zahnradpaaren und Synchronisationselementen entstehen. Dieser Vorgang wird durch Drehschwingungen im Antriebsstrang ausgelöst. Die Anregungen kommen im wesentlichen von den ungleichförmigen Drehbewegungen des Antriebs-Verbrennungsmotors, die über die Kupplung in das Getriebe eingeleitet werden.

Zur Verringerung des Kraftstoffverbrauchs werden heute von den Fahrzeugherstellern folgende, die Entstehung und Weiterleitung von Getriebegeräuschen begünstigende, Maßnahmen ergriffen:

— Erhöhung des Motordrehmomentes im unteren Drehzahlbereich,
— Absenken der Betriebsdrehzahl (5. Gang bei Pkw),
— Verringern der Leerlaufdrehzahl,

– Verkleinerung des Trägheitsmomentes des Schwungrades,
– Vermehrter Einsatz von Dieselmotoren,
– Direkteinspritzung bei Dieselmotoren,
– Fahren an der Klopfgrenze bei Benzinmotoren,
– Gewichtseinsparungen im Getriebe und an der Karosserie (Leichtbau).

Diese Entwicklung hat die Frage des „Getrieberasselns" und seiner Minimierung in den Blickpunkt des Interesses gerückt.

Zur Dämpfung der Drehschwingungen im Antriebsstrang von Kraftfahrzeugen gibt es mehrere mögliche Systeme. Welchem für den jeweiligen Einsatzfall der Vorzug zu geben ist, hängt vor allem von der Forderung und Gewichtung ab. Es bieten sich vier Systeme an:

– Torsionsfederung mit Reibeinrichtung (Schraubenfederdämpfer) (Abschnitt 7.2.1.1)
– hydrodynamischer Dämpfer (Abschnitt 7.2.1.2),
– Schraubenfederdämpfer und Tilger am Getriebe (Abschnitt 7.2.1.3),
– geteiltes Schwungrad mit Torsionsdämpfer (Abschnitt 7.2.1.4).

Im folgenden sollen diese vier Systeme rechnerisch untersucht werden, wobei das erste System wegen seiner großen praktischen Bedeutung ausführlicher behandelt wird.

### 7.2.1.1 Torsionsfederung mit Reibeinrichtung (Schraubenfederdämpfer)

Moderne Kraftfahrzeugkupplungen sind heute fast ausnahmslos mit einem Torsions-Schraubenfeder-Schwingungsdämpfer in der Kupplungsscheibe ausgerüstet, der die zur Geräuschbildung führenden Drehschwingungen herausdämpfen soll. Dazu besitzen diese Torsionsdämpfer eine lineare oder progressive Torsionsdämpfer-Federkennlinie und eine Reibeinrichtung zur teilweisen Vernichtung der Schwingungsenergie. Für die Verringerung der Leerlaufgeräusche ist, vor allem bei Dieselfahrzeugen, eine sehr weiche Vordämpferstufe nötig. Die für eine gute Schwingungsisolierung zwischen Motor und Getriebe bei Last ebenfalls erforderliche kleine Federsteifigkeit ist allerdings in der Praxis technisch kaum zu realisieren.

Der konstruktive Aufbau dieser Kupplungsscheiben mit Torsionsdämpfer ist im Abschnitt 9.4.3.1 dargelegt.

Die Abstimmung des Torsionsschwingungsdämpfers auf den jeweiligen Einsatzfall im Fahrzeug wird heute überwiegend durch praktische Fahrversuche durchgeführt. Ziel der Rechnung ist es, diesen Versuchsaufwand durch Vorherbestimmung wichtiger Größen zu verringern (Vorauswahl) und die Zusammenhänge sowie Möglichkeiten deutlich zu machen.

Zunächst muß eine berechenbare Ersatzgröße für das Getriebegeräusch gefunden werden. Es gibt hier mehrere Möglichkeiten, die in verschiedenen interessanten Arbeiten aufgezeigt werden. Im folgenden sollen die bei Fichtel & Sachs erarbeiteten Rechenergebnisse [43] wiedergegeben werden, die eine ausreichend gute Übereinstimmung mit der Praxis bewiesen haben. Die beiden Autoren nehmen die Drehwinkelbeschleunigung $\alpha$ oder deren Ableitung $\dot{\alpha}$ als Maß für die Getriebegeräusche an.

*Computerprogramme.* Zur Berechnung der Drehschwingungen im Antriebsstrang von Kraftfahrzeugen werden sowohl ein im Zeitbereich als auch ein im Frequenzbereich arbeitendes Computerprogramm verwendet, da beide spezifische Vorteile haben.

Das im *Zeitbereich* arbeitende Computerprogramm ist für die Simulation beliebig verzweigter Schwingungssysteme ausgelegt. Für die Kopplung der Trägheitsmomente stehen, neben linearen Elementen, besonders auch nichtlineare Kopplungselemente zur Verfügung. Sie geben verschiedene Torsionsschwingungsdämpfer mit mehrstufigen Federkennlinien, gekrümmten Federkennlinien mit Hysterese, Gummidämpfer und Reibungsdämpfer sowie nichtlineare, an der Geräuschentstehung im Getriebe beteiligte Funktionen, wie Zahnradluft, wieder. Um den Einfluß des Ölfilms bei Zahnradluft (Spiel) berücksichtigen zu können, wird eine quadratisch vom Winkel abhängige Dämpfungskonstante eingeführt, die ihr Minimum in der Mitte des Spiels hat.

Als Schwingungsanregung dient die am Motorschwungrad (Starterzahnkranz) gemessene Ungleichförmigkeit der Motordrehbewegung. Die Erregung beinhaltet dadurch sowohl die Gas- als auch die Massenkräfte. Sie kann durch mehrere harmonische Anteile mit Phasenlage oder auch als Stützpunktkurve über ein oder mehrere Umdrehungen der Kurbelwelle vorgegeben werden.

Das im *Frequenzbereich* arbeitende Computerprogramm geht von einer sinusförmigen Anregung des Schwingungssystems aus. Die entstehenden Differentialgleichungen werden auf bekannte Art analytisch gelöst. Zusätzlich ist dieses Computerprogramm mit einem Iterationsverfahren ausgestattet. Es erlaubt, durch amplitudenabhängige Linearisierung auch nichtlineare Dämpfungen zu berücksichtigen. Dazu wird vorausgesetzt, daß die vom Dämpfungselement umgesetzte Dämpfleistung für das nichtlineare und für das linearisierte Element gleich ist. Mittels dieses Iterationsverfahrens ist es möglich, die in den Torsionsdämpfern auftretenden konstanten Reibmomente zu berücksichtigen.

Im Bild 7.3 sind die Ergebnisse der beiden verwendeten Computerprogramme einander gegenübergestellt. Bild 7.4 zeigt die verfügbaren Koppelelemente.

*Rechenmodelle.* Der Vorgang der Modellfindung ist der schwierigste und wichtigste Teil dieser rechnerischen Behandlung von Schwingungen. Einerseits muß das physikalische Modell die wichtigsten Verhaltensweisen des technischen Schwingungssystems wie-

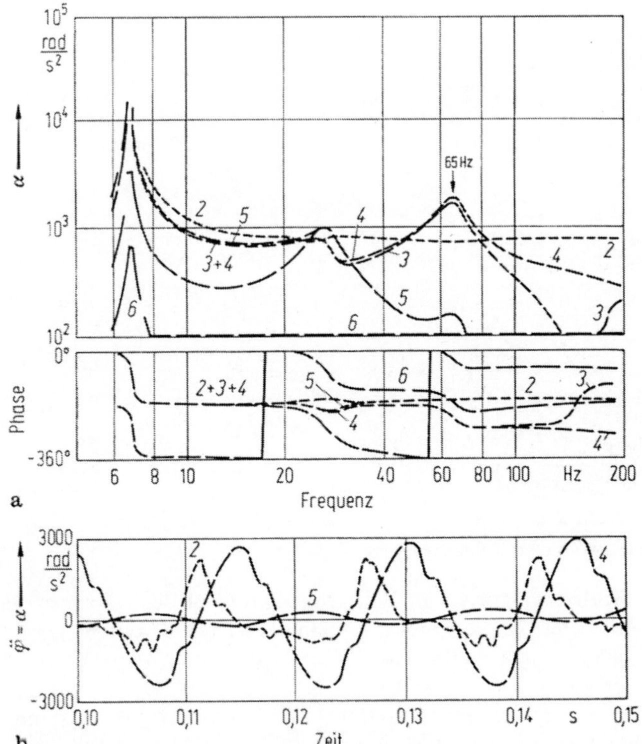

Bild 7.3. Gegenüberstellung der Ergebnisse aus der Schwingungsberechnung im Frequenzbereich (a) und im Zeitbereich (b)

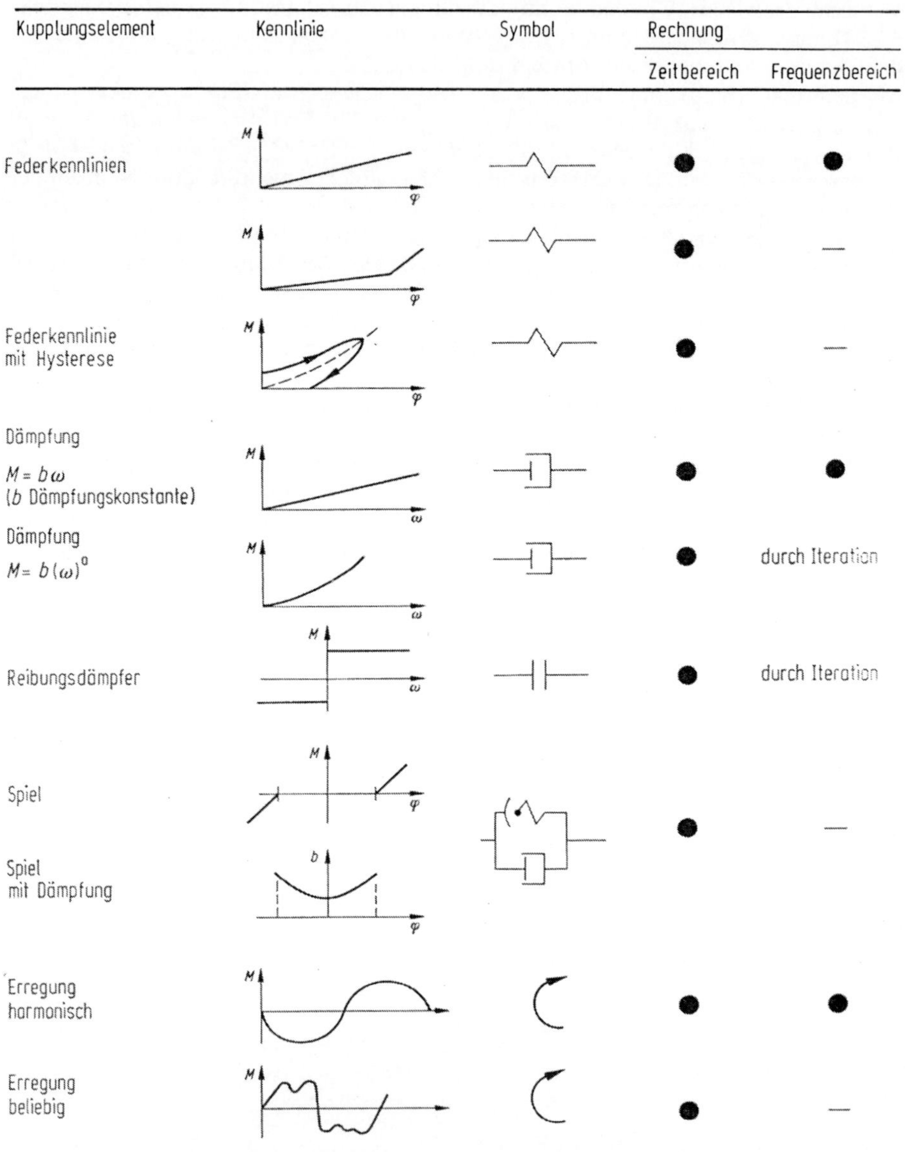

Bild 7.4.  Koppelelemente der verwendeten Schwingungsmodelle

dergeben, andererseits soll es aber möglichst einfach sein, damit der Aufwand für die
Beschaffung der notwendigen Daten wie Trägheitsmomente, Federsteifigkeiten, Dämpfung sowie der Anregung wirtschaftlich bleibt. Auch die Fragestellung muß möglichst
genau berücksichtigt sein, denn leider werden die bei der Festlegung des Modells gemachten Fehler später beim Rechnen nicht augenfällig. Sie können deshalb zu vollständig
falscher Interpretation des Schwingungsproblems führen.

Zur Berechnung der Drehschwingungen im Getriebe wird das technische Schwingungssystem „Antriebsstrang" mit seinen kontinuierlich verteilten Massen und Torsions-

steifigkeiten in ein stark vereinfachtes physikalisches Modell mit diskret verteilten Drehmassen, Torsionssteifigkeiten und Dämpfungen verwandelt. Wie dies in der Praxis aussieht, soll an einem Beispiel verdeutlicht werden:

Jeder Hersteller von Kraftfahrzeugkupplungen ist sehr daran interessiert, wie die Federkennlinie und das Reibmoment des Torsionsschwingungsdämpfers der Kupplungsscheibe auszulegen sind, um die störenden Schwingungen im Getriebe zu minimieren. Nach den heutigen Erfahrungen genügt hierzu ein Rechenmodell mit einem Getriebe als Ein- oder Zweimassensystem. Für das Getriebegeräusch eignen sich als Ersatzgröße die Schwingungen in der Getriebeeingangswelle (Bild 7.5).

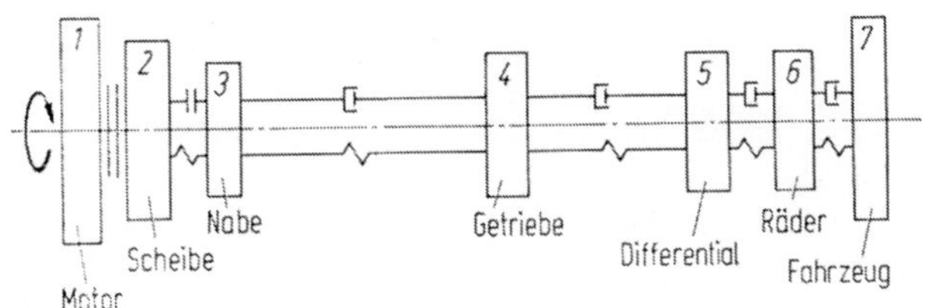


Bild 7.5. Einfaches Ersatzmodell für Antrieb (*1* bis *3*), Getriebe (*4*) und Abtriebsstrang (*5* bis *7*) im Fahrbetrieb

Sucht man hingegen nach Maßnahmen im Getriebe zur Reduzierung der Geräusche bei konstanten, von außen aufgezwungenen Schwingungen, so muß das Getriebe selbst durch mehrere Massen mit den zugehörigen Koppelelementen dargestellt werden (Bild 7.6). Diese starke Aufgliederung führt zu zwei Schwierigkeiten: Erstens die bereits erwähnte Beschaffung der Federsteifigkeiten und Dämpfung im Getriebe und zweitens, bei der Rechnung im Zeitbereich, die Berücksichtigung der sehr weit auseinanderliegenden Eigenfrequenzen. So liegt die niedrigste Eigenfrequenz des Antriebsstranges eines Pkw

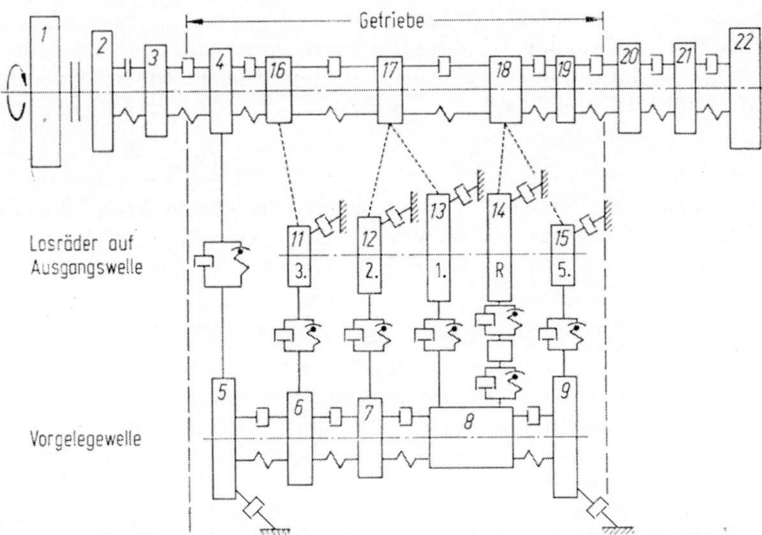


Bild 7.6. Aufgegliedertes Ersatzmodell für Getriebeuntersuchungen (Fünfganggetriebe mit Zahnspiel, *4* bis *19*) mit Antriebsstrang (*20* bis *22*) im Fahrbetrieb. Geschaltet ist der direkte (4.) Gang

zwischen 3 und 10 Hz, die Zündfrequenz als wichtigster Anteil der Erregung bei 60 Hz (Vierzylindermotor, $1800\ \mathrm{min}^{-1}$), die höchsten Eigenfrequenzen im Ersatzmodell des Getriebes aber bei etwa 20 kHz. Dadurch werden sehr kleine Rechenschritte zur Erfassung der hohen Frequenzen und eine lange Rechenzeit nötig.

Die Bilder 7.5 und 7.6 zeigen die Modelle für den Antriebsstrang im Fahrbetrieb; Bild 7.7 stellt hingegen das Rechenmodell für den Leerlauf dar. Es werden alle im Leer-

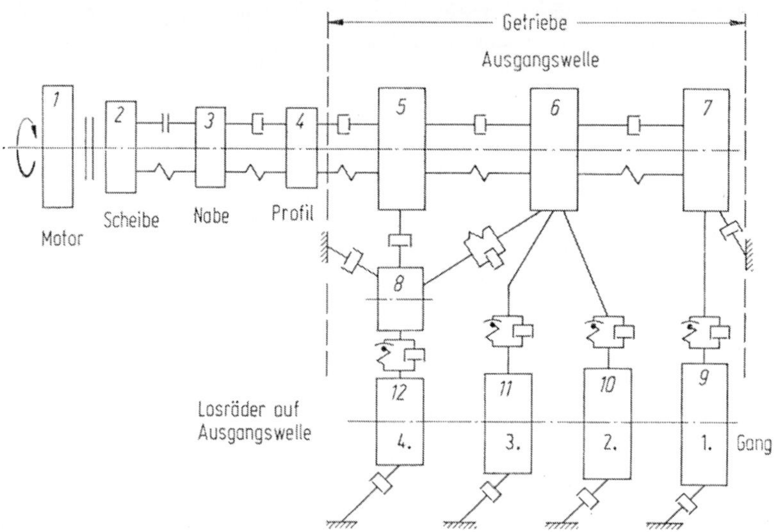


Bild 7.7. Aufgegliedertes Antriebsstrang-Ersatzmodell für Getriebeuntersuchungen (*5* bis *12*) im Leerlauf

lauf umlaufenden Zahnräder berücksichtigt. Bei Zahnradpaaren, die nicht im Kraftfluß liegen, wird Zahnluft angenommen. Die Trägheitsmomente $J_1$ bis $J_3$ symbolisieren in allen drei Modellen (Bild 7.5, 7.6 und 7.7) dieselben Teilegruppen.

$J_1$: Alle drehenden Teile des Motors einschließlich Motorschwungrad und Kupplungsdruckplatte,

$J_2$: Kupplungsscheibe ohne Nabe,

$J_3$: Nabe der Kupplungsscheibe. Bei Bild 7.5 auch ein Teil der Getriebeeingangswelle.

$J_1$ und $J_2$ sind starr gekoppelt. Zwischen $J_2$ und $J_3$ können die verschiedenen Torsionsdämpferkennlinien eingesetzt werden. — Die dem Getriebe nachgeschalteten Trägheitsmomente symbolisieren Differentialgetriebe, Antriebsräder und Fahrzeug.

$J_3$: Das Zahnprofil der Getriebeeingangswelle in Bild 7.6 hat Zahnluft (Spiel) in der Nabe $J_3$ (nur im Leerlauf von Bedeutung).

*Rechenergebnisse.* Die Rechenergebnisse im Zeitbereich liegen zunächst als Kurvenverläufe der Momente, Winkel, Winkelgeschwindigkeiten und Winkelbeschleunigungen vor. Die Deutung dieser Kurvenverläufe ist recht schwierig. Dies gilt besonders für die weit aufgelösten Modelle der Bilder 7.6 und 7.7 mit deren sehr hohen Eigenfrequenzen.

Zur leichteren Auswertung der Rechnung werden, je nach Fragestellung, zwei Methoden angewendet: Gespreizte Darstellung eines kleinen ausgewählten Zeitbereiches zur Verdeutlichung einzelner Bewegungsabläufe, z. B. Stöße oder Haftphase (Bild 7.8), oder Datenkompression durch Mittelwertbildung oder Selektion von Maximalwerten zur Beurteilung der Schwingungen hinsichtlich Getriebegeräuschen.

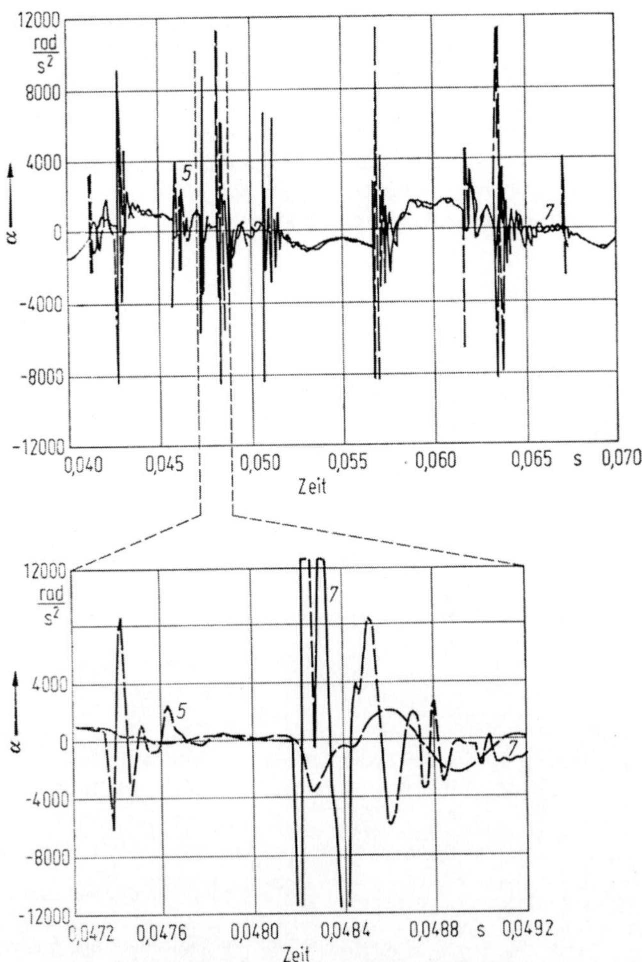

Bild 7.8. Plotterdiagramm nach Modell Bild 7.6 der Winkelbeschleunigungen zweier Trägheitsmomente des Getriebes mit gespreiztem Ausschnitt (unten)

Zum einfacheren Vergleich müssen die Kurven zu Zahlen als Beurteilungsgrößen
komprimiert werden. Diese Größen sind so zu wählen, daß sie in möglichst engem Zusammenhang zum interessierenden Getriebegeräusch stehen. Das Computerprogramm
bildet selbsttätig von den Ersatzgrößen für das Getriebegeräusch als mögliche Beurteilungsgrößen die Maximal-, die Minimal- und die effektiven Mittelwerte vom Moment $M$,
der Winkelbeschleunigung $\alpha$ sowie dem Winkelruck $\dot{\alpha}$. Die effektiven Mittelwerte sind

$$M_{\mathrm{m}} = \sqrt{\frac{1}{T} \int_0^T M^2 \, \mathrm{d}t} \, , \tag{7.2.1}$$

$$\alpha_{\mathrm{m}} = \sqrt{\frac{1}{T} \int_0^T \alpha^2 \, \mathrm{d}t} \, , \tag{7.2.2}$$

$$\dot{\alpha}_{\mathrm{m}} = \sqrt{\frac{1}{T} \int_0^T \left(\frac{\mathrm{d}\alpha}{\mathrm{d}t}\right)^2 \, \mathrm{d}t} \, . \tag{7.2.3}$$

Wie bereits erwähnt, haben die beiden Autoren beim Vergleich der subjektiven Beurteilungen aus dem praktischen Fahrbetrieb die beste Übereinstimmung mit dem Mittelwert der Winkelbeschleunigung $\alpha_m$ erzielt (s. Bild 7.14). Sie ist also eine bewährte Beurteilungsgröße aus der Ersatzgröße $\alpha$.

*Wichtige Beispiele.* Nach den allgemeinen Erörterungen sollen jetzt konkret jene Beispiele beschrieben werden, die für die Praxis von unmittelbarer Bedeutung sind. Eine gewisse Sachkenntnis wird hier allerdings vorausgesetzt. Die in den Plotterdiagrammen verwendeten Ziffern entsprechen den in den zugehörigen Bildern verwendeten Bezeichnungen.

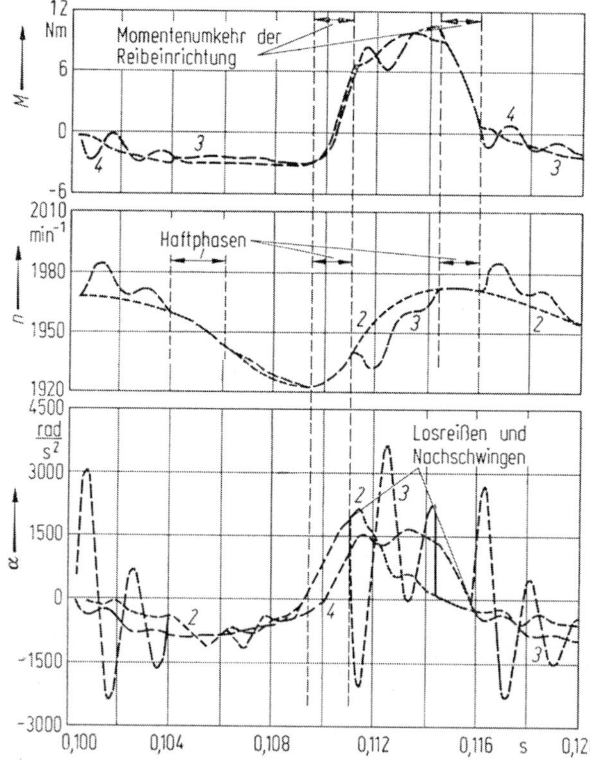


Bild 7.9. Momenten-, Drehzahl- und Winkelbeschleunigungsverlauf in der Haftphase und nach dem Losreißen der trockenlaufenden Reibeinrichtung eines in die Kupplungsscheibe eingebauten üblichen Torsionsschwingungsdämpfers

● Torsionsdämpfer mit Reibeinrichtung (Bild 7.9)

Fast alle im Automobilbau eingesetzten Kupplungsscheiben haben heute eine Torsionsdämpfereinrichtung mit trocken erzieltem konstanten Reibmoment. Bei der Richtungsumkehr der relativen Winkelgeschwindigkeit der Dämpfereinrichtung ändert sich auch das Reibmoment von + auf −. Während dieser Richtungsumkehr befindet sich die Reibeinrichtung zwangsläufig in einer Haftphase. Das Verlassen dieser Haftphase bewirkt nach den Rechnungen eine deutliche innere Erregung des Schwingungssystems, die insbesondere bei Fahrzeugen mit weicher Getriebeeingangswelle zu starken Schwingungen führen kann. Bild 7.9 zeigt den Momentenverlauf aus Federkraft und Reibung des Torsionsschwingungsdämpfers sowie die Drehzahl- und Winkelbeschleunigungsschwingungen in der Haftphase und nach dem Losreißen.

● Zahnspiel zwischen Eingangswelle und Vorgelegewelle

Beim Fahren im direkten (4.) Gang verläuft der Kraftfluß nicht über die Vorgelegewelle.
Die notwendig vorhandene Zahnluft ermöglicht ein Abheben und Anschlagen der lastlosen Zahnflanken der Verbindungsräder. Die Winkelbeschleunigungsverläufe der an
diesem Aufprall beteiligten Zahnräder sind im Bild 7.10 mit *4* und *5* gekennzeichnet.
Deutlich ist das plötzliche, durch das Anschlagen verursachte Ansteigen der Winkelbeschleunigungen zu erkennen. Es folgt eine hochfrequente, abklingende Schwingung,
die bis zum Wiederabheben der Zahnflanken andauert. Die Kurven *5*, *7* und *9* zeigen die
Fortpflanzung des durch das Anschlagen verursachten Stoßes.

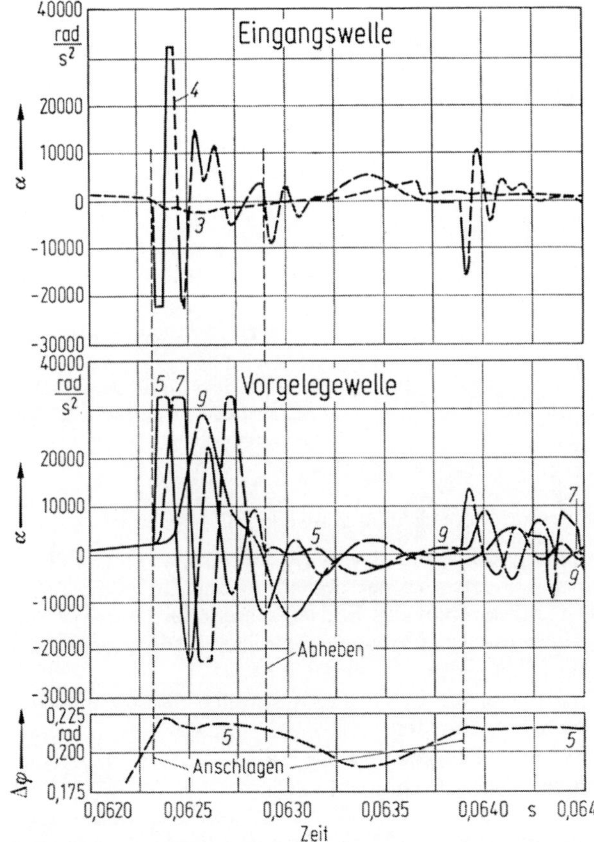


Bild 7.10. Winkelbeschleunigungsverläufe beim Abheben
und Anschalgen von lastlosen
Zahnradflanken (*4* und *5*) infolge Zahnspiels

● Klappern eines Losrades (Bild 7.11)

Die mit *15* und *9* bezeichneten Kurven stellen das Anschlagen des Losrades für den
5. Gang (Spargang bei Pkw) an dem zugehörigen Zahnrad der Vorgelegewelle dar. Das
Anschlagen erfolgt dreimal mit abnehmender Intensität. Dieses vom Anschlagen der
Vorgelegewelle unterschiedliche Verhalten ist auf das vergleichsweise kleine Trägheitsmoment des Losrades für den 5. Gang zurückzuführen.

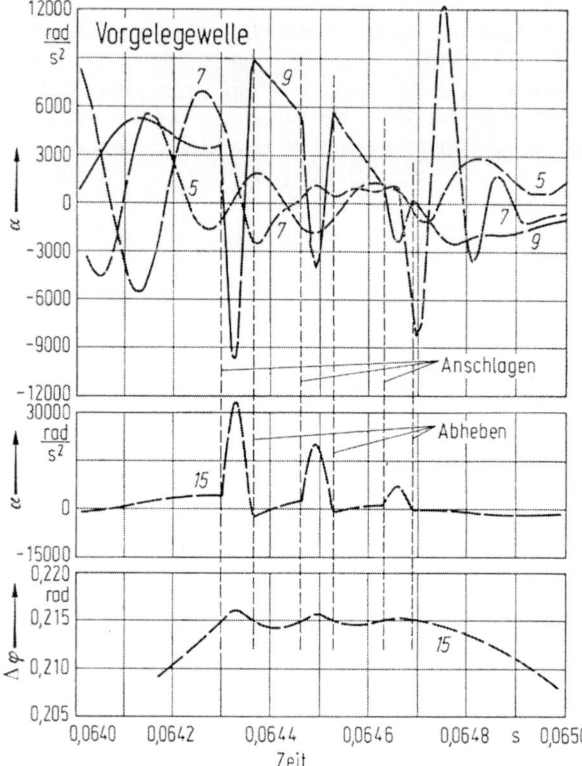


Bild 7.11.    Winkelbeschleunigungsverläufe beim Anschlagen des Losrades (*15*) für den 5. Gang am zugehörigen Zahnrad· (*5*) der Vorgelegewelle

● Zahnluft zwischen Kupplungsnabe und Getriebeeingangswelle (Bild 7.12)

Die Torsionsdämpfernabe der Kupplungsscheibe muß auf der Getriebeeingangswelle in Längsrichtung leicht verschieblich sein. Leider besteht deshalb zwangsläufig ein Zahnspiel in Umfangsrichtung. Dieses Spiel beeinflußt das Leerlaufrasseln des Getriebes ungünstig. So erklärt sich auch das immer wieder auftretende Bestreben, gerade jenes Spiel durch geeignete Vorrichtungen zu beseitigen.

Die Kurvenverläufe in Bild 7.12 stellen die durch das Aufprallen der Zahnflanken des Nabenprofils verursachte Schwingung mit einer Frequenz von etwa 40 kHz dar. Da das Trägheitsmoment der Nabe sehr klein ist, sind die Amplituden der Winkelbeschleunigung sehr hoch. Sie klingen aber schnell ab.

Das Übertragungsmoment der Profilverbindung (*4*) im unteren Diagramm zeigt neben dieser Schwingung noch das durch den Aufprall verursachte rasche Ansteigen des mittleren Momentes. Hierdurch können andere Teile im Getriebe zum Rasseln angeregt werden (im Bild nicht eingezeichnet).

● Anschlagen des Leerlaufdämpfers an der Hauptdämpferstufe (Bild 7.13)

Besonders Fahrzeuge mit Dieselmotor haben zur Vermeidung von Leerlaufklappern im Getriebe häufig eine gesonderte Leerlaufdämpferstufe, deren Federsteifigkeit oft zwei Zehnerpotenzen niedriger liegt als die der Hauptdämpferstufe. Wenn durch ein zu hohes Schleppmoment des Getriebes der Arbeitsbereich des Leerlaufdämpfers überschritten und die Hauptdämpferstufe wirksam wird, führt dies zu einem plötzlichen Anstieg des

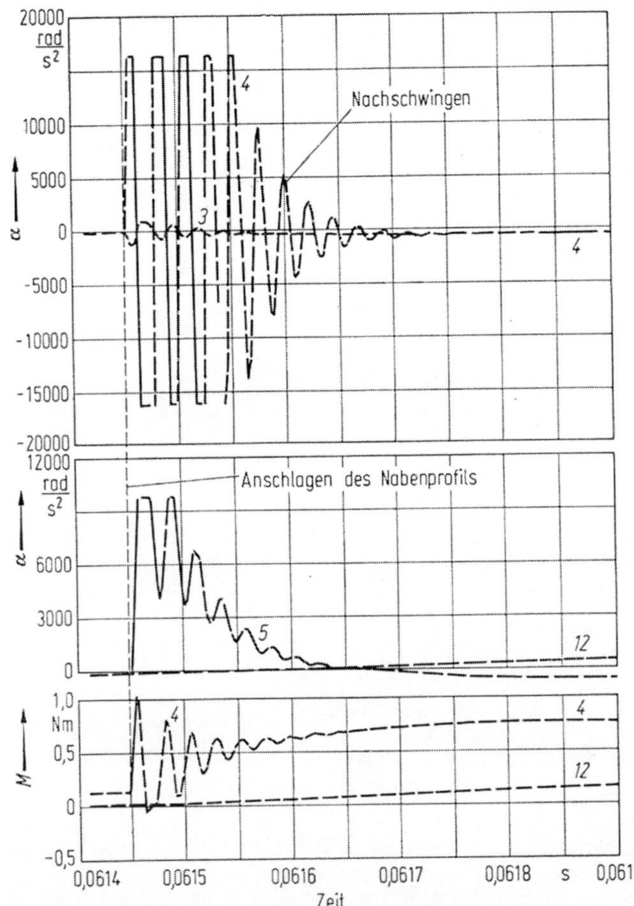



Bild 7.12. Winkelbeschleunigungs- und Drehmomentverläufe beim Anschlagen der Torsions-dämpfernarbe der Kupplungsscheibe (oben) auf der Getriebeeingangswelle (unten)


Torsionsdämpferdrehmomentes (Bild 7.13, Kurve *3* im unteren Diagramm). Hierdurch werden Schwingungen der Getriebeeingangswelle (oberes Diagramm) und ein Klappern der Losräder (mittleres Diagramm) angeregt.

*Vergleich von Rechnung und Fahrversuch* (Bild 7.14). Schneller als mit Fahrversuchen läßt sich bei der Torsionsdämpferabstimmung oft mittels Simulationsrechnung eine Opti-mierung des Reibmomentes und der Federkennlinie durchführen. Natürlich muß dazu ein entsprechendes Rechenmodell vorhanden sein. Bild 7.14 zeigt den Einfluß des Tor-sionsdämpferreibmomentes bei zwei Drehzahlen. Einander gegenübergestellt werden der effektive Mittelwert der Winkelbeschleunigung des Getriebes aus der Simulationsrech-nung im Zeitbereich, die Amplitude der Winkelbeschleunigung aus der Rechnung im Frequenzbereich und die subjektive Beurteilungsnote aus dem Fahrversuch. Die Überein-stimmung zwischen den beiden Rechenverfahren und dem Fahrversuch ist deutlich zu erkennen. — Bei den betrachteten Drehzahlen ist ein kleines Reibmoment optimal. Dies weist darauf hin, daß keine kritische Eigenfrequenz im Abtriebsstrang angeregt wird.

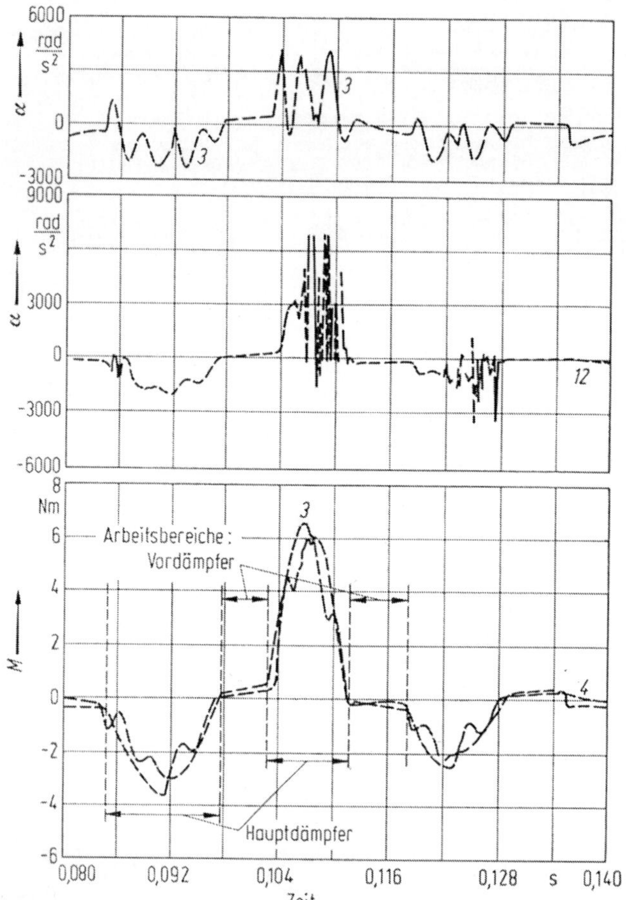

Bild 7.13. Winkelbeschleunigungs- und Drehmomentverläufe beim Anschlagen des Leerlauf-Torsionsschwingungsdämpfers (Vordämpfer) an die Hauptdämpferstufe

Parallel zur rechnerischen Ermittlung des günstigsten Reibmomentes wird auch für die Drehfedersteifigkeit des Torsionsdämpfers eine rechnerische Optimierung durchgeführt. Bild 7.15 zeigt den effektiven Mittelwert der Winkelbeschleunigung des Getriebes für drei Federsteifigkeiten in Abhängigkeit von der Drehzahl. Zur Bestimmung der einzelnen Kurven wurden bis zu 15 Rechnungen mit dem im Zeitbereich arbeitenden Computerprogramm für verschiedene Drehzahlen durchgeführt. Das Reibmoment des Torsionsdämpfers ist bei allen drei Federsteifigkeiten konstant gehalten, um ausschließlich den Einfluß dieser Drehfedersteifigkeit zu zeigen.

Das angenommene Reibmoment wirkt hier optimal mit einer Federsteifigkeit von $c = 20$ Nm/rad zusammen. Für die anderen Federkennlinien ist es zu niedrig. Dies beweist, daß Reibmoment und Federsteifigkeit nicht getrennt optimiert werden können. — In dem dargestellten Drehzahlbereich wird nur eine Eigenfrequenz des Schwingungssystems angeregt. Die stärkste Erregung erfolgt mit der Zündfrequenz des Motors, je eine schwächere mit der doppelten (und dreifachen) Zündfrequenz.

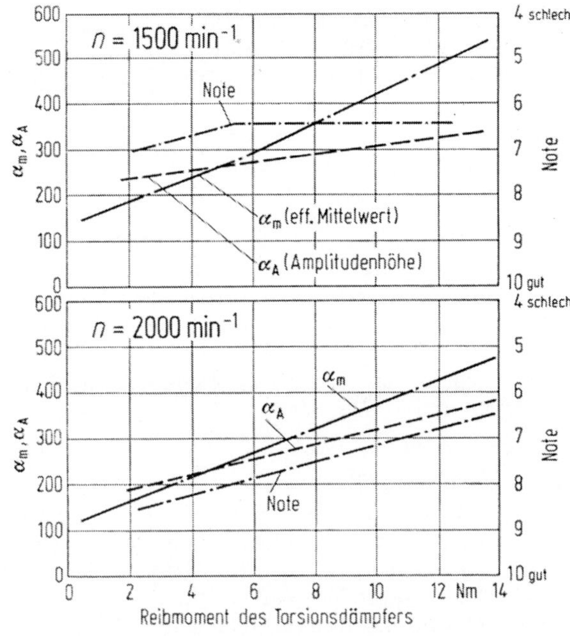



Bild 7.14. Gegenüberstellung Rechnung und Fahrversuch. Verglichen werden die gerechneten effektiven Mittelwerte und die Amplitudenhöhen der Winkelbeschleunigungen verschiedener Torsionsdämpferreibmomente bei zwei Motordrehzahlen mit den subjektiven Beurteilungsnoten

Zum besseren Verständnis der Funktion des Torsionsdämpfers als Koppelelement zwischen Antrieb (Motor) und Abtriebsstrang soll zunächst der Abtriebsstrang als ein Teilsystem betrachtet werden. Es wird auf das Getriebe, Differential, die Räder und das Fahrzeug beschränkt. Dieses System hat drei Eigenfrequenzen und entsprechend drei Schwingungsformen. Im für Getriebegeräusche anfälligen Fahrbetrieb bis $3000\ \text{min}^{-1}$ schwingt das System mit der Zündfrequenz in der zweiten Schwingungsform mit Schwingungsknoten vor und nach den Rädern. Eine Eigenfrequenz wird hier nicht angeregt. Da der Abtriebsstrang keine Eigenfrequenzen erzeugt, die gedämpft, getilgt oder verschoben werden müßten, kann nur versucht werden, die Ungleichförmigkeit des Antriebes

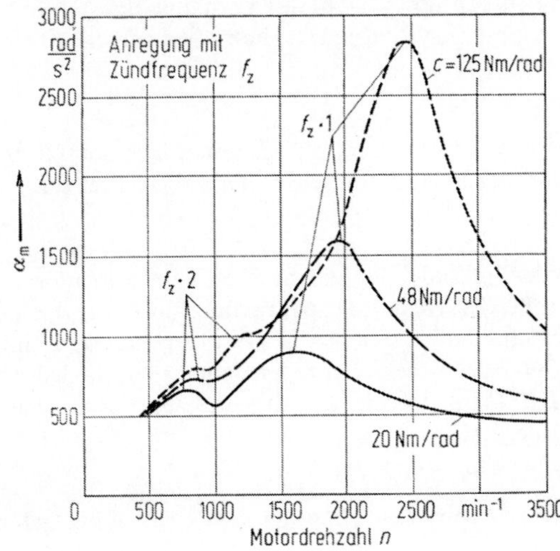



Bild 7.15. Effektiver Mittelwert der Winkelbeschleunigung des Getriebes über der Motordrehzahl für drei Drehfedersteifigkeiten des Torsionsschwingungsdämpfers

vom Antriebsstrang weitgehend zu isolieren und so etwaige störende Eigenfrequenzen, die durch eine Kopplung entstehen, zu vermeiden. Dies kann entweder durch Auswahl und Abstimmung der Kopplungselemente oder auch durch eine gezielte Änderung der Teilsysteme geschehen.

Die Kopplung von Antriebs- und Abtriebsseite durch einen Schraubenfederdämpfer (Torsionsfederung mit Reibeinrichtung) ergibt ein neues Gesamtsystem.

Physikalische Merkmale:

— Das Verhältnis der Amplituden der Ersatzträgheitsmomente des Abtriebsstranges untereinander bleibt bei Kopplung durch Federdämpfer unverändert.
— Die erste Eigenfrequenz des Gesamtsystems liegt tiefer als beim Teilsystem Abtriebsstrang, weil sich die diese Eigenschaft bestimmenden Massen und Federsteifigkeiten stark ändern.
— Im Gesamtsystem ist die dritte Eigenfrequenz eine neue Eigenfrequenz, mit dem Kennzeichen, daß der gesamte Abtriebsstrang in Resonanz zur Antriebsseite steht.

Praktische Auswirkungen:

— Lastwechselschwingungen durch niedrige erste Eigenfrequenz.
— Erst im überkritischen Bereich, oberhalb der vom Federdämpfer bestimmten Eigenfrequenz, findet eine ausreichende Isolierung zwischen Motorerregung und Getriebe statt.
— Es ist nicht möglich, durch eine realisierbare Federsteifigkeit die dritte Eigenfrequenz aus dem Betriebsbereich herauszulegen. Oft unzulängliche Abhilfe ist eine hohe Reibung (Dämpfung). Diese kann sich jedoch in Bereichen außerhalb der dritten Eigenfrequenz negativ auswirken.
— Obwohl es nicht durchführbar ist, die dritte Eigenfrequenz in einen ungefährlichen Bereich zu verlegen, werden ihre Amplituden bei weicher Auslegung des Federdämpfers doch wenigstens kleiner.


**7.2.1.2 Hydrodynamischer Dämpfer (Flüssigkeitskupplung)**

Die Kopplung von Antriebsseite und Abtrieb ist hier durch einen von der relativen Winkelgeschwindigkeit abhängigen Parameter, der Dämpfungskonstanten, gekennzeichnet. Ähnlich wie bei der Kopplung mit einem Federdämpfer bleibt das Verhalten des Abtriebsstranges als Teilsystem unverändert. Das Gesamtsystem jedoch hat völlig andere Eigenschaften.

Physikalische Merkmale:

— Der hydrodynamische Dämpfer (hydrodynamische Kupplung, Foettinger-Kupplung) speichert im Gegensatz zum Federdämpfer keine Energie, sondern vernichtet sie.
— Es gibt keine Schwingungsform, in der sich Antriebsseite und Abtriebsstrang gegenseitig aufschaukeln könnten.
— Die Höhe der Winkelbeschleunigungsamplitude des ersten Trägheitsmomentes im Abtrieb (Getriebe) hängt von der Höhe des Kopplungsparameters und von der im Abtriebsstrang durch Dämpfung vernichteten Energie ab. Hieraus ergeben sich ähnlich wie bei der Kopplung mit einem Federdämpfer zwei Eigenfrequenzen, die jedoch in ganz anderen Bereichen liegen. Die Winkelbeschleunigung des Getriebes bleibt dabei immer unter der des Motors (Bild 7.16).

Praktische Auswirkungen:

— Da es eine erste Eigenfrequenz in der Art wie beim Federdämpfer nicht gibt, treten keine Lastwechselschwingungen auf.

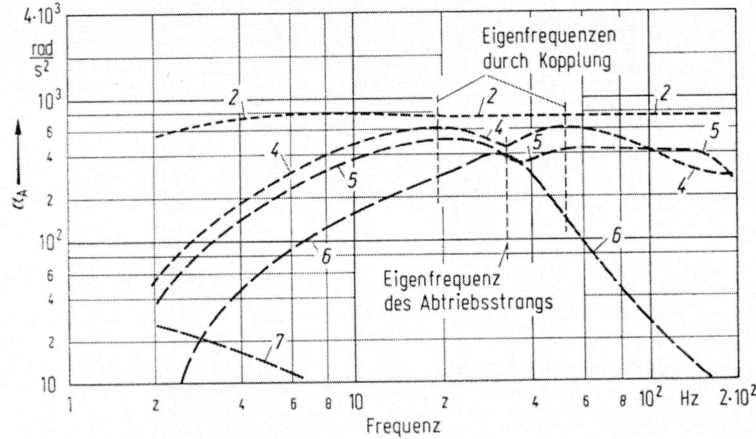



Bild 7.16. Winkelbeschleunigungsamplituden $\alpha_A$ für hydrodynamischen Torsionsschwingungsdämpfer mit Kopplungsparameter $K_{rel} = 4$ Nms/rad. Rechnung im Frequenzbereich. Kurve 2: Motor mit Schwungrad, 4: Getriebe, 5: Differential, 6: Antriebsräder, 7: Fahrzeug

— Ein hoher Kopplungsparameter von etwa 8 Nms/rad, wie er den heutigen praktischen Gegebenheiten entspricht, bringt im Drehzahlbereich bis etwa $2\,000$ min$^{-1}$ eine Verbesserung gegenüber dem Federdämpfer, darüber hinaus ist er ungünstiger (Bild 7.17). Ein auf die Hälfte reduzierter Kopplungsparameter wäre zwar hier besser, führt aber zu doppeltem Schlupf und damit zu erhöhtem Treibstoffverbrauch.
— Durch das größere Trägheitsmoment der Flüssigkeitskupplung werden die Getriebeschwingungen zusätzlich herabgesetzt (im Beispiel nicht berücksichtigt).

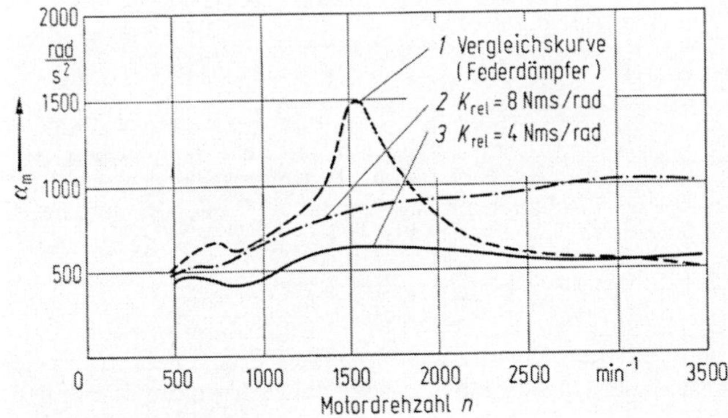



Bild 7.17. Vergleich eines üblichen Feder-Torsionsschwingungsdämpfers (1) mit hydrodynamischen Dämpfern verschiedener Kopplungsparameter $K_{rel}$ (2, 3). Gegenübergestellt sind die effektiven Mittelwerte der Winkelbeschleunigung über der Motordrehzahl. Rechnung im Zeitbereich

### 7.2.1.3 Schraubenfederdämpfer und Tilger am Getriebe

Ein Tilger hat die Aufgabe, ein Schwingungssystem in einem bestimmten Frequenzbereich zu beruhigen. Er verringert die Schwingungsamplituden jenes Bauteiles, an das er angekoppelt ist und damit auch die Amplituden der am Ende der Schwingungskette befindlichen Teile (Trägheitsmomente). Der Tilger kann über ein Federelement oder über eine

Flüssigkeitskupplung an das Schwingungssystem angekoppelt werden. Tilger mit hydrodynamischer Ankoppelung führen zu keinen neuen Eigenschwingungen. Sie verschieben lediglich die Eigenfrequenz des Grundsystems geringfügig nach unten und beruhigen sie. So sind sie trotz großem Aufwand in diesem Bereich weniger wirksam.

Im folgenden soll daher ausschließlich ein über ein Torsionsfederelement an das Getriebe gekoppelter Tilger betrachtet werden.

Physikalische Merkmale:

– Der Tilger ist nur in jenem Frequenzbereich wirksam, der seiner Eigenfrequenz entspricht. Diese wird durch sein Trägheitsmoment und die Federkonstante bestimmt.
– Als Nebenwirkung des Tilgers erhält das Gesamtsystem eine zusätzliche Eigenfrequenz. Bei Abstimmung des Tilgers auf eine Eigenfrequenz des Ausgangssystems ohne Tilger entsteht im neuen System jeweils eine weitere Eigenfrequenz ober- und unterhalb der getilgten Eigenfrequenz (Bild 7.18).

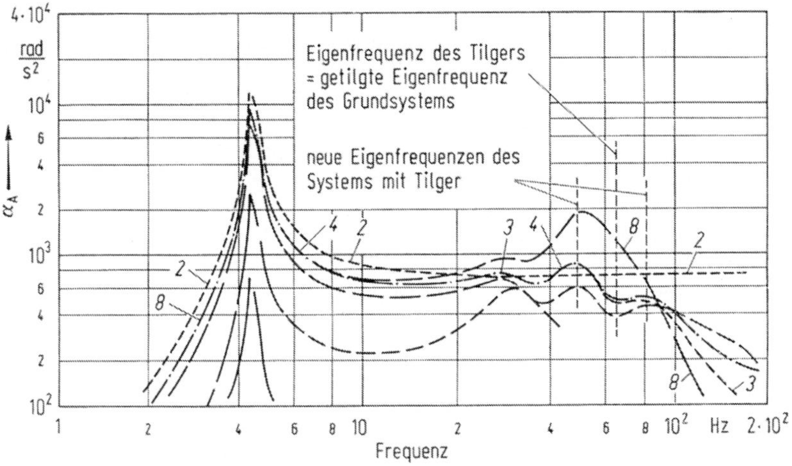


Bild 7.18. Winkelbeschleunigungsamplituden $\alpha_A$ für Abtriebsstrang mit Federdämpfer und Tilger, abgestimmt auf 62 Hz. Trägheitsmoment $J_8 = 0,0025$ kgm², Federkonstante $c_8 = 380$ Nm/rad. Rechnung im Frequenzbereich. Kurve 2: Motor mit Schwungrad, 3: Torsionsdämpfernabe, 4: Getriebe, 8: Tilger

Praktische Auswirkung:

– In einem Schwingungssystem mit nur einem zu dämpfenden Frequenzbereich und hohen Schwingungsamplituden wird durch einen Tilger das Schwingungsverhalten deutlich verbessert.
– Um wirksam zu sein, darf das Trägheitsmoment des Tilgers nicht zu klein sein. Wird es zu groß gewählt, hat die durch den Tilger erzeugte, unter der getilgten Frequenz liegende Eigenfrequenz zu hohe Amplituden. Das Trägheitsmoment des Tilgers im Beispiel des Bildes 7.19 beträgt etwa 30% des Trägheitsmomentes des Getriebes.
– Durch eine noch etwas tiefere Abstimmung des Tilgers als der Eigenfrequenz des Ausgangssystems kann das Schwingungsverhalten weiter verbessert werden (Kurve 5 im Bild 7.19).
– Wird das Getriebe als ein Trägheitsmoment betrachtet, ist eine Anordnung des Tilgers vor oder nach dem Getriebe gleichwertig. Dies ist bei den betrachteten, relativ niedrigen Frequenzen zulässig.

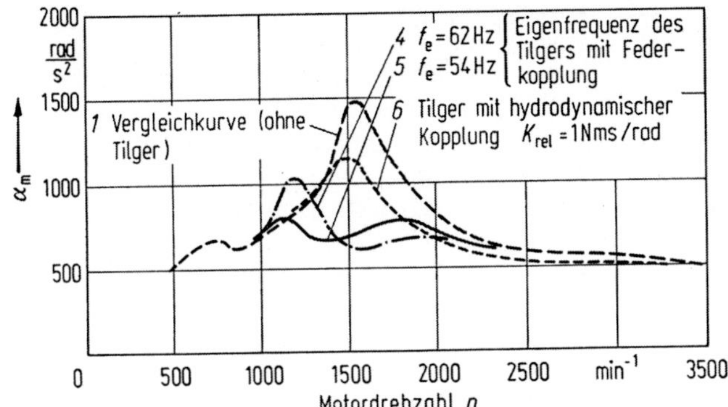



Bild 7.19. Effektiver Mittelwert der Winkelbeschleunigung $\alpha_m$ im Getriebe für einen Tilger wie Bild 7.18, aber verschiedenen Kennungen (Eigenfrequenzen). Rechnung im Zeitbereich. Fünfzylindermotor

### 7.2.1.4 Geteiltes Schwungrad mit Torsionsdämpfer

Ein im Verhältnis zum Trägheitsmoment des Getriebes großer Anteil des Schwungrades mit Kupplungsdruckplatte wird hier drehelastisch mit dem Rest des Schwungrades und dem Trägheitsmoment des Motors gekoppelt.

Physikalische Merkmale:

— Das neue Gesamtsystem hat einen Freiheitsgrad und damit eine Eigenfrequenz mehr.
— Bei gleichem Gesamtträgheitsmoment der Schwungradteile, wie das ungeteilte Schwungrad, bleibt die erste Eigenfrequenz auch in ihrer Amplitude fast unverändert. Die weiteren Eigenfrequenzen des Ausgangssystems hingegen ändern im neuen System ihre Amplituden (Bild 7.20).

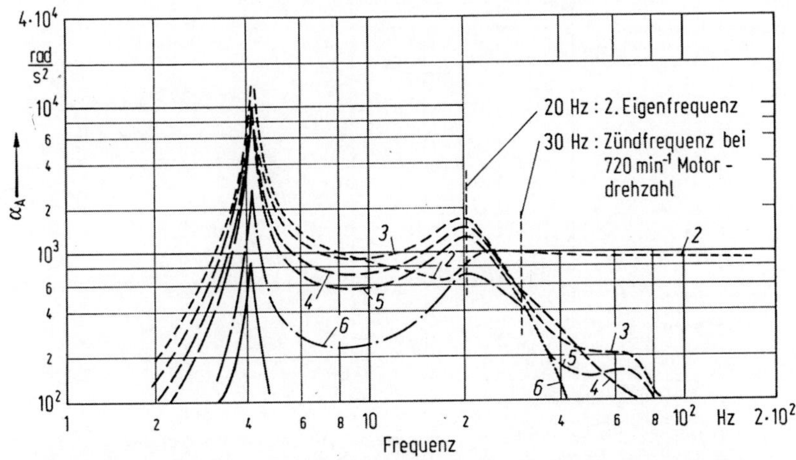



Bild 7.20. Winkelbeschleunigungsamplituden $\alpha_A$ für den Abtriebsstrang mit durch Federdämpfer geteiltem Schwungrad. Rechnung im Frequenzbereich. Kurve 2: Motor mit Schwungradteil *1*; *3*: Schwungradteil *2* mit Kupplungsdruckplatte; *4*: Getriebe. Fünfzylindermotor

— Durch geschickte Aufteilung des Schwungradträgheitsmomentes und Abstimmung der Federkonstante zwischen den Schwungradteilen kann die zusätzliche Eigenfrequenz so gelegt werden, daß sie zwar höher als die erste Eigenfrequenz, aber tiefer als die im Betriebsbereich des Motors liegenden Zündfrequenzen liegt.

— Bei dieser zweiten und neuen Eigenfrequenz ist das Motorträgheitsmoment mit Schwungradanteil *1* in Resonanz mit dem Schwungradanteil *2* und dem Rest der Schwingungskette. Dadurch entsteht oberhalb dieser Eigenfrequenz ein Schwingungsknoten zwischen den Schwungradteilen. Damit befindet sich das System in einem überkritischen Bereich mit geringen Amplituden für alle Trägheitsmomente.

Praktische Auswirkungen:

— Durch die Verlegung des kritischen Bereiches unter den Betriebsbereich des Motors ist diese Lösung hinsichtlich Getriebeschwingungen allen vorher diskutierten weit überlegen.

— Die durch die Schwungradteilung erzeugte neue (zweite) Eigenfrequenz bleibt auch bei getrennter Kupplung erhalten. Sie muß stets beim Motorstart durchlaufen werden.

— Der durch die Zündfrequenz gekennzeichnete Betriebsbereich des Motors sollte, einschließlich Leerlauf, erst ab der 1,5fachen zweiten Eigenfrequenz beginnen.

— Im Beispiel (Kurve *8*, Bild 7.21) beträgt das Trägheitsmoment des Schwungradanteiles *2* mit Kupplungsdruckplatte 20% des gesamten Trägheitsmomentes (Motor, beide Schwungradteile und Druckplatte). Bei Vergrößerung des prozentualen Anteiles kann die Eigenfrequenz (20 Hz) weiter herabgesetzt oder die Federsteifigkeit zwischen den Schwungradteilen erhöht werden.

— Bei gleichem Gesamtträgheitsmoment des Schwungrades wird die Motorungleichförmigkeit größer. Ein Einfluß auf das Schütteln des Motorgehäuses ist trotzdem nicht zu erwarten. Soll die Erhöhung der Motorungleichförmigkeit ausgeschlossen werden, muß das Trägheitsmoment von Motor und Schwungradteil *1* gleich dem ur-

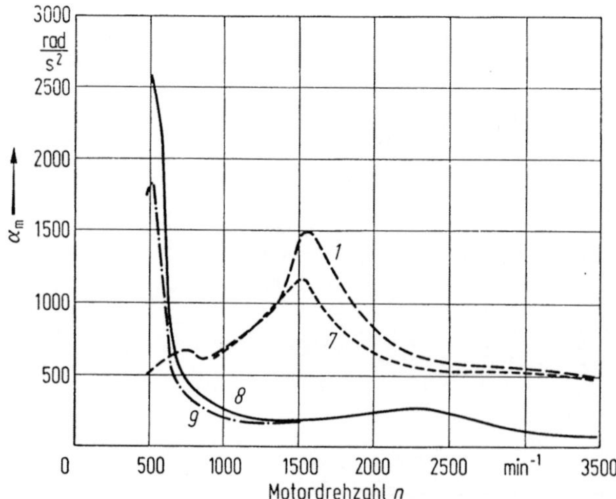

Bild 7.21. Effektiver Mittelwert der Winkelbeschleunigung $\alpha_m$ für ungeteiltes Schwungrad (*1*, *7*) und geteiltes Schwungrad mit Federdämpfer (*8*, *9*) über der Motordrehzahl. Während bei den Kurven *1* und *8* das Gesamtträgheitsmoment der Serie entspricht, wird dieser Wert bei der Kurve *9* schon vom Motor mit Schwungradteil *1* erreicht. Kurve *7* zeigt ein entsprechend großes ungeteiltes Schwungrad

sprünglichen Trägheitsmoment von Motor, Schwungrad und Druckplatte sein. Die zweite Baugruppe kommt dann also als zusätzliches Trägheitsmoment hinzu. Bei dieser Lösung werden zwar die Amplituden in der zweiten Eigenfrequenz etwas gemindert, im Betriebsbereich des Motors ergeben sich aber keine nennenswerten Vorteile (Kurve 9). Trotzdem ist auch diese Lösung einer gleich großen Erhöhung des Schwungradträgheitsmomentes ohne Teilung weit überlegen (Kurve 7).

## 7.2.2 Rupfschwingungen beim Anfahren

Das „Rupfen", eine störende Reibschwingung im Antriebsstrang beim Anfahren, ist vermutlich so alt wie das Kraftfahrzeug. Viele Bemühungen zur Erforschung dieses Problems wurden unternommen und klärende Arbeiten über dieses Thema geschrieben. Trotzdem ist bis heute noch keine voll befriedigende Lösung gefunden worden. Dies gilt auch für die Auswahl und Klassifizierung von Reibbelägen. Die folgenden Ausführungen haben noch nicht veröffentlichte Arbeiten bei Fichtel & Sachs, Schweinfurt, von G. Tebbe zur Grundlage.

Unter dem Rupfen versteht man definitionsgemäß eine Schwingung, die im Antriebsstrang des Kraftfahrzeuges während des Rutschvorganges der Kupplung auftritt. Bei voll eingerückter Kupplung erlischt sie. Die Erregung der Rupfschwingung geschieht durch periodische Änderungen des Übertragungsmomentes, wobei dem Antriebsstrang eine, die Schwingung unterstützende, Leistung zugeführt wird. Diese über eine Schwingung gemittelte, dem System zugeführte Leistung ist

$$P_\mathrm{m} = \frac{1}{T} \int_0^T \frac{\mathrm{d}W}{\mathrm{d}t}\, \mathrm{d}t, \qquad (7.2.4)$$

$$\frac{\mathrm{d}W}{\mathrm{d}t} = \frac{M\,\mathrm{d}x}{\mathrm{d}t}. \qquad (7.2.5)$$

$$P_\mathrm{m} = \frac{1}{T} \int_0^T M\omega\, \mathrm{d}t. \qquad (7.2.6)$$

Bei sinusförmigem Verlauf gilt

$$\omega = \omega_\mathrm{A} \sin \omega_\mathrm{E}t, \qquad (7.2.7)$$

$$M = M_\mathrm{A} \sin(\omega_\mathrm{E}t + \varphi_\mathrm{v}), \qquad (7.2.8)$$

$$P_\mathrm{m} = \omega_\mathrm{A} M_\mathrm{A} \cos \varphi_\mathrm{v} \qquad (7.2.9)$$

($T$ Schwingungsdauer, $\omega_\mathrm{A}$ Amplitude der Winkelgeschwindigkeit, $\omega_\mathrm{E}$ Kreisfrequenz der Erregung, $\varphi_\mathrm{v}$ Phasenverschiebung, $M_\mathrm{A}$ Amplitude der Momentenschwankung).

Da hier nur die der überlagerten Rupfschwingung zugeführte Leistung betrachtet wird, muß für $\omega$ die Winkelgeschwindigkeitsschwankung eingesetzt werden. Für sinusförmigen Verlauf der Winkelgeschwindigkeits- und Momentenschwankung ist der Wert von $P_\mathrm{m}$ eine Funktion der beiden Amplituden und der Phasenverschiebung. Dieser Zusammenhang ist in Bild 7.22 dargestellt. Die mittlere Leistung entspricht der schraffierten Fläche. Überwiegen die positiven Flächenanteile, wird Leistung zugeführt. Ist das Verhältnis umgekehrt, erfolgt eine Dämpfung des Systems. Dieselben Zusammenhänge gelten auch für einen nicht harmonischen Verlauf der Momentenschwankung. Zur Erregung von Rupfschwingungen müssen also Winkelgeschwindigkeits- und Momentenschwankungen gleichsinnig verlaufen, wobei die Phasenverschiebung möglichst klein (unter $\pi/2$) sein muß.

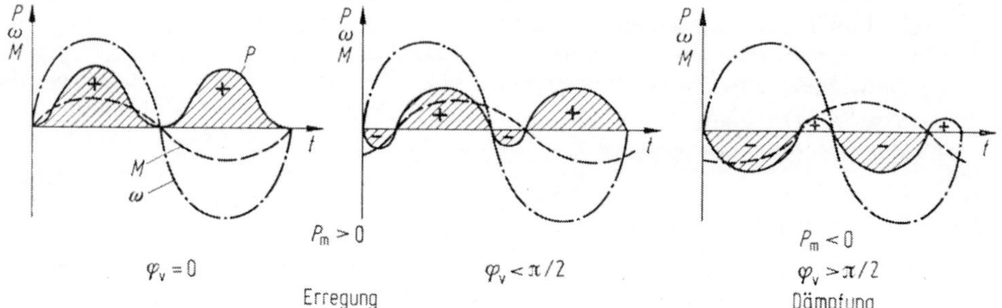


Bild 7.22. Energiebetrachtung bei selbsterregten Reibschwingungen (Rupfen)

Die Erregung kann auf zweierlei Wegen erfolgen: Entweder durch eine erzwungene periodische Schwankung des Übertragungsmomentes der Kupplung (s. Abschnitt 7.2.2.1), oder durch eine selbsterregte Reibschwingung (s. Abschnitt 7.2.2.2). Während des Rupfens stellt sich stets ein dynamisches Energiegleichgewicht zwischen den das System erregenden und den dämpfenden Einflüssen ein.

### 7.2.2.1 Erzwungene Schwingungen

Eine erzwungene periodische Schwankung des Übertragungsmomentes der Kupplung während des Rutschvorganges tritt auf, wenn wenigstens zwei der folgenden geometrischen Fehler zusammentreffen:

(1) Schiefstand der Anpreßplatte der Kupplungsdruckplatte,
(2) Unparallelität der Kupplungsscheibe durch ungleichmäßige Belagfederung oder unterschiedliche Belagstärke oder Taumeln der Kupplungsscheibe,
(3) Schiefstand des Ausrückers (Führungshülse),
(4) Winkelversatz zwischen Kurbelwelle und Getriebeeingangswelle.

Die Erregerfrequenz entspricht der Differenzdrehzahl, mit der die beiden geometrischen Fehler umlaufen. So ist beispielsweise bei Schiefstand der Anpreßplatte (1) und der Führungshülse (3) die Erregerfrequenz mit der Antriebsfrequenz identisch. Als einzige Ausnahme ergibt die Kombination der Fehler (3) und (4) kein Rupfen, da die Drehzahl beider Fehler gleich, und zwar Null ist.

Eine weitere erzwungene Erregung kann vom Motor selbst durch eine Verformung der Kurbelwelle ausgehen. Durch diese periodische Biegung der Kurbelwelle wird dem Schwungrad eine geringfügige Axialbewegung und eine wahrscheinlich etwas stärkere Taumelbewegung aufgezwungen. Diese Erregung ist abhängig vom Motortyp und dem Betriebsbereich beim Anfahren. Sie kann in mehreren, auch überlagerten, Ordnungen der Motordrehzahl erfolgen. Das abgegebene Drehmoment und die Drehzahl können dabei einen starken Einfluß ausüben.

### 7.2.2.2 Selbsterregte Reibschwingungen

Selbsterregte Reibschwingungen treten nach Bild 7.22 dann auf, wenn beim Einkuppeln mit abnehmender Differenzdrehzahl (Schlupf) das Übertragungsmoment zunimmt oder, anders ausgedrückt, wenn mit abnehmender Gleitgeschwindigkeit die Gleitreibungszahl (Reibwert) des Kupplungsbelagmaterials ansteigt. Leider ist dies in der Praxis die Regel. Nur bei relativ geringen Gleitgeschwindigkeiten verläuft der Reibwert hochwertiger Kupplungsbeläge annähernd konstant. Hohe Gleitgeschwindigkeiten hingegen bewirken, besonders bei den üblichen organischen Reibmaterialien, durch die Erwärmung einen deutlichen Reibwertabfall.

Eine solche, allerdings nur sehr geringfügige Temperaturerhöhung tritt auf den Reibflächen auch durch die sich periodisch ändernde Reibarbeit während des Rupfvorganges auf. Dies läßt sich zwar rechnerisch klar nachweisen, ist aber wohl nur von theoretischer Bedeutung.

### 7.2.2.3 Rechnerische Untersuchung

Die Berechnung der Rupfschwingungen hat den Vorteil, daß die verwendeten Erregungsgrößen genau bekannt sind. Ursache und Wirkung können so eindeutig einander zugeordnet werden. Dies ist bei reinen Fahrzeugmessungen nur eingeschränkt und nur dann möglich, wenn bewußt Kupplungsteile mit bestimmten geometrischen Fehlern eingebaut werden. Bei vorher nicht vermessenen Serienteilen ist kaum zu trennen, ob und welche Abweichungen zu einer Zwangserregung führen und wieviel der Reibwertverlauf der Beläge zum Rupfen beiträgt. Noch komplizierter wird diese Trennung durch die verschiedenen Möglichkeiten für eine Zwangserregung, etwa die Taumelbewegung des Schwungrades und verschiedene Abweichungen an der Kupplung.

Die für die Berechnung nötigen Kupplungs- und Fahrzeugdaten sind:

— Abhängigkeit der Gleitreibungszahl des Kupplungsbelagmaterials von Gleitgeschwindigkeit, Temperatur und Flächenpressung (s. Abschnitt 7.2.2.2).
— Schwankung des Übertragungsmomentes, verursacht durch geometrische Fehler, wie Schiefstand der Anpreßplatte, Unparallelität der Beläge oder durch Axial- und Taumelbewegung des Schwungrades (s. Abschnitt 7.2.2.1).
— Massenträgheitsmomente, Federsteifigkeiten und Dämpfungen des Abtriebsstranges.

Die Reibwertkurven müssen in Abhängigkeit von der Gleitgeschwindigkeit mit der Anpreßkraft und der Oberflächentemperatur als Parameter gemessen werden: keine leichte Aufgabe. Das gleiche gilt für die Ermittlung der Schwankung des Übertragungsmomentes, verursacht durch geometrische Fehler. Dazu ist das Moment bei konstanter Gleitgeschwindigkeit ohne überlagernde Schwingungen in Abhängigkeit von der Anpreßkraft zu ermitteln. Das Messen oder Errechnen der Massenträgheitsmomente, Federsteifigkeiten und Dämpfungen des Abtriebsstranges ist ebenfalls nur mit einigem Aufwand möglich.

Alle diese massiven Schwierigkeiten erklären, warum bei der Berechnung der Rupfschwingungen bis heute noch nicht der entscheidende Durchbruch gelungen ist. Von der doch recht umfangreichen mathematischen Behandlung des Rupfens soll deshalb hier abgesehen werden.

### 7.2.2.4 Zusammenfassung

Aufgrund der durch Rechnungen gefundenen Erkenntnisse und der praktischen Erfahrung ergibt sich hinsichtlich des Rupfens folgender Wissensstand:

— Rupfen wird auf zweierlei Weise erregt:
— durch eine selbsterregte Reibschwingung. Voraussetzung ist eine mit steigender Gleitgeschwindigkeit fallende Gleitreibungszahl (Reibungskoeffizient) der Kupplungsbeläge. Wenn das bei dieser Anfangsschwingung erzeugte Erregungsmoment größer als das vorhandene Dämpfungsmoment ist, schaukelt sich die Schwingung zum Rupfen auf.
— durch eine erzwungene periodische Schwankung des Übertragungsmomentes, wie sie beispielsweise durch Unparallelität der Kupplungsscheibe oder Schiefstand der Anpreßplatte verursacht wird. Die Schwingungen sind dann am stärksten, wenn die Erregerfrequenz im Bereich der Eigenfrequenz liegt.

— Bei Überlagerung von selbsterregten und erzwungenen Schwingungen zeigt sich eine
  wesentliche Verstärkung der Amplituden im Resonanzbereich. Auch eine Gleitreibungszahl, die nur so schwach mit steigender Gleitgeschwindigkeit sinkt, daß dies
  allein noch nicht zu einer Rupfschwingung reicht, kann bei der Überlagerung mit
  einer erzwungenen Erregung die Schwingung bis zum Rupfen erhöhen.
— Beim Rupfen schwingen alle Trägheitsmomente des Abtriebsstranges von der Kupplungsscheibe bis zum Rad gegen die Fahrzeugmasse.
● Als Rupffrequenz stellt sich stets die niedrigste Eigenfrequenz des Abtriebsstranges
  (ab Kupplungsscheibe) ein.
● Die Kennlinie des Torsionsschwingungsdämpfers in der Kupplungsscheibe hat keinen
  Einfluß auf das Rupfen.

Diese Aufzählung ist noch durch die schlichte Feststellung aus der Praxis zu ergänzen,
wonach viele Rupfschwierigkeiten nach längeren Laufstrecken, bei an sich nicht rupf-
empfindlichen Fahrzeugen durch eine, oft nur leichte, Verölung der Kupplungsbeläge
ausgelöst werden. Sie beeinträchtigt das Reibverhalten im Sinne von Abschnitt 7.2.2.2.
Neue Belagringe und ein Abdichten von Motor und Getriebe zum Kupplungsraum hin
beseitigen in diesem Fall einfach das Rupfen.

# 8 Auslegung von Kraftfahrzeugkupplungen

## 8.1 Auslegungskriterien

Die Kriterien, die bei der Auslegung einer Kraftfahrzeugkupplung Berücksichtigung verlangen, sind zahlreich. Meistens müssen Schwerpunkte gesetzt werden, um einen optimalen Kompromiß zu erreichen. Diese Schwerpunkte bestimmen auch häufig das Auswahlverfahren.

Einige wichtige Auslegungskriterien sind

— *Funktion:* Momentenübertragung, Bedienungskomfort, Schwingungsdämpfung.

— *Lebensdauer:* Beläge, Torsionsdämpfer, anpreßkrafterzeugende Feder(n), Ausrücker.

— *Gewicht:* Abmessungen, Trägheitsmomente,

— *Wirtschaftlichkeit:* Kosten,

— *Sicherheit.*


## 8.2 Wärmehaushalt

Die Lebensdauer einer Kraftfahrzeugkupplung wird heute in der Regel von der Haltbarkeit der Kupplungsbeläge bestimmt. Sie sind das schwächste Glied in der Verschleißkette und unterliegen am meisten jenen Fehlern des Fahrers, die besonders häufig beim Anfahren gemacht werden.

Bekanntlich hängt die Lebensdauer der Reibbeläge auf der Kupplungsscheibe, neben der Belagqualität und dem Verschleißvolumen, vor allem von der Temperaturhöhe und -dauer ab, denen diese Kupplungsbeläge ausgesetzt werden. Es sind deshalb stets Überlegungen über den Wärmehaushalt der Kupplung zweckmäßig. Hierbei wird die zugeführte Wärmemenge (Anfahr- und Schaltvorgänge, Motorwärme) mit der Wärmeaufnahmefähigkeit der Kupplung (Anpreßplatte, Schwungrad) und der abgeführten Wärme (Kühlung) in Relation gesetzt. Das entscheidende Kriterium ist fast stets die Temperatur der Anpreßplatte. Deshalb sind für diese Überlegungen die bei den verschiedenen Einsatzbedingungen (Anfahrvorgänge) erreichten Anpreßplattentemperaturen ausschlaggebend. Erfahrungswerte aus der Praxis zeigt Tabelle 8.1.

Tabelle 8.1  Temperaturen von Anpreßplatten bei verschiedenen Einsatzbedingungen

| | Einsatzbedingungen | | |
|---|---|---|---|
| Anpreßplattentemperaturen | leicht | schwer (HD) | extrem |
| Mittelwert | bis 120 °C | bis 160 °C | Rutschzeiten von 10 |
| max. Wert 200 °C | unter 1 % | 1...5 % | bis 20 s führen zu |
| max. Wert 400 °C | bis 0,1 % | bis 0,5 % | Temperaturen von über |
| | der Anfahrvorgänge | | 400 °C. Gefahr des |
| | | | Funktionsausfalles |

Die Zusammenhänge und die Einflußmöglichkeiten auf den Wärmehaushalt einer Kraftfahrzeugkupplung sind rechnerisch klarer erkennbar als durch Versuche. Diese Rechnungen bestätigen die Erfahrungen aus der Praxis voll. Die theoretischen Grundlagen sind im Abschnitt 2.4 dargelegt. Die aus ihnen resultierenden Verbesserungsmöglichkeiten werden nachfolgend behandelt.

### 8.2.1 Möglichkeiten zur Temperatursenkung

Die Kupplung befindet sich im Kraftfahrzeug in einem abgeschlossenen Gehäuse, der sogenannten Kupplungsglocke. Sie schützt die Kupplung vor Verschmutzung und verbindet Motor und Getriebe. Die an den Reibflächen entstehende Wärme muß bei den üblichen Trockenkupplungen leider fast gänzlich zuerst an die Luft in der Kupplungsglocke weitergeleitet werden, die sie dann ihrerseits über das Gehäuse der Kupplungsglocke oder durch Lüftungsschlitze an die Umgebung abgibt. Bei den seltenen Naßlaufkupplungen (Nutzfahrzeugbau) übernimmt diese Funktion rückgekühltes Öl.

Es ist verständlich, daß bei Trockenkupplungen die möglichst schnelle Weitergabe dieser Reibwärme von entscheidender Bedeutung ist. Besonders die Anpreßplatte ist von diesem Wärmeabgabeproblem betroffen. Ihre Wärmeaufnahmefähigkeit ist nicht nur meist weit geringer als die des Schwungrades, sondern auch ihre Kühlung wird zusätzlich durch das sie umgebende Kupplungsdruckplatten-Gehäuse beeinträchtigt.

Bei Zweischeibenkupplungen (Bild 10.5) stellt die sich zwischen den beiden Kupplungsscheiben befindliche Zwischenscheibe das thermisch höchstbelastete Glied dar. Sie wird von beiden Seiten mit Reibwärme beaufschlagt und hat nur eine kleine freie Fläche am Innen- und Außenumfang zur Wärmeabgabe an die Umgebungsluft.

Bei trockenlaufenden Kraftfahrzeugkupplungen bestehen folgende konstruktive Möglichkeiten zur Temperatursenkung:

a) schwerere Anpreßplatte mit mehr Wärmekapazität,
b) Anpreßplatte mit Kühlrippen auf der Rückseite,
c) Öffnungen am Außenumfang des Druckplattengehäuses für Kühlluftdurchtritt,
d) radiale Bohrungen in der Zwischenscheibe bei Zweischeibenkupplungen für Oberflächenvergrößerung und Kühlluft,
e) Öffnungen in der Kupplungsglocke zum Luftaustausch mit der Umgebung,
f) Kühlrippen auf der Glockeninnen- und -außenseite.

Falls alle diese Möglichkeiten zu keiner befriedigenden Lösung führen, muß eine aufwendigere Naßlaufkupplung vorgesehen werden. Der Einsatz von Kühlöl verbessert vor allem die Wärmeübergänge wesentlich.

### 8.2.2 Zusammenhänge und Empfehlungen

Aufgrund rechnerischer Untersuchungen und praktischer Erfahrungen im Fahrzeug sowie am Prüfstand sind klare Aussagen zu vorstehenden konstruktiven Maßnahmen möglich:

— Die höchste Temperatur der Anpreßplatte am Ende eines einmaligen Rutschvorganges der Kupplung (Schaltung) kann weder durch Kühlrippen auf der Anpreßplattenrückseite noch durch Glockenöffnungen verringert werden. Dies ist nur durch eine größere Wärmespeicherfähigkeit der Anpreßplatte möglich. Bei Naßlaufkupplungen wirkt die Kühlölmenge als zusätzlicher Wärmespeicher temperaturverringernd.
— Nach Beendigung eines Rutschvorganges kann das Sinken der Anpreßplattentemperatur durch alle im Abschnitt 8.2.1 angeführten Maßnahmen (außer a) beschleunigt werden. Die beste Wirkung bringt allerdings Naßlauf (Bild 8.1).

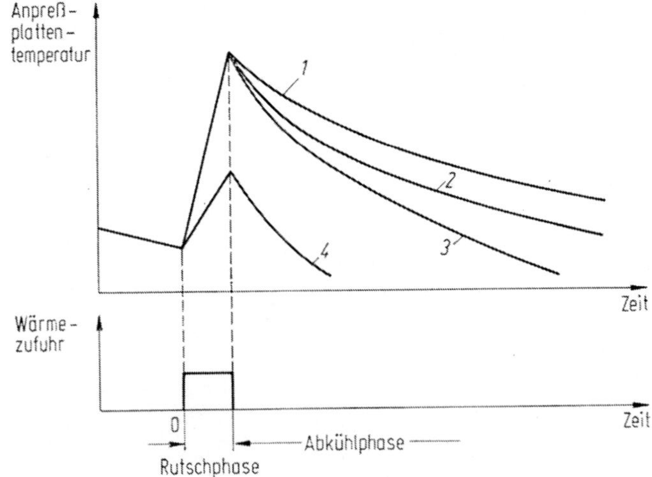


Bild 8.1. Temperaturverlauf in der Anpreßplatte für vier charakteristische Kupplungsausführungen nach einem schweren Rutschvorgang (Anfahrvorgang). *1* Trockenkupplung, *2* Trockenkupplung mit Kühlrippen, *3* Trockenkupplung mit Kühlrippen und geöffneter Glocke, *4* Naßlaufkupplung

— Bei periodisch wiederkehrenden Rutschvorgängen ist die Beharrungstemperatur der Luft in der Kupplungsglocke nur eine Funktion des Wärmeüberganges zwischen Glocke und Umgebung (Punkte e, f) sowie zwischen Glocke und Motor/Getriebe. Der Wärmeübergang zwischen Kupplung (Anpreßplatte) und Glockenluft (Punkte b, c, d) spielt keine Rolle.

— Durch die Verbesserung des Wärmeüberganges nach den Punkten e und f wird, über die Beharrungstemperatur der Luft in der Kupplungsglocke, auch die höchste Temperatur durch einen überlagerten schweren Anfahrvorgang gesenkt (Bild 8.2).

— Die Temperaturdifferenz zwischen Anpreßplatte und der Luft in der Kupplungsglocke ist unter denselben Belastungsbedingungen stets konstant. Sie kann nicht durch Öffnungen in der Glocke (Punkte e, f) beeinflußt werden.

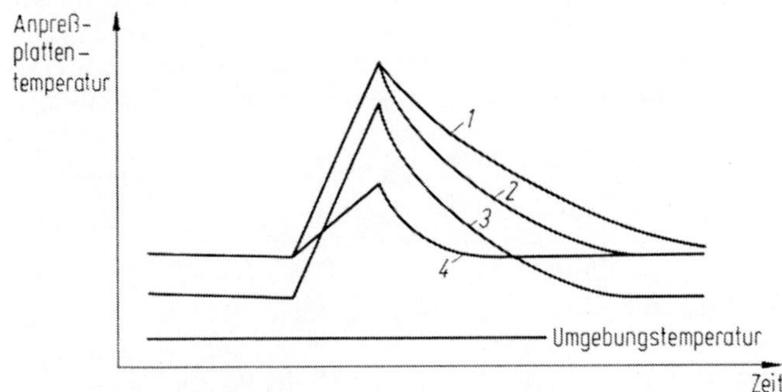


Bild 8.2. Temperaturverlauf in der Anpreßplatte bei der Überlagerung periodisch wiederkehrender schwacher Rutschvorgänge mit einem schweren Anfahrvorgang. *1* bis *4* wie Bild 8.1

Entscheidend für den Belagverschleiß sind nur die Temperaturen an den Reibflächen. Dadurch spielt die Wärmeleitfähigkeit des Anpreßplatten- und Schwungradwerkstoffes, bei Zweischeibenkupplungen auch die der Zwischenscheibe, eine große Rolle (s. Abschnitt 9.2.3 und Bild 8.3). Durch die Verwendung von Leichtmetall mit dessen viermal so guter Wärmeleitfähigkeit als Grauguß kann, wie in seltenen Fällen bei Sport- und Rennfahrzeugen praktiziert, der Belagverschleiß deutlich gesenkt werden. Dort ist auch das geringere Gewicht, fast nur ein Drittel des von Gußeisens, besonders erwünscht. Allerdings resultiert gerade aus diesem Vorteil des kleineren Gewichtes trotz der fast doppelt so hohen spezifischen Wärmespeicherfähigkeit des Leichtmetalls der Nachteil der doch insgesamt geringeren Wärmeaufnahmefähigkeit der Leichtmetallteile bei gleichen Abmessungen. Auch die höheren Kosten sowie die schlechten Laufeigenschaften gegen alle bekannten Reibbeläge (aufgespritzte Laufflächen erforderlich) stehen einer Verwendung von Leichtmetall entgegen.

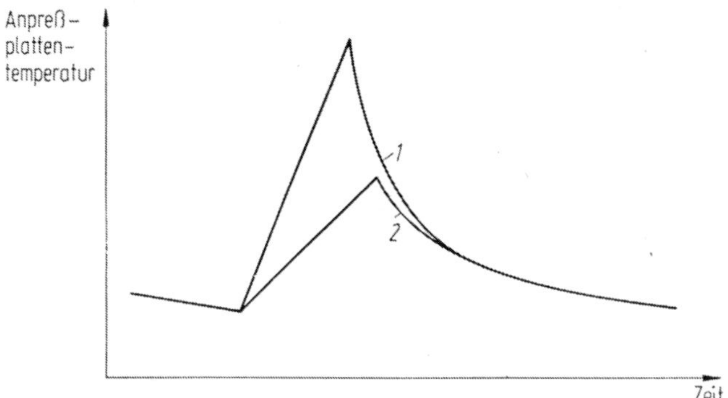


Bild 8.3. Gegenüberstellung des Temperaturverlaufes an der Reibfläche und in der Mitte der Anpreßplatte. *1* Reibflächentemperatur, *2* Temperatur der Anpreßplattenmitte

## 8.3 Berechnung der Kupplungsgröße

Die Berechnung der Größe (Durchmesser) einer Kraftfahrzeugkupplung hat nach den Gesichtspunkten zu erfolgen, daß einerseits das auftretende maximale Antriebsmoment mit ausreichender Sicherheit übertragen wird, andererseits jedoch die Kupplung auch der zu erwartenden thermischen Belastung, der Erhitzung durch Anfahr- und Schaltvorgänge, gewachsen ist.

Eine genaue Abgrenzung des Drehmomenthöchstwertes zum Schutze der Triebwerksteile vor Überlastung ist, infolge der starken Reibwertschwankungen (Gleitreibungszahl $\mu$) der heute zur Verfügung stehenden Belagmaterialien, nur sehr beschränkt möglich.

### 8.3.1 Übertragungsfähigkeit

Die im Abschnitt 2.1.2 dargelegte Berechnung des übertragenen Drehmomentes gilt selbstverständlich auch für die Kraftfahrzeugkupplung. Eine gewisse Schwierigkeit stellt die Höhe der Gleitreibungszahl $\mu$ dar (s. Kapitel 5 und Abschnitt 9.4.2). Für schnelle überschlägige Berechnungen nimmt man demnach im Kraftfahrzeugbau 0,25 bis 0,3.

Aus Gl. (2.1.3) läßt sich auch die für die Übertragung des Motordrehmomentes $M$ nötige Anpreßkraft $F$ errechnen. Diese darf dann über den gesamten Verschleißweg der Kupplungsdruckplatte bei Abnützung der Kupplungsbeläge nicht unterschritten werden. Wählt man die Anpreßkraft, etwa aus Sicherheitsgründen, zu hoch, besteht die Gefahr von Triebwerkschäden bei zu plötzlichem Einkuppeln.

Besonders für untergeordnete Einsatzfälle kommt eine Berechnung der Fahrzeugkupplung nur nach dieser einfachen Methode mit Gl. (2.1.2-1) vor. Zusätzlich nimmt man häufig einen Sicherheitsfaktor von 1,3 bis 2,0; oder die Gleitreibungszahl $\mu$ wird nur mit 0,2 eingesetzt. Auch ist darauf zu achten, daß die Flächenpressung ein von der verwendeten Belagsorte abhängiges Maß nicht überschreitet.

Ein solches Vorgehen erscheint jedoch nur bei dem Vorliegen großer Erfahrung und in Ausnahmefällen verantwortbar. Gerade hier empfiehlt es sich besonders, mit dem Kupplungshersteller Verbindung aufzunehmen.

## 8.3.2 Reibflächenbezogene Schaltarbeit

Die Berechnung nach Abschnitt 8.3.1 gibt keine Auskunft über die thermische Beanspruchung der Kraftfahrzeugkupplung und damit über die zu erwartende Lebensdauer im Fahrbetrieb. Deshalb wird diese Berechnungmethode im Kraftfahrzeugbau gerne nur zum Berechnen der Anpreßkraft verwendet, während man die für die thermische Beanspruchung maßgebende Kupplungsgröße (Kupplungsdurchmesser) nach dem System der reibflächenbezogenen Schaltarbeit, manchmal auch „spezifische Arbeitsbelastung" genannt, berechnet.

Der Rechnungsweg ist naheliegend: Als Maßstab wird ein einmaliger charakteristischer Anfahrvorgang (Schaltung) zugrunde gelegt. Von diesem berechnet man möglichst genau die Schaltarbeit $Q_A$ (Anfahrarbeit) oder, noch besser, die in der Kupplung entstehende Reibungswärme $Q_R$ und setzt diese in Relation zur gesamten Kupplungsreibfläche. Die so errechnete flächenbezogene Schaltarbeit $q_A$ oder die Reibarbeit $q_R$ stellt zwar an sich kein aussagekräftiges Maß dar, doch sind diese Werte untereinander für Fahrzeuge ähnlicher Art und Größe gut vergleichbar.

Das Problem ist die genaue Bestimmung der Schaltarbeit $Q_A$. Der Anfahrvorgang hängt im Kraftfahrzeug von vielen Größen ab, die zum Teil der Willkür des Fahrers unterliegen und daher schwer zu einem Standardanfahrvorgang verallgemeinert werden können. Beispiele hierfür sind die Kupplungszeit (Betätigung des Kupplungspedals) und das Motordrehmoment (Gaspedalstellung). Sie bestimmen die so wichtige Anfahrdrehzahl. Hier müssen Vereinfachungen getroffen werden, die leider das Ergebnis beeinträchtigen.

Es gibt heute bereits komplette Rechenprogramme, die es erlauben, einen einmaligen Anfahrvorgang durch Auswerten von Meßschrieben vollständig nachzuvollziehen und die entstandene Reibungswärme oder die Anfahrarbeit recht genau zu bestimmen. Natürlich gelten alle willkürlich beeinflußbaren Größen, und damit auch $q_A$ bzw. $q_R$, genau genommen nur für diesen einmaligen Anfahrvorgang. Hier wäre jedoch ein Weiterkommen denkbar:

Für allgemein gültige Aussagen könnte man charakteristische Kollektive durch zahlreiche Messungen über einen möglichst langen Zeitraum ermitteln und auswerten. Dies wäre besonders interessant für hohe Grenzbeanspruchungen, wie Taxis im Stadtverkehr, Baustellenfahrzeuge im Schwersteinsatz, Ackerschlepper beim Pflügen und Frontladereinsatz sowie für Stadtbusse. Je größer die Zahl der gemessenen Fahrzeuge und Anfahrvorgänge, um so kleiner wäre der Fehler durch die unterschiedlichen persönlichen Fahrstile der Lenker.

Ein weiterer Schritt könnte dann eine Vereinfachung dieser gefundenen Lastkollektive zu einem Normlastkollektiv und dessen Übernahme auf Prüfständen zur praxisnahen Untersuchung von Kupplungen und Triebwerkteilen sein.

### 8.3.2.1 Spezifische Arbeitsbelastung

Unter obiger Bezeichnung versteht man eine bewährte Berechnungsmethode, die durch vereinfachende Annahmen nur wenige Angaben und keine besonderen Rechengeräte benötigt, trotzdem aber klar die Zusammenhänge aufzeigt sowie im allgemeinen brauchbare Werte liefert. Trotz einer gewissen Ungenauigkeit wurde sie wegen ihrer leichten praktischen Anwendbarkeit zu einem Standardverfahren. Es berücksichtigt:

— Fahrzeug:

  — zulässiges Gesamtgewicht (mit Anhänger),
  — wirksamen Halbmesser der Triebräder,
  — Übersetzung des Anfahrganges,
  — Übersetzung des Hinterachsgetriebes,
  — Rollwiderstandswert,

— Motor:

  — bei Ottomotoren: Drehzahl des maximalen Momentes,
  — bei Dieselmotoren: maximale Motordrehzahl,

— Kupplung:

  — Gesamtreibfläche der Kupplungsscheibe(n).

Es bezeichnet zusätzlich:

$A_K$      Gesamtreibfläche der Kupplungsscheibe(n);
$f$        Rollwiderstandsziffer, z. B. für Asphaltstraße 0,015, für Schotterstraße 0,03, für Gelände 0,15;
$i$        Gesamtübersetzung (Hinterachse mal Getriebegang);
$m_F$     Gesamtmasse des Fahrzeuges mit Anhänger;
$M_{max}$   maximales Motordrehmoment;
$n_A$      Anfahrdrehzahl;
$n_M$     Motordrehzahl bei $M_{max}$;
$q_S$      spezifische Arbeitsbelastung (entspricht angenähert $q_A$);
$r_w$      wirksamer Halbmesser der Triebräder;
$\tan \alpha$   Steigung in $1/100\%$.

Vereinfachende Annahmen:

— Anfahrdrehzahl $n_A$ bleibt während des Anfahrvorganges konstant,
  bei Ottomotoren $n_A = n_M/3 + 1500$,
  bei Dieselmotoren $n_A = 0,75\, n_{max}$.

— Die Kupplung überträgt schon während des Anfahrens immer gleichmäßig ihr volles Moment (Beschleunigung konstant).

Unter diesen Voraussetzungen ist die Schaltarbeit während eines einmaligen Anfahrvorganges

$$Q = \frac{5,6 m_F M_{max} r_w (n_A/100)^2}{i[0,95 i M_{max} - (f + \tan \alpha)\, m_F r_w]} \tag{8.3.1}$$

$$q_S = \frac{Q}{A_K} \tag{8.3.2}$$

Bei der Ableitung dieser Formel wurde zur Vereinfachung für sin tan gesetzt. Die Zahl 0,95 ist ein angenommener mechanischer Gesamtwirkungsgrad zwischen Motor und Triebrädern.

Interessant sind die Einflüsse der einzelnen Größen in dieser Gleichung auf die spezifische Arbeitsbelastung $q_S$. Bild 8.4 zeigt, wie die spezifische Arbeitsbelastung $q_S$ durch

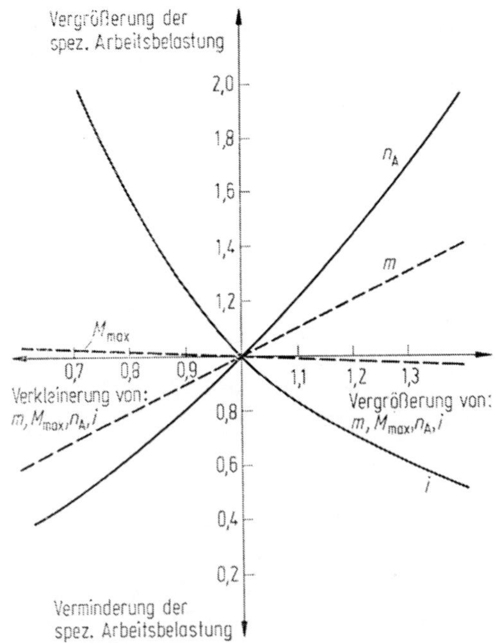


Bild 8.4. Änderung der spezifischen Arbeitsbelastung durch die Einflußgrößen $m$, $M_{max}$, $n_A$, $i$ bei Anfahren im 1. Gang, Ebene

eine größere (stärkere) Übersetzung, niedrigere Anfahrdrehzahl und eine kleinere Fahrzeugmasse verringert wird. Bemerkenswert ist der unterschiedliche Einfluß des Motordrehmomentes und der Fahrzeugmasse beim Anfahren in der Ebene gegenüber dem Anfahren in Steigungen oder im Gelände (Bild 8.5). In der Ebene stehen das Motordrehmoment und die Fahrzeugmasse in nahezu linearem Verhältnis zur Kupplungsbeanspruchung. In Steigungen hingegen liegt eine weitaus stärkere und progressive Beeinflussung vor (Bild 8.6). Als wichtigste Einflußgröße ist hier die Gesamtübersetzung $i$ anzusehen.

Die Diagramme können ohne Rechnung schnell aufzeigen, was von einer Änderung der Einflußgrößen zu erwarten ist und auf welche Weise die spezifische Arbeitsbelastung einer Kupplung herabgesetzt werden kann.

## 8.3.2.2 Zulässige Maximalbelastung

Dieses Verfahren wurde 1981 von H. Seybold entwickelt [38]. Es geht von der Überlegung aus, daß die Fahrzeugkupplung auch bei einer Maximalbeanspruchung, soweit diese im normalen Fahrbetrieb auftritt, nicht ausfallen darf.

Der Rechnung liegt ein fiktiver Anfahrvorgang am Berg mit vollbeladenem Fahrzeug und ausgelastetem Anhänger sowie sehr hoher Anfahrdrehzahl zugrunde. Es wird die in der Kupplung in Wärme umgesetzte Reibarbeit $Q_R$ ermittelt. Diese dient nicht nur als Maß für die Größe der Kupplung (Durchmesser), sondern auch für die nötige Anpreßkraft der Druckplatte (s. Abschnitt 2.3.6).

Zusätzlich zu dem im Abschnitt 8.3.2.1 geschilderten Verfahren können folgende Größen berücksichtigt werden:

— Motor:

  — Verlauf Drehmoment über Drehzahl,
  — Massenträgheitsmoment des Kurbeltriebes.

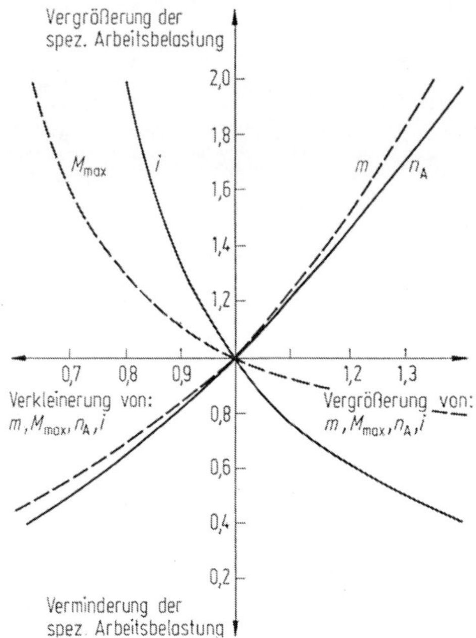
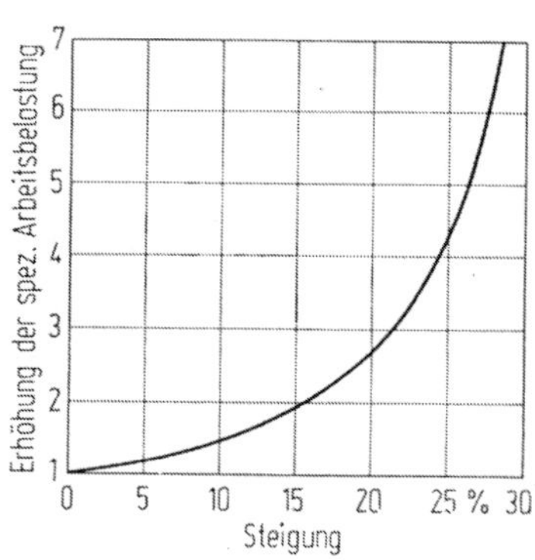

Bild 8.5                                              Bild 8.6

Bild 8.5. Änderung der spezifischen Arbeitsbelastung durch die Einflußgrößen $m$, $M_{max}$, $n_A$, $i$ (wie Bild 8.4), jedoch bei Anfahren im 1. Gang, 15 % Steigung

Bild 8.6. Erhöhung der spezifischen Arbeitsbelastung allein in Abhängigkeit vom Anfahren (1. Gang) in Steigungen

— Kupplung:

  — Anpreßkraft (Minimalwert),

  — Reibradius,

  — Gleitreibungszahl $\mu$,

  — Zahl der Reibflächen.

Außerdem sind interaktiv folgende Werte variierbar:

— zeitlicher Verlauf des Einkuppelvorganges (Anpreßkraft),

— Anfahrbeschleunigung,

— Anfahrdrehzahl des Motors,

— Motormindestdrehzahl,

— Steigung der Fahrbahn.

Eine geringere Anpreßkraft erhöht unter extremen Anfahrbedingungen die Schlupfzeit der Kupplung und damit deren Temperatur.

Das Einkuppeln beim fiktiven Anfahrvorgang am Berg wird durch den zeitlichen Verlauf der Anpreßkraft der Druckplatte charakterisiert (Bild 8.7). Nach diesem Diagramm werden die Reibarbeiten der einzelnen Anfahrabschnitte *1* bis *4* getrennt errechnet (s. Kapitel 2) und addiert. Der vierte Anfahrabschnitt existiert nur, wenn bei $t_3$ noch keine Drehzahlgleichheit eingetreten ist. Dies wird bei extremen Anfahrbedingungen jedoch in der Regel der Fall sein.

Die Anfahrdrehzahl ist angenommen. Solange das Drehmoment bei dieser Drehzahl ausreicht, kann sie beibehalten werden. Wird jedoch die Vollastkurve erreicht und ein

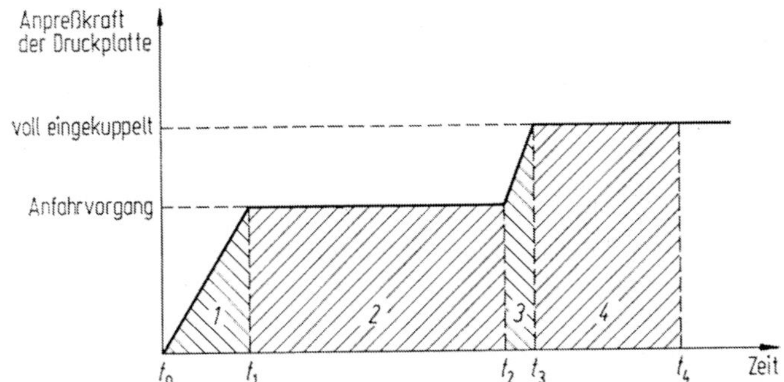


Bild 8.7. Zeitlicher Verlauf der Anpreßkraft der Kupplungsdruckplatte bei einem schweren Anfahrvorgang (Schema).

$t_0$ Einkuppelbeginn; $t_1$ Fahrzeug beginnt zu rollen. Im Anfahrabschnitt *1* wird die gesamte vom Motor abgegebene Arbeit als Reibarbeit in der Kupplung vernichtet

$t_0$ Einkuppelbeginn;

$t_1$ Fahrzeug beginnt zu rollen. Im Anfahrabschnitt *1* wird die gesamte vom Motor abgegebene Arbeit als Reibarbeit in der Kupplung vernichtet

$t_2$ Von $t_1$ bis $t_2$ wird die aufgebrachte Anpreßkraft konstant gehalten, d.h., konstantes Kupplungsmoment und konstante Beschleunigung im Anfahrabschnitt *2*.

$t_3$ Von $t_2$ bis $t_3$ wird die Anpreßkraft bis zur Konstruktionsgröße gesteigert, d.h., nicht konstantes Kupplungsmoment und Beschleunigung im Abschnitt *3*.

$t_4$ Einkuppelende (schlupffreier Betrieb). Von $t_3$ bis $t_4$ im Anfahrabschnitt *4* je nach Verhältnis von Motormoment zu Fahrwiderstand konstante oder nicht konstante Beschleunigung

noch höheres Motormoment benötigt, richtet sich der weitere Drehzahlverlauf nach der Vollast-Momentencharakteristik des Motors. Der aus der Drehzahlabsenkung und dem Massenträgheitsmoment resultierende zusätzliche Momentenanteil ist in der Rechnung berücksichtigt. Weitere vereinfachende Annahmen:

— Anfahrdrehzahl (für Pkw-Benzinmotor):

$$n_A = 0{,}8\ n_{max} = 5000\ \text{min}^{-1},$$

— Anfahrbeschleunigung, bei der die Reibarbeit ihr Maximum erreicht: $a_A = 0{,}7\ \text{m/s}^2$,
— Steigung 12%,
— Gleitreibungszahl $\mu = 0{,}23$.

Das Rechenverfahren nach Seybold wird für Personenwagen verwendet, ist aber auch für andere Fahrzeuge brauchbar. Die errechneten Kurven zeigen eine gute Übereinstimmung mit der Praxis und lassen zusammengefaßt folgende Schlüsse zu:

— Bei gleicher Anfahrdrehzahl steigen mit zunehmender Motorleistung (Hubraum) die Einkuppelzeit und die Reibarbeit bis zu einem Maximum stark an und bleiben dann konstant. Grund dafür ist das geringere Absinken der Motordrehzahl beim Anfahren.
— Wird die Anfahrdrehzahl möglichst klein gehalten, nimmt die Reibarbeit mit zunehmender Motorleistung stark ab. Die Einkuppelzeit bleibt ungefähr konstant.
— Mit zunehmender Übertragungsfähigkeit der Kupplung, erhöht werden Reibradius und/oder Anpreßkraft, nimmt die Einkuppelzeit und damit die Reibarbeit ab.
— Höheres Fahrzeuggewicht und kleinere Übersetzung (für geringeren Treibstoffverbrauch) vergrößern die Reibarbeit.

Die Übereinstimmung wesentlicher Aussagen mit dem im Abschnitt 8.3.2.1 geschilderten Verfahren ist augenfällig.

## 8.4 Berechnung von Ausrückern

Die Kupplungsausrücker (Ausrücklager) werden im Kraftfahrzeug bei korrekten Einbauverhältnissen fast ausschließlich axial beansprucht. Trotzdem verwendet man hier spezielle Radiallager, sogenannte Schrägkugellager, selten auch Hochschulterlager. Der Grund liegt in der mit ihnen möglichen weit einfacheren Bauform und in der besseren Fetthaltung (Schmiermittel).

Die Berechnung der Ausrückkugellager erfolgt nach den Formeln der Kugellagerhersteller auf Lebensdauer. Wegen der doch rauheren Beanspruchung wird ein Sicherheitsfaktor von 20 bis 30%, je nach Einsatzart, von der Lebensdauer abgezogen.

Wie bei den meisten Speziallagern spielt auch hier die Erfahrung eine entscheidende Rolle. Die Beratung durch den Hersteller von Kupplungsausrückern sollte daher nicht umgangen werden.


## 8.5 Belastungsgrenzen

Bei einer mechanisch ausreichend dimensionierten Kraftfahrzeugkupplung mit richtig gestalteten Verschleißteilen setzt in der Regel die auftretende Temperatur die Belastungsgrenze.

Es ist schwierig, für die vielen unterschiedlichen Einsatzfälle Anhaltswerte zu geben. Der sicherste Weg bleibt, die flächenbezogene Schaltarbeit von im Einsatz bewährten vergleichbaren Fahrzeugen zu bestimmen und als Maßstab heranzuziehen. Etwaige Unterschiede können durch Sicherheitsfaktoren ausgeglichen werden.

Erfahrungswerte nach der Berechungsmethode von Abschnitt 8.3.2.1 sind in Tabelle 8.2. zusammengefaßt.

Tabelle 8.2   Maximal zulässige reibflächenbezogene Schaltarbeit (spezifische Arbeitsbelastung s. Abschnitt 8.3.2.1) bei Verwendung von organischen Kupplungsbelägen

| Fahrzeugart | Anfahren in Ebene $J/mm^2$ | 15% Steigung $J/mm^2$ |
|---|---|---|
| Personenwagen | 1,2 | 2,2 |
| leichte Nutzfahrzeuge | 1,0 | 2,0 |
| schwere Nutzfahrzeuge | 0,6 | 1,5 |

Die zulässige Temperatur der Kupplungsdruckplatte wird begrenzt durch die aus dem Setzverlust der Feder(n) entstehende Verringerung der Anpreßkraft. Diese Temperaturgrenze liegt allerdings meist höher als jene für die Kupplungsscheibe.

Wie mehrfach erwähnt, bestimmen die auf der Kupplungsscheibe aufgebrachten Kupplungsbeläge in der Regel die Funktionsgrenze der gesamten Kupplung. Als zulässige Grenztemperatur gilt hier diejenige, bei der die Funktionfähigkeit der Kupplung gerade noch gewährleistet ist. Zwar wird dann der Kupplungsbelag bereits an seiner Oberfläche zerstört, doch bleibt sein Kern noch gesund. Dieser Bereich ist mit sehr hohem Verschleiß verbunden.

Für organische Beläge (s. Abschnitt 9.4.2) beträgt diese Temperatur, gemessen an der Anpreßplatte etwa 0,5 mm unter der Reibfläche, etwa 280 °C, die Lufttemperatur in der geschlossenen Kupplungsglocke 180 bis 200 °C. Es ist möglich, diese Werte auch am

Prüfstand nachzuvollziehen, indem man die reibflächenbezogene Leistungsbelastung durch häufigere Betätigung steigert. Für einige heute übliche Belagsorten zeigen die Bilder 8.8 und 8.9 das Ergebnis für einen Kupplungsdurchmesser von 350 mm.

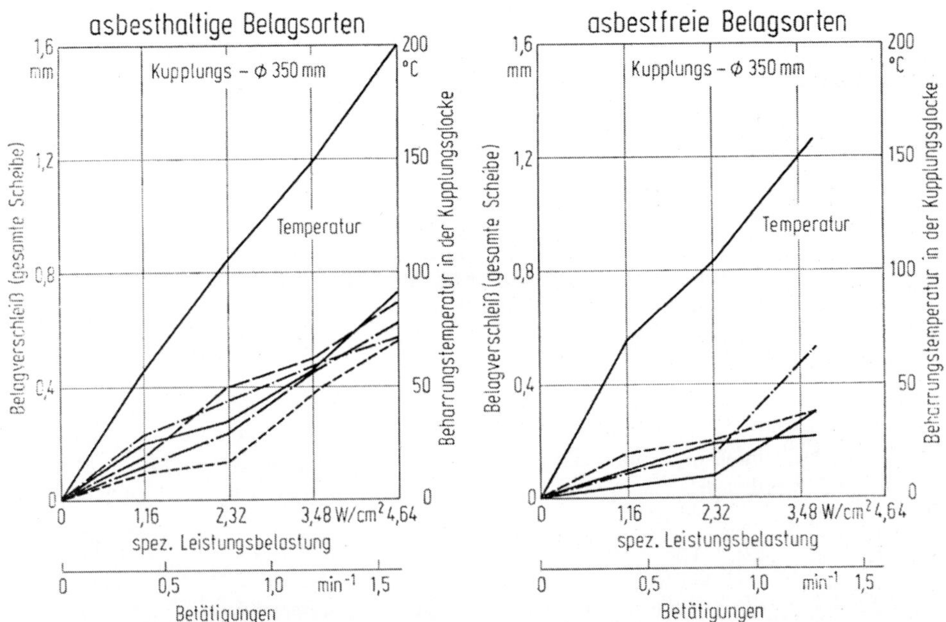


Bild 8.8 und 8.9. Belagverschleiß und Temperatur in der Kupplungsglocke in Abhängigkeit von der flächenbezogenen Leistungsbelastung (Einkuppelfrequenz) von asbesthaltigen (Bild 8.8) und asbestfreien (Bild 8.9) Belagsorten.

Prüfstandbedingungen:

| | |
|---|---|
| Belagaußendurchmesser | 350 mm |
| Prüfdrehzahl | 2000 min$^{-1}$ |
| Massenmoment des zu beschleunigenden Prüfstandsschwungrades | 10,1 kg m$^2$ |
| flächenbezogene Schaltbarkeit | 1,77 J/mm$^2$ |
| Reibflächenmaterial | GG 30 |

Der Test wird nacheinander in maximal fünf steigenden Leistungsbelastungsstufen durchgeführt, pro Stufe mit 600 Einkuppelvorgängen. Er endet mit der Zerstörung der Kupplungsbeläge durch thermische Überlastung. Der zuletzt angegebene Belagverschleiß ist jener von der noch vollständig absolvierten Leistungsbelastungsstufe.
Die Kupplungsbelagsorten stammen von verschiedenen führenden Belagherstellern.

Bei anorganischen, metallischen Belägen (s. Abschnitt 9.4.2) ist die Grenze durch das Setzen der Belagfedern bei etwa 450 °C gegeben. Die Beläge selbst halten noch höheren Temperaturen stand. Werden Kupplungsscheiben ohne Belagfedern eingesetzt, ist die Grenztemperatur der Druckplatten zu berücksichtigen.

Bei Ausrückern ist das Schmierfett hinsichtlich Temperatur das schwächste Glied. Die Temperaturgrenze im Dauerbetrieb liegt bei etwa 130 °C, gemessen am Außendurchmesser des Außenringes. Sie kann kurzzeitig überschritten werden. Wirkt die höhere Temperatur zu lange ein, kommt es zum sogenannten Ausbluten des Fettes und damit zum Ausfall des gesamten Ausrückers.

# 9 Gestaltung von Kraftfahrzeugkupplungen

## 9.1 Allgemeines

### 9.1.1 Systematik und Aufgabe

Nach G. Pahl [28] sollen Kupplungen ganz allgemein

— Kräfte und Momente leiten (Leitungsfunktion),
— Wellenversatz ausgleichen (Ausgleichsfunktion),
— Trennen oder verbinden (Schaltfunktion).

Für die Kraftfahrzeugkupplung ist das Schalten die wesentliche Funktion.

Zum Schalten bedarf es eines Signals, der Betätigung. Kommt dieses von außen, spricht man von einer „fremdbetätigten Kupplung". Für die Kraftfahrzeugkupplung ist dies der Regelfall. Daneben unterscheidet die VDI-Richtlinie 2240 (Wellenkupplungen, systematische Einteilung) noch drehzahlbetätigte Kupplungen (z.B. Fliehkraftkupplungen), momentbetätigte Kupplungen (z.B. Rutschkupplungen) und richtungsbetätigte Kupplungen (z.B. Freiläufe).

Die VDI-Richtlinie 2241 (schaltbare fremdbetätigte Reibkupplungen und -bremsen) definiert

— Schalten: Verknüpfen oder Trennen der Drehmomentübertragung,
— Betätigen: Erzeugen oder Aufheben einer Anpreßkraft,
— Steuern: Auslösen der Betätigung.

Für die Wirkprinzipien von Schaltkupplungen kommen mehrere physikalische Effekte in Betracht. G. Pahl bringt in diesem Zusammenhang eine Übersichtstabelle (Bild 9.1).

| Physikalischer Effekt | Funktion | Kraft erzeugen A | Kraft übertragen B |
|---|---|---|---|
| mechanisch | | | |
| Reibungskräfte | 1 | | × |
| elastische Kräfte (Feder) | 2 | × | |
| Fliehkräfte | 3 | × | |
| hydraulisch | | | |
| Druckkräfte | 4 | × | |
| Strömungskräfte | 5 | | × |
| viskose Reibkräfte | 6 | | × |
| pneumatisch | | | |
| Druckkräfte | 7 | × | |
| elektromagnetisch | | | |
| (magnetisch) | 8 | × | × |

Bild 9.1. Übersicht von physikalischen Effekten zur Erzeugung und Übertragung von Kräften an Schaltkupplungen. (Nach G. Pahl)

Mit ihr lassen sich durch Kombination dieser Effekte die verschiedensten Schaltkupplungen entwickeln. So ergibt z.B. A2 + B1 die mechanisch betätigte, A4 + B1 die hydraulisch betätigte Reibkupplung.

Die Schaltfunktion umfaßt zwei unterschiedliche Aufgaben:

— das Fahrzeug aus dem Stand beschleunigen, d.h., solange mit Schlupf arbeiten, bis die Fahrgeschwindigkeit einer ausreichenden Motordrehzahl entspricht;
— zum Zwecke des Getriebegangwechsels während der Fahrt die Kraftverbindung zwischen Motor und Getriebe kurzzeitig zu unterbrechen.

Die erste Aufgabe (Anfahrbelastung) stellt überwiegend ein thermisches Problem dar, die zweite (Gangwechsel) eines der Übertragungsfähigkeit der Kupplung (s. Kapitel 8).

## 9.1.2 Geschichtliche Entwicklung

Das einfachste Mittel, um ein stehendes Fahrzeug durch einen rotierenden Motor in Bewegung zu setzen, ist zweifellos der rutschende Flachriemen aus Leder. Hierbei entspricht der lockere Riemen der Stellung „ausgekuppelt". Sein langsames Spannen setzt das Fahrzeug allmählich in Bewegung. Ganz straff gespannt bedeutet „eingekuppelt". Geschichtlich erwiesen ist eine ähnliche, aber sicher haltbarere Riemenkupplung beim Wagen von C. Benz. Dort wurde der Riemen von einer leerlaufenden Scheibe auf die mitnehmende verschoben.

In der Anfangszeit des Automobils ersann man die vielgestaltigsten Kupplungsformen, aus denen sich allmählich die Konuskupplung als robuste und praktisch brauchbare Lösung herauskristallisierte. Sie dominierte bis etwa 1925. (Von den zahlreichen anderen Lösungen soll hier die bewährte Federbandkupplung von G. Daimler wenigstens dem Namen nach erwähnt werden). Anfänglich benutzte man im Automobilbau fast allgemein Leder oder Kamelhaar zum Belegen jenes Kegels, welcher in den Gegenkonus — meistens das Schwungrad — gedrückt wurde. Kamelhaar ist gegen Fett und Hitze weniger empfindlich als Leder.

Bedeutung erreichten auch die Lamellenkupplungen. Bei ihnen läuft eine größere Anzahl von Kupplungsscheiben gegeneinander, und zwar in der Regel immer eine Stahlscheibe gegen eine aus Bronze. Diese Kupplungsscheiben wurden meistens mit Petroleum gekühlt und geschmiert, das man einfach in das Kupplungsgehäuse einfüllte. Der größte Vorzug der Lamellenkupplung ist ihr weiches Greifen, das ein sanftes Anfahren ermöglicht. Ein weiterer Vorteil war die Anpassungsfähigkeit an verschiedene Motorenleistungen durch Variation der Anzahl der Plattenpaare. Ihr Hauptnachteil ist das schlechte Trennen im ausgerückten Zustand.

Seit etwa 1925 verwendete man schnell zunehmend Kupplungen mit trockenen Reibscheiben. Sie waren bereits mit Kupplungsbelägen auf Asbestbasis in der uns heute bekannten Form benietet. Die Führung der Anpreßplatte dieser Kupplungen erfolgte noch lange Zeit hindurch mittels — klemmgefährdeter — Bolzen. Die Anpreßkraft lieferte eine große zentrale Schraubendruckfeder über Hebel an die Anpreßplatte. Da diese Hebel dauernd unter dem vollen Druck standen, verschlissen sie nicht nur schnell, sondern verursachten auch eine untragbar hohe Reibung (Abschnitt 9.3.1).

Bald erkannten die Kupplungskonstrukteure die Vorteile von geschlitzten Tellerfedern (Membranfedern) zum Erzeugen der Anpreßkraft. Sie waren drehzahlunempfindlich und ermöglichten eine Verringerung der Ausrückkraft.

Damit ist schon der Stand der heutigen Technik erreicht: Die trockenlaufende Einscheibenreibkupplung. Nur für Ausnahmefälle (große Nutzfahrzeuge, Rennsport) werden mehrere Scheiben, jedoch höchstens drei, verwendet.

## 9.2 Schwungrad

### 9.2.1 Aufgabe und grundsätzliche Gesichtspunkte

Aufgrund der Arbeitsweise und der beschränkten Zahl der Zylinder gibt jeder Verbrennungsmotor stets ein ungleichmäßiges Drehmoment ab. Zum Ausgleich bietet sich — als Energiespeicher — ein Schwungrad an, das fest mit der Kurbelwelle des Motors verbunden ist. Je größer das Trägheitsmoment dieses Schwungrades gewählt wird, um so gleichmäßiger, runder, läuft der Motor.

Die im Schwungrad gespeicherte Energie erleichtert auch das Anfahren des Fahrzeuges wesentlich, besonders in Steigungen und mit Anhängerlast. Ackerschlepper und Nutzfahrzeuge haben daher große Schwungräder, vor allem, wenn sie mit Dieselmotoren mit geringer Zylinderzahl ausgerüstet sind. Nachteilig wirkt sich bei großen Schwungrädern das hohe Gewicht aus und die Beeinträchtigung des Motortemperaments. Leichte Schwungräder werden deshalb bei vielzylindrigen Benzinmotoren, besonders mit sportlicher Charakteristik, bevorzugt.

Wegen dieser Aufgaben ist das Schwungrad eigentlich ein Teil des Motors. Da es aber andererseits eine Reibfläche der Kupplung stellt und somit rund die Hälfte der entstehenden Reibungswärme aufnehmen und abführen muß, ist es auch ein wichtiger und wesentlicher Teil der Kraftfahrzeugkupplung.

### 9.2.2 Ausführungsformen

Konstruktiv unterscheidet man nur zwei Schwungradformen: das Topfschwungrad und das Flachschwungrad (Bild 9.2). Sie sind mit den empfohlenen Größenabstufungen in den SAE-Normen J618d (Einscheibenkupplung) und J619d (Zwischeibenkupplung) festgelegt.

Das Topfschwungrad bietet als Vorteile ein großes Trägheitsmoment bei geringem Gewicht und einen Sicherheitsschutz beim etwaigen Bersten der Anpreßplatte oder der Kupplungsbeläge bei Überdrehzahlen. Wegen dieser Vorzüge wird es heute überwiegend verwendet. Das Flachschwungrad hingegen ist billiger herzustellen und einfacher zu bearbeiten.

Beim Topfschwungrad müssen in Verlängerung der Reibfläche radiale Bohrungen zum Abtransport des Belagabriebes sowie für die nötige Kühlluft vorgesehen werden.

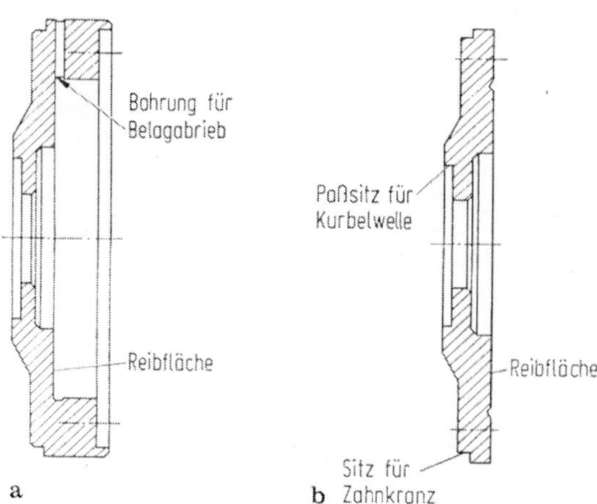


Bild 9.2. Formen des Motorschwungrades

### 9.2.3 Material und Lauffläche

Wie bei der Anpreßplatte der Kupplungsdruckplatte kommt auch beim Schwungrad der Wahl des Materials besondere Bedeutung zu. Dies deshalb, weil diese beiden Teile die Gegenreibflächen für die Kupplungsscheibe darstellen und die Reibpaarung einen entscheidenden Einfluß auf Anfahreigenschaften, Verschleiß sowie Rupfneigung hat.

Vor allem für den Verschleiß organischer Reibbeläge ist der schnelle Abtransport der entstehenden Wärme von den Reibflächen entscheidend. Da diese Kupplungsbeläge als schlechte Wärmeleiter selbst nur sehr wenig Wärme aufnehmen, ist die Wärmeleitfähigkeit der Anpreßplatte und des Schwungrades ausschlaggebend.

Hier hat sich wegen der laminaren Graphitausbildung (gute Wärmeleitung) der hochwertige Grauguß GG 25 klar durchgesetzt. Er ist preisgünstig und ergibt mit allen Belagmaterialien gute Laufeigenschaften. Nur für hochdrehende Sportmotoren verwendet man den zwar deutlich festeren, dafür aber teureren Sphäroguß, etwa GGG 50 oder GGG 60. Durch die kugelförmige Ausbildung des Graphits liegt die Wärmeleitfähigkeit dieses Materials zwischen der von Grauguß und Stahl. Stahl läuft trocken nur gegen sehr wenige Reibstoffe befriedigend, weshalb man nur in sehr seltenen Fällen (Rennwagen) auf dieses Material zurückgreift.

Für die Bearbeitung der Laufflächen hat sich Feindrehen mit einer Rauhtiefe $R = 3,2\ \mu$m als optimal erwiesen. Schleifen oder Polieren der Reibflächen erscheint weniger vorteilhaft.


## 9.3 Kupplungsdruckplatten (Erzeugen der Anpreßkraft)


### 9.3.1 Aufgabe und grundsätzliche Gesichtspunkte

Die Aufgabe, möglichst gleichmäßig verteilt über eine größere Fläche eine relativ große Axialkraft zu erzeugen, ist im Prinzip durch vier Möglichkeiten lösbar:
— mechanisch: durch vorgespannte Stahlfedern,
— hydraulisch: durch (Ring-) Kolben, Balg oder Membrane,
— pneumatisch: wie hydraulisch,
— elektromagnetisch.

Hiervon findet im Kraftfahrzeug in Zusammenhang mit handgeschalteten Getrieben und fußbetätigten Kupplungen heute nur die mechanische Lösung Verwendung, weil sie einfach aufgebaut, preisgünstig, wartungsfrei und temperaturbeständig ist (Abschnitt 8.1).

Bei mechanischen Kupplungsdruckplatten wird die zum Reibschluß nötige axiale Anpreßkraft ausschließlich durch vorgespannte Druckfedern aus Stahl erzeugt.

Früher war es üblich, zur Erzeugung des Anpreßdruckes eine oder auch mehrere zentral angeordnete Schraubenfedern einzusetzen, die ihre Kraft — vielfach verstärkt — über Hebel auf die Anpreßplatte abgaben. Die dauernd unter der vollen Last stehenden Hebel arbeiten sich jedoch an ihren Auflagen ein und verursachen eine unerwünscht große Hysterese. Der Belagverschleiß wirkte sich auch im Verhältnis der Hebelübersetzung erhöht als Anpreßkraftverlust aus. Dieses System, so bestechend einfach es erscheint, wird daher heute in Europa nicht mehr angewendet (Abschnitt 9.1.2). Heute haben sich ausschließlich Kupplungsdruckplatten durchgesetzt, bei denen die Anpreßkraft entweder durch eine größere Anzahl von direkt auf die Anpreßplatte wirkenden axialen Schraubendruckfedern oder durch eine Tellerfeder (Membranfeder) entsteht.

Man kann daher die rein mechanisch arbeitenden Kupplungsdruckplatten einteilen in
— Membranfeder-Druckplatten,
— Tellerfeder-Druckplatten,
— Schraubenfeder-Druckplatten.

Besonders die ersteren sind wieder einzuteilen in
— drückend betätigte Kupplungsdruckplatten,
— ziehend betätigte Kupplungsdruckplatten.

Auch andere Einteilungssysteme sind möglich, etwa nach dem Material des Druckplattengehäuses (Stahlblech, Grauguß, Sphäroguß, Stahlguß, Leichtmetallguß) oder nach der Schwungradform in Druckplatten für Topfschwungrad oder Flachschwungrad. Die recht zahlreichen bewährten Ausführungsformen sind in den Katalogen der Hersteller übersichtlich zusammengefaßt.

## 9.3.2 Membranfeder-Druckplatten

Die axiale Anpreßkraft erzeugt eine vorgespannte Tellerfeder, die durch mehrere, vom Innendurchmesser ausgehende radiale Schlitze gekennzeichnet ist (Bild 9.3). Durch diese Schlitze entstehen Zungen, über die die Druckplatte ausgerückt wird. Die Planlage der Membranfeder liegt nahe beim oder in ihrem Arbeitsbereich.

*Membranfeder*

Definitionsgemäß versteht man unter einer Membranfeder eine ringförmige Tellerfeder mit nach innen führenden Federzungen. Die Membranfeder ist mit Abstand das wichtigste und schwierigste Teil der Druckplatte. Ihre genaue Herstellung in großen Stückzahlen erfordert Erfahrung sowie eine aufwendige Produktionseinrichtung mit guter Materialprüfung.

Für die Berechnung ist das Näherungsverfahren nach Almen und László üblich. Die entsprechenden Formeln für die Kraftkennung und Spannungen sind in der DIN 2092 angegeben. Diese Formeln gelten jedoch nur für am Außen- und Innendurchmesser des Ringquerschnittes abgestützte Tellerfedern. Diese Voraussetzung ist bei den hier benötigten Membranfedern eigentlich nicht erfüllt. Hier helfen die Formeln von Muhr und Niepage [25], die den Einfluß von beliebigen Auflage- und Abstützdurchmessern berücksichtigen. Problematisch bleiben:
— der Einfluß der Federzungen (er ist mit den vorhandenen Formeln nicht erfaßbar),
— der Übergang von den Federzungen zum ungeschwächten Ringquerschnitt (dieser spielt besonders für die Lebensdauer der Feder eine entscheidende Rolle; eine Ermittlung der Spannungen durch die Finite-Elemente-Methode ist jedoch möglich),
— die plastische Verformung (bei vielen Membranfedern ist leider eine Belastung bis in den plastischen Bereich hinein unvermeidbar; dadurch entstehen komplizierte Eigenspannungen, die das theoretische Rechenergebnis beeinträchtigen).

*Anpreßplatte*

Formgebung und Materialauswahl sind für die Funktion und Lebensdauer der Kupplung von großer Bedeutung. Einerseits ist eine möglichst schwere Anpreßplatte wegen der höheren Wärmespeicherfähigkeit beim Anfahrvorgang wünschenswert, auf der anderen Seite belastet ein höheres Gewicht die Federbänder der Aufhängung. Eine Oberflächenvergrößerung durch Verrippung der Anpreßplattenrückseite und ein gelenkter Kühlluftdurchsatz (Löcher im umgebenden Druckplattengehäuse) sollten auf jeden Fall, besonders bei großen Nutzfahrzeug-Druckplatten, angestrebt werden (Abschnitt 8.2).

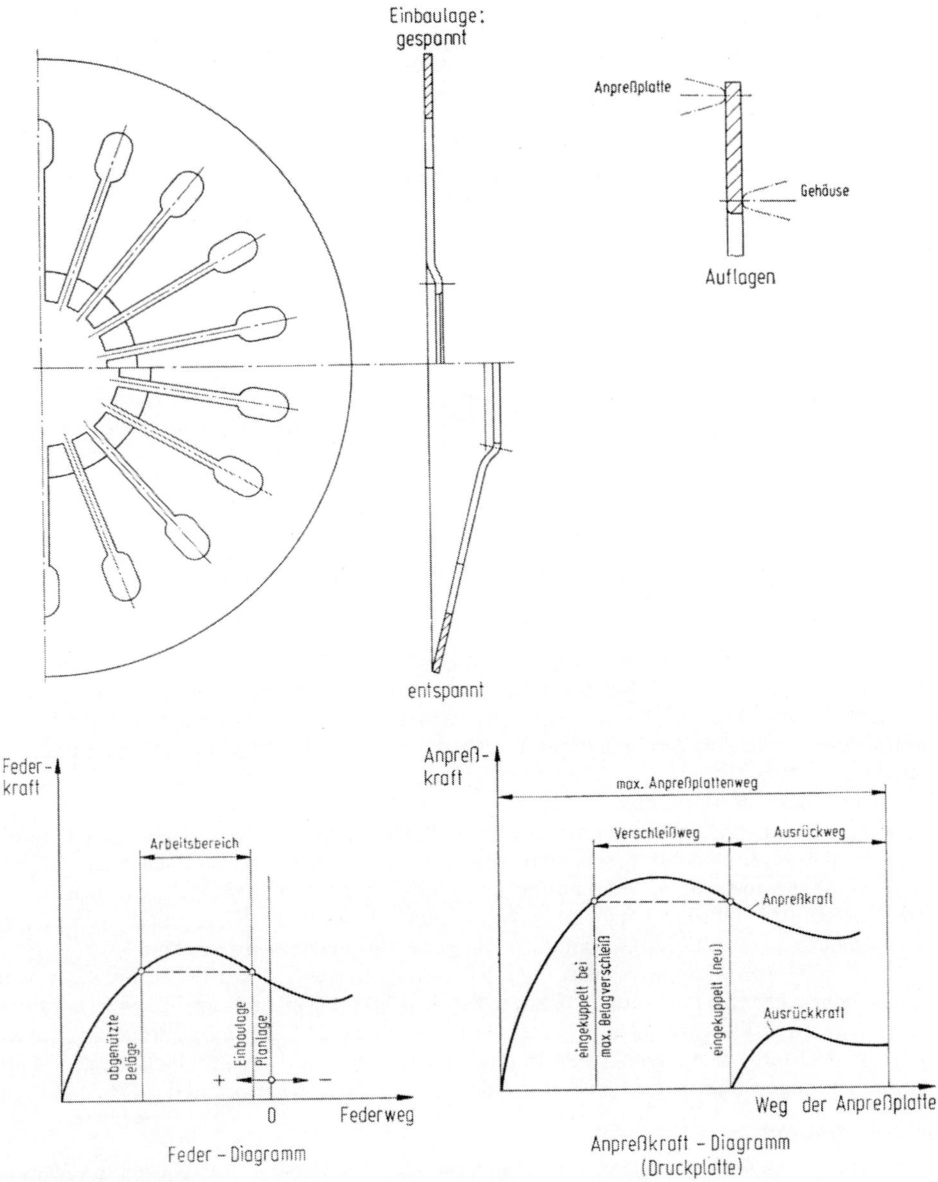


Bild 9.3. Membranfeder für Anpreßkraft in Kupplungsdruckplatten

Die Aufhängung der Anpreßplatte erfolgt heute für fast alle Druckplattenarten spiel- und reibungsfrei in Blattfedern. Diese haben hier drei Aufgaben zu erfüllen:

— Zentrieren der Anpreßplatte,
— Übertragung des Drehmomentes,
— Abheben der Anpreßplatte beim Auskuppeln.

Bei der letzten Funktion wirken die Blattfedern als Rückholfedern gegen die Kraft der Membranfeder. Die Kennungen müssen daher aufeinander abgestimmt werden.

*Anpreß- und Ausrückkraft*

Entscheidend für die Übertragung des Drehmomentes ist, neben der Gleitreibungszahl
der Kupplungsbeläge und dem Reibdurchmesser, die kleinste mit Sicherheit zur Verfügung stehende Anpreßkraft. Bei Schraubenfeder-Druckplatten ist der Zustand bei ab-
genützten Kupplungsbelägen der kritische Punkt, der, wegen der linearen Federkennung,
eine entsprechend höhere Anpreßkraft bei neuen Belägen erfordert (Bild 9.4).

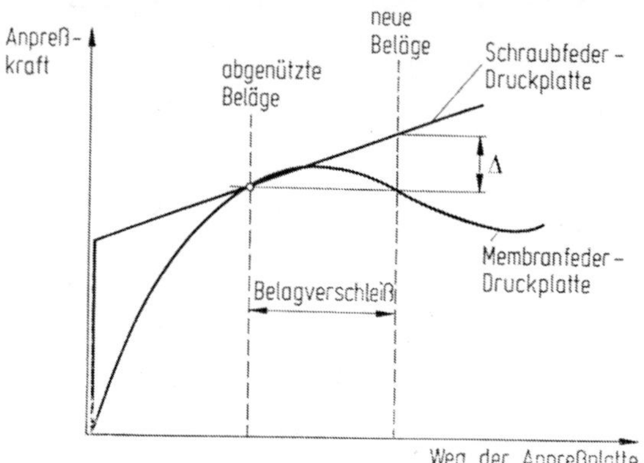


Bild 9.4. Gegenüberstellung des An-
preßkraftverlaufes bei Verschleiß der
Kupplungsbeläge für Druckplatten
mit Schraubenfedern und mit Membranfedern. $\Delta$ geringere Anpreßkraft
der Membranfeder-Druckplatte bei
neuen Belägen

Diesbezüglich ist die Membranfeder durch ihren Kennungsverlauf gegenüber der
Schraubenfeder im Vorteil. Sie ermöglicht eine geringere Anpreß- und dadurch auch eine
kleinere Ausrückkraft (Pedalkraft). Leider wird dieser Vorteil mit zunehmender Kupplungsgröße durch die Durchbiegungsverluste der Membranfederzungen geringer und ver-
schwindet schließlich. Diese Wegverluste haben die weit biegesteiferen Ausrückhebel
der Schraubenfeder-Druckplatten nicht.

Eine Sonderkonstruktion verbindet beide Vorteile: Tellerfeder mit flacher Kennlinie
für die Anpreßkraft und die steifen Ausrückhebel der Schraubenfeder-Druckplatten
(Bild 10.4). So ideal diese Verbindung hinsichtlich einer gleichmäßigen geringen Pedalkraft ist, rechtfertigt sie den großen Aufwand nur in besonderen Fällen; etwa wenn durch
sie eine noch teurere Servo-Kupplungsbetätigung vermieden werden kann.

Fußkräfte am Kupplungspedal über 200 N werden heute selbst bei Schwerlastwagen
nicht mehr akzeptiert. Dadurch gehört die Ausrückhilfe (Kupplungs-Servobetätigung)
bei schweren Nutzfahrzeugen zum modernen Standard. Sie ermöglicht auch einfach
sowie ohne Mehrkosten den Ausgleich der Wegverluste von der Durchbiegung der Membranfederzungen und damit den Einsatz der preiswerteren Membranfeder-Druckplatten.

*Vor- und Nachteile*

Wie bereits mehrfach dargelegt, verdrängen die Membranfeder-Druckplatten die Schraubenfeder-Druckplatten fast völlig vom Markt. Bei den kleinen und mittleren Größen ist
dieser Vorgang bereits praktisch abgeschlossen. Nur bei den großen Druckplatten für
schwere Nutzfahrzeuge kommt er, hauptsächlich wegen der geschilderten Wegverluste
infolge Durchbiegung der Membranfederzungen, langsamer voran.

Die Vorteile der Membranfeder-Druckplatten gegenüber den Schraubenfeder-Druckplatten sind:

— preiswerter durch weniger Einzelteile,
— flache Federkennung erlaubt geringere Pedalkraft (gilt nicht für die großen Abmessungen),

— drehzahlunempfindlich,
— kleinerer Raumbedarf durch flachere Bauweise,
— keine Deformation der Anpreßplatte durch Ausrückhebel („Brückenbögen"),
— häufig mehr Platz für Torsionsdämpfer.

Nachteilig gegenüber den Schraubenfeder-Druckplatten sind:

— größeres Streuband für Anpreßkraft erforderlich,
— Veränderung der Anpreßkrafthöhe aufwendig,
— schwierige und komplizierte Herstellung der Membranfeder,
— Wegverluste infolge Durchbiegens der Federzungen (problematisch nur bei großen Abmessungen).

### 9.3.3 Schraubenfeder-Druckplatten

Zur Erzeugung der axialen Anpreßkraft dienen hier symmetrisch angeordnete, vorgespannte Schraubendruckfedern aus hochwertigem Stahldraht (Bild 10.6). Dieses Druckplattensystem ist historisch gewachsen und sehr bewährt. Es gliedert sich in besonders zahlreiche Formen für die verschiedenen Einsatzfälle, etwa als Zweifachkupplung (Hauptantrieb, Zapfwelle) für Traktoren oder Nebenabtriebskupplungen etwa für Betonmischfahrzeuge. Allerdings sind, wegen der geringeren Ausrückkraft bei kleineren Druckplatten und vor allem aus Preisgründen bei den großen, auch hier die Membranfeder-Druckplatten im Vordringen (Bild 9.18).

Schraubenfeder-Druckplatten haben folgende Vorteile:

— leichte und genaue Berechenbarkeit,
— enge Toleranz der Anpreßkraft,
— leichte Variationsmöglichkeit der Anpreßkraft,
— geringe Wegverluste und damit kleinere Ausrückkräfte durch biegesteife Ausrückhebel bei großen Kupplungsdurchmessern,
— sehr bewährte Konstruktion.

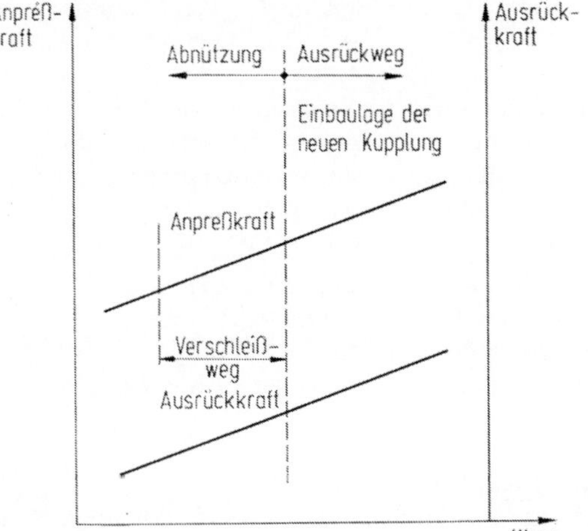


Bild 9.5. Anpreß- und Ausrückkraftverlauf schematisch über den Verschleißweg von Schraubenfeder-Druckplatten

Als Nachteile sind zu nennen:

— viele Einzelteile und dadurch teuer,
— bei hoher Drehzahl biegen sich die Federn mittig aus und verringern die Anpreßkraft,
— die Federn sitzen direkt auf der heißen Anpreßplatte (Setzverluste),
— lineare Federkennung erfordert hohe Ausrück- und Pedalkräfte (Bild 9.5).

Wie bereits erwähnt, haben die Membranfeder-Druckplatten jene mit Schraubenfedern zur Erzeugung der Anpreßkraft heute in den kleinen und mittleren Kupplungsgrößen praktisch völlig verdrängt. Nur in den großen Abmessungen und in Sondereinsatzfällen können sich noch Schraubenfeder-Druckplatten, hauptsächlich wegen der geringeren Wegverluste des biegesteifen Ausrücksystems, halten.

### 9.3.4 Drückende und ziehende Betätigung (Bild 9.6)

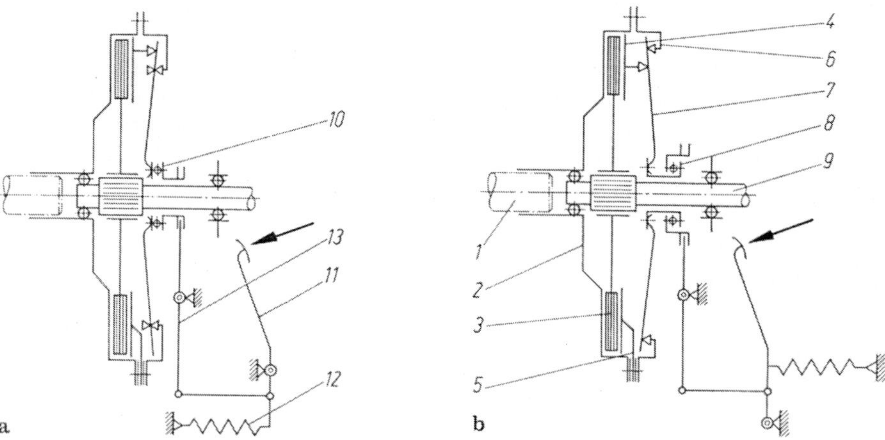

Bild 9.6. Schematische Darstellung einer drückenden (a) und einer ziehenden (b) Betätigung.
*1* Motorkurbelwelle; *2* Motorschwungrad; *3* Kupplungsscheibe; *4* Anpreßplatte mit Auflage für
Membranfeder *7*; *5* Federbandaufhängung für *4*; *6* Kupplungsgehäuse mit Auflage für *7*; *7* Membranfeder mit Ausrückzungen; *8* gezogener Ausrücker; *9* Getriebeeingangswelle; *10* gedrückter
Ausrücker; *11* Kupplungspedal; *12* Rückzugfeder; *13* Ausrückgabel. Die Bezeichnungen gelten
sinngemäß für beide Skizzen

Der Regelfall für mechanisch arbeitende Kupplungsdruckplatten ist die drückende Betätigung. Sie hat sich, vor allem wegen der leichteren Montage des Ausrückers, im Kraftfahrzeugbau durchgesetzt. In letzter Zeit ist aber, vor allem bei Nutzfahrzeugen, ein zunehmender Trend zur ziehenden Betätigung vorhanden. Er resultiert aus den bestechenden
Vorteilen der ziehend betätigten Membranfeder-Druckplatten:

— günstiger Verlauf der Anpreß- und Ausrückkraftkennung (Bild 9.7);
— keine Abhubverluste bei Verschleiß der Membranfederauflagen;
— höhere Anpreßkräfte bei gleichem Einbauraum möglich,
— geringere Ausrückkräfte wegen möglicher größerer Übersetzung (Bild 9.8);
— kleinere axiale Bauhöhe;
— weniger Einzelteile, geringeres Gewicht;
— fast keine Durchbiegungsverluste im Druckplattengehäuse;
— kleinere Spannungen in der Membranfeder durch günstige Kraftverteilung, daher
  bessere Haltbarkeit der Membranfeder.

Diesen Vorteilen stehen als Nachteile gegenüber:

— Montage der Kupplung mit Ausrücker ist ungünstiger,
— Ausrücker aufwendiger und teurer.

Wegen dieser Vorzüge werden ziehend betätigte Membranfederkupplungen ganz allgemein überall dort bevorzugt, wo bei beengtem Bauraum große Drehmomente zu übertragen sind. Dies ist etwa bei Sportfahrzeugen, besonders aber bei großen Nutzfahrzeugen der Fall.

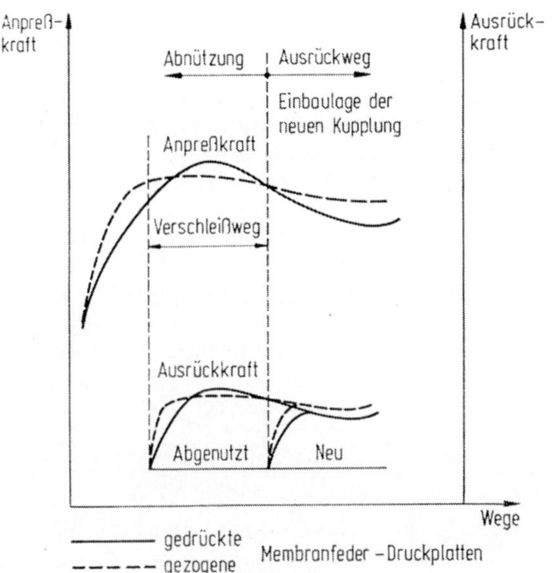


Bild 9.7. Vergleich Anpreß- und Ausrückkraft von gedrückten und gezogenen Membranfeder-Druckplatten. Vorteil der flacheren Kennung

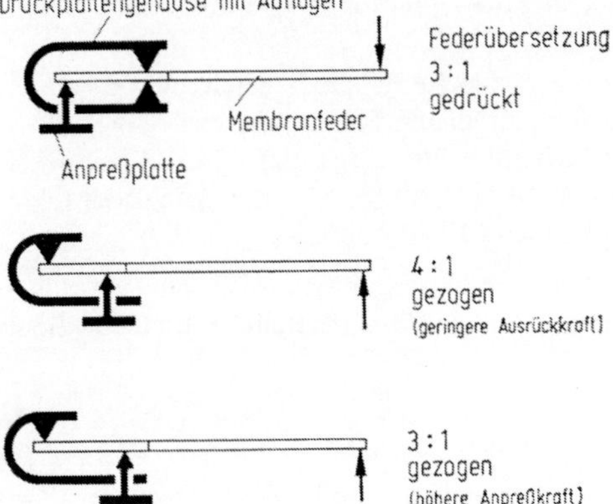


Bild 9.8. Gegenüberstellung drückende und ziehende Betätigung von Membranfeder-Druckplatten. Vorteil der möglichen größeren Übersetzung

## 9.4 Kupplungsscheiben (Reibsysteme)

### 9.4.1 Aufgabe und grundsätzliche Gesichtspunkte

Motorschwungrad, Kupplungsscheibe und Kupplungsdruckplatte stellen zusammen ein Reibsystem dar. Die Kupplungsscheibe wird dabei durch vorgespannte Stahlfeder(n) zwischen der Anpreßplatte der Druckplatte und dem Schwungrad festgeklemmt. Dieser Klemmvorgang kann allmählich (Anfahren aus dem Stand) oder schnell (Schalten während der Fahrt) erfolgen.

Die Hauptaufgabe der Kupplungsscheibe im Reibsystem ist die Weiterleitung des Antriebsdrehmomentes vom Motorschwungrad sowie der Kupplungsdruckplatte zur Getriebeeingangswelle. Sie ist also Reibpartner sowohl des Schwungrades als auch der Anpreßplatte. Wegen ihrer günstigen Lage im Kraftfluß verringert sie darüber hinaus durch besondere Einrichtungen noch Getriebegeräusche (Torsionsdämpfer, Abschnitt 9.4.3.1) und macht den Anfahrvorgang weicher (Belagfederung, Abschnitt 9.4.3.2).

Die einfachste konstruktive Lösung der Hauptaufgabe wäre eine Stahlblechscheibe, die drehfest aber axial verschiebbar auf der Getriebeeingangswelle sitzt und zwischen Schwungrad und Druckplatte geklemmt wird. Besonders aus Geräusch- und Verschleißgründen reicht diese Lösung im Kraftfahrzeugbau nicht aus. Auch wäre die Gleitreibungszahl (Reibwert) zu unsicher und zu klein. Es ist daher im Automobilbau notwendig, diese Stahlscheibe beidseitig mit besonderen Reibmaterialien (Kupplungsbelägen) zu versehen, die nun zum Reibpartner der Reibflächen auf dem Schwungrad und der Anpreßplatte werden.

### 9.4.2 Kupplungsbeläge (Reibstoffe)

Als Reibstoffe für die Kupplungsbeläge kommen sehr unterschiedliche Materialien in Betracht. Für die trocken laufende Scheibenkupplung im Kraftfahrzeugbau haben sich jedoch klar durchgesetzt:

— Organische Kupplungsbeläge: Das ist jene Gruppe, der wir heute im Automobil fast ausschließlich begegnen. Organische Kupplungsbeläge werden stets ringförmig beidseitig auf die Kupplungsscheibe aufgenietet, in Ausnahmefällen auch (zusätzlich) geklebt.

— Metallische Sinterbeläge: Diese, auch als keramische Beläge bezeichneten Stoffe werden für hohe Beanspruchungen, besonders für große Schlepper, mittlere Schlepper mit Frontladeeinrichtung oder für Erdarbeitsgeräte eingesetzt. Das Belagmaterial wird entweder direkt auf die Kupplungsscheibe aufgesintert (Rennwagen) oder über — meist trapezförmige — Trägerbleche aufgenietet (Bild 10.9).

Die folgenden Ausführungen beziehen sich streng genommen zwar nur auf die verbreiteten organischen Kupplungsbeläge, doch gilt vieles Grundsätzliche auch für die metallischen Sinterreibstoffe (Abschnitt 9.4.2.3).

### 9.4.2.1 Funktion und Anforderungen

Die Reibungswärme aus der Reibarbeit entsteht bei der üblichen Einscheiben-Kraftfahrzeugkupplung an den beiden Reibflächen zwischen Schwungrad und Kupplungsscheibe sowie Anpreßplatte und Kupplungsscheibe. Bei der Zweischeibenkupplung kommen noch die beiden Reibflächen an der Zwischenscheibe dazu. Wie bereits dargelegt, trägt die Kupplungsscheibe an ihren beiden Seiten stets besondere Reibbeläge. Diese bestimmen entscheidend die Reibpaarung. Ihre Aufgabe ist es vor allem, für eine hohe und möglichst konstante Gleitreibungszahl (Reibwert) zu sorgen sowie als Verschleißteil die Beschädigung des teuren Schwungrades und der Kupplungsdruckplatte zu vermeiden.

Im Fahrbetrieb bildet sich an der Reibfläche des Kupplungsbelages Reibkohle von etwa 0,03 bis 0,05 mm Schichtdicke. Der Übergang zum unveränderten Ursprungsmaterial verläuft gleichmäßig. Die eigentlichen Reibpartner sind also Reibkohle und Schwungrad bzw. Anpreßplatte. Zu dicke Reibkohleschichten bröckeln wegen fehlender mechanischer Festigkeit und Verankerung im Untergrund leicht aus. Sie leiten bei wiederholt so hoher Belastung die Zerstörung der Reibbeläge ein.

So vielgestaltig wie die verschiedenen Beanspruchungen sind auch die zahlreichen Anforderungen an Kupplungsbeläge und deren Probleme. Sie gelten, mit wenigen Einschränkungen, für alle Reibstoffe:

— Geringes Gewicht: Das Gewicht der Kupplungsbeläge bestimmt entscheidend das Trägheitsmoment der Kupplungsscheibe und damit den Verschleiß der Getriebesynchronisation. Auch für die angestrebte hohe Berstdrehzahl ist ein geringes Gewicht wichtig. Leider erhöhen es die für die notwendige Abfuhr und Verteilung der Reibungswärme wesentlichen Metallbeimischungen erheblich.

— Verzugsfreiheit: Als schlechte Wärmeleiter sind organische Kupplungsbeläge im Fahrbetrieb an der Reibfläche heißer als auf der Rückseite. Wenn sie sich dadurch tellerförmig verziehen, gibt es Trennschwierigkeiten. Elastische Beläge mit kleinem $E$-Modul verhalten sich diesbezüglich günstiger als harte.

— Gute Anfahreigenschaften: Hierzu gehören weicher, rupffreier Eingriff sowie Geräusch- und Geruchsfreiheit.

— Hohe Festigkeit: Sie entscheidet, zusammen mit dem spezifischen Gewicht, die so wesentliche Berstdrehzahl und die Nietbodenfestigkeit (Nietbodendicke: mindestens eine volle (Asbest-) Fadenstärke; üblich sind 1,15 bis 1,5 mm).

— Hohe konstante Gleitreibungszahl: Der Reibwert soll 0,35 bis 0,4 betragen. Steigt er bei Erwärmung an, können die Beläge von den Nieten abreißen. Beläge mit hohem Reibwert neigen zu einem starken Abfall der Gleitreibungszahl beim Einlaufen und Angriff der Gegenreibflächen.

— Verschleißfestigkeit: Die Lebensdauer der Kupplungsbeläge soll bei normaler Fahrweise etwa die des Motors erreichen.

— Geringer Angriff des Gegenmaterials: Verschleißfeste Füllmittel in Verbindung mit hoher Gleitreibungszahl neigen, wie erwähnt, zum Angriff der Gegenreibflächen. Dieser Angriff ist allerdings ohne große Bedeutung. Zirkulare Reifen im Schwungrad und in der Anpreßplatte beeinträchtigen, selbst bei Tiefen von über 2 mm, nachweislich nicht das Eingriffs- und Anfahrverhalten.

— Ölunempfindlichkeit: Die heute üblichen dünnflüssigen Getriebeöle führen leichter zur Verölung der Kupplungsbeläge, der häufigsten Ursache für das Kupplungsrupfen.

— Keine Rissebildung: Dies ist beim Bohren der Belagringe und bei hoher thermischer Belastung (Spannungsrisse) bedeutungsvoll.

— Rostschutz. Noch nicht eingelaufene Kupplungsbeläge (fehlende Reibkohle) dürfen auch bei längeren Standzeiten im Freien (Winter) nicht an den Gegenreibflächen festrosten. Bei organischen Belägen ist die Imprägnierung mit Natriumnitrit üblich.

— Keine Adhäsion an den Gegenreibflächen: Diese kann durch zu glatte Laufflächen bei zu wenig Verschleiß (Abhilfe: Hohlnieten, Nutung der Laufflächen) oder durch chemische Einflüsse nach hoher thermischer Belastung entstehen.

— Nutbarkeit: Radialnuten werden manchmal zum Abtransport des Belagabriebes, für den Kühlluftdurchtritt und zur Vermeidung von Adhäsion an den Laufflächen der Kupplungsbeläge vorgesehen. Praktisch nachgewiesen ist ein solches Verhalten allerdings nicht.

– Umweltfreundlichkeit: Sowohl bei der Herstellung der Beläge als auch bei ihrer Montage wird Staubfreiheit gefordert. Heute werden asbestfreie Beläge angestrebt, weil Asbestfaserstücke (Länge: 5 bis 100 μm, Durchmesser: 3 μm) lungengängig sind und Krebs erzeugen können.
– Günstiger Preis: Dieser Aspekt tritt häufig zugunsten einer guten Qualität zurück. Der Preis ist in Relation zu setzen zur ermöglichten Laufstrecke (Lebensdauer), zu eventuellen Reklamationskosten und zur Kupplungsgröße. Manchmal ist es nämlich möglich, mit besonders hochwertigen Kupplungsbelägen eine kleinere und damit billigere Kupplung zu verwenden.

### 9.4.2.2 Organische Kupplungsbeläge

*Werkstoffe*

Der wichtigste Werkstoff für organische Kupplungsbeläge war bis vor kurzem Asbest, eine mineralische Faser mit guter mechanischer Festigkeit und hoher Hitzebeständigkeit. Wegen des Gesundheitsrisikos mußte Asbest als Belagwerkstoff jedoch ausscheiden. Als Ersatzstoffe für Asbest als Festigkeitsträger bieten sich an:

– kristalline Faserstoffe:
  – Stahlwolle (tiefe Reibungszahl, mäßig teuer, Problem mit Mischen und Wärmeleitung);
  – Kohlenstoffaser (tiefe Reibungszahl, extrem teuer, Problem mit Mischen und mit Gegenreibflächen-Angriff);
– amorphe Faserstoffe:
  – Schlackenwolle (geringe Festigkeit, gute Reibungszahl, billig, allerdings Mischprobleme, sehr spröde Faser, Verschleißverhalten kritisch);
  – Gesteinswolle (wie Schlackenwolle);
  – Glaswolle (gute Festigkeit und Reibungszahl, nur wenig teurer, Faser spröde);
– organische Faserstoffe (in erster Linie Polyaramid/KEVLAR: gute Festigkeit, etwas tiefe Reibungszahl, sehr gutes Verschleißverhalten, aber teuer und Fadinggefahr).

Der Ersatz von Asbest durch nur einen dieser Stoffe allein erscheint nicht möglich. Nur die Kombination von mehreren Festigkeitsträgern (Faserstoffen) mit passenden Reibwertmodifikatoren kommt in Betracht. Reibzement, eine Mischung aus Bindemitteln und Füllstoffen, ist ein solcher. Das Bindemittel ist meist eine Mischung aus verschiedenen Harzen und Kautschuk. Wegen seiner beschränkten Temperaturbeständigkeit (Maximaltemperatur je nach Harzzusammensetzung 190 °C) ist es das schwächste Glied in der Werkstoffkette. Deshalb erfolgt auch meist nur ein geringer Bindemittelzusatz von etwa 10 bis 20 Gewichtsprozent. Die Füllstoffe dienen nicht nur aus Preisgründen zum Strecken der teuren Basiswerkstoffe, sondern sind auch zum Konstanthalten der Reibungszahl und zum Ausgleich der negativen Eigenschaften der Bindemittel nötig.

Es gibt noch andere Werkstoffe, die den Kupplungsbelägen zugesetzt werden. Etwa Beschleuniger zum Abbinden, Verschleißmodifikatoren, Schleifstoffe u.ä. Diese wichtigen Materialien können, ebenso wie weitere Einzelheiten, der entsprechenden Literatur [5] entnommen werden.

*Herstellung*

Auch die Herstellung der Kupplungsbeläge entwickelt sich laufend weiter. Folgende Verfahren sind zur Zeit aktuell:

– Spiralwicklung: Der Rohling entsteht durch spiralförmiges Aufeinanderlegen eines Bandes. Beim anschließenden Pressen wird das Material allerdings oft so stark verformt, daß manche Fäden reißen. Dadurch können Festigkeit und Berstdrehzahl streuen. Verfahren verliert an Bedeutung.

— V-Verfahren: Gewebte Belagmaterialmatten werden imprägniert und zu Bändern geschnitten. Diese werden V-förmig geknickt und dann zu Spiralwickel verarbeitet. Bedeutung des Verfahrens geht zurück.

— Streu-Wickelverfahren (Scatter-wound): Ein Band von mehreren (etwa vier) Schnüren wird, nach der Imprägnierung, regellos zu einem Bandgelege aufgeschichtet. Der Zusammenhalt der Bänder ist relativ locker und nur so groß, wie für die folgende Verarbeitung unbedingt nötig.

— Zufalls-Wickelverfahren (Random-wound): Ähnlich dem Streu-Wickelverfahren, die Ablage der flachen Bänder auf einer rotierenden Ringscheibe zu einer Viellagenschicht wird aber durch eine Vorrichtung nach Vorgabe gesteuert. Meistens erfolgt sie etwa ellipsenförmig. Es ergeben sich gut gleichmäßige Rohlinge.

— Preßrohlinge: Diese Methode ergibt die preisgünstigsten, aber auch minderwertigsten Kupplungsbeläge. Das Stützgarn wird hier nicht in Form von Schnüren, sondern — je nach Qualität — als Fasern, Flocken oder auch als Schnurstücke zur Erhöhung der Festigkeit beigemischt oder in die Preßform eingelegt.

Weitere Herstellungsverfahren unterscheiden sich von den vorstehend geschilderten oft nur durch eine andere Bezeichnung.

Die Weiterverarbeitung der Rohlinge geschieht in drei Stufen. Zunächst werden sie bei Drücken von 200 bis 500 bar und Temperaturen von 160 bis 200 °C gepreßt. Dadurch erhält der Belagkörper seine endgültige Form und Festigkeit. Die gepreßten Beläge kommen anschließend zum Aushärten bis zu 24 h in heißluftbeheizte Trockenkammern. In ihnen wird die Temperatur nach einem bestimmten Programm zwischen 180 und 200 °C verändert. Im letzten Arbeitsgang werden die Kupplungsbeläge auf die vorgeschriebene Stärke und Durchmesser geschliffen. Sie sind dann, falls sie nicht noch auf das Nietbild gebohrt werden, verkaufsfertig.

### 9.4.2.3 Metallische Kupplungsbeläge

Metallische Beläge, manchmal im Gegensatz zu den „organischen" Reibmaterialien „anorganische" oder auch „keramische" genannt, bestehen aus Sinterbronze oder, seltener, aus Sintereisen (schlechteres Anfahrverhalten, mehr Gegenflächenangriff, Rostgefahr, preiswerter) mit zusätzlichen Legierungsbestandteilen. Vorteilhaft ist, daß sie fast völlig temperaturunempfindlich (Rotglut optimal) und extrem verschleißfest sind, sich für rauheste Betriebsbedingungen eignen, sowie hohe konstante Gleitreibungszahlen (Reibwert) zeigen. Nachteilig wirkt sich ihr rauher Eingriff, der Gegenflächenangriff (Riefenbildung), das höhere Gewicht, der höhere Preis und die Gefahr hörbarer Reibschwingungen aus. Als Besonderheit ist hier eine hohe Arbeitsbelastung (Erwärmung) für ein Optimum an Verschleiß und guten Laufeigenschaften nötig. Sinkt die Beanspruchung unter das für dieses Material erforderliche Maß, dann erhöht sich kurioserweise der Verschleiß und auch der Angriff der Gegenreibflächen nimmt zu.

Übliche Reibflächenpressung: 0,5 bis 0,9 N/mm².

Die gute Wärmeleitfähigkeit der metallischen Beläge führt zu einer sehr starken Erwärmung und damit Verzug der Trägerscheibe, wenn diese nicht entsprechend konstruktiv gestaltet ist. Bei geringerer thermischer Beanspruchung genügen radiale Entlastungsschlitze. Bei einer starken Belastung muß die Reibfläche in mehrere Segmente aufgeteilt werden, die einzeln und getrennt auf der eigentlichen Trägerscheibe zu befestigen sind (Bild 10.8). In besonders ungünstigen Fällen ist diese Befestigung zusätzlich thermisch schlecht leitend zu gestalten.

Eingesetzt werden Kupplungsbeläge aus Sintermetall vor allem bei Ackerschleppern, Kettenfahrzeugen, Erdarbeitsgeräten und überall dort, wo andere Belagmaterialien nicht mehr ausreichen oder die zum Erneuern der Beläge nötige Standzeit teurer kommt.

### 9.4.3 Gestaltung von Kupplungsscheiben

Die Aufgaben einer Kupplungsscheibe sind im Abschnitt 9.4.1 skizziert. Aus ihnen resultieren die wesentlichen Teile einer Kupplungsscheibe:

— Weiterleitung des Antriebsmomentes: Kupplungsbeläge und verschiebbare Nabe auf der Getriebeeingangswelle,

— Verringerung von Getriebegeräuschen: Torsionsschwingungsdämpfer,

— Weichermachen des Anfahrvorganges: Belagfederung.

Zusätzlich soll die gesamte Kupplungsscheibe leicht sein und ein möglichst geringes Trägheitsmoment haben, um den Verschleiß der Getriebesynchronisation gering zu halten.

Besonders im Personenwagenbau ist der Raum für das Kupplungsaggregat beschränkt. Davon wird auch die Kupplungsscheibe und hier vor allem der Torsionsschwingungsdämpfer, kürzer einfach Torsionsdämpfer genannt, betroffen. Der Raummangel beschneidet oft ganz konkret dessen Funktionsmöglichkeiten.

### 9.4.3.1 Torsionsschwingungsdämpfer

Die ungleichförmige Drehbewegung des Verbrennungsmotors kann in handgeschalteten Getrieben zur Geräuschbildung führen. Das Problem und seine rechnerische Behandlung sind ausführlich im Abschnitt 7.2.1 dargelegt. Hier sollen die konstruktiven Möglichkeiten erörtert werden, das bei weitem komplizierteste Gebiet des Kupplungsbaues mit den meisten Patenten.

Jeder Torsionsschwingungsdämpfer muß, um wirksam sein zu können, zwei voneinander unabhängige Einrichtungen besitzen: die Torsionsfederung und die Dämpfeinrichtung. In Sonderfällen können diese auch mehrfach vorhanden sein (Mehrfachdämpfer). Es handelt sich dann im Prinzip um mehrere Torsionsschwingungsdämpfer, die zusammengebaut sind und nacheinander wirksam werden.

*Torsionsfederung*

Die Torsionsfederung liefert den Arbeitsweg, über dem die Dämpfeinrichtung wirksam werden kann. Die Art, auf welche man diese Federung erzeugt, hat auf die Funktion des Dämpfers keinen Einfluß. Entscheidend für die Torsionsfederung sind vielmehr:

— Größe des Winkelausschlages. Sie bestimmt entscheidend die Wirkungsmöglichkeit, aber auch den Preis des Dämpfers;

— wählbare progressive Federkennung. Voraussetzung für ihren Einsatz ist ein ausreichend großer Arbeitswinkel;

— Endanschläge als Schutz der Federeinrichtung. Die Torsionsfedern bis auf ihre Blocklänge hin zu beanspruchen, beeinträchtigt wesentlich die Lebensdauer.

Oft ist die Federkennung im Schubbereich (Fahrzeug schiebt, d.h., Motor wird getrieben) erheblich flacher als im Zugbereich (Motor zieht Fahrzeug). Ein sehr flaches Kennungsstück um die Nullage (Vordämpfer) kann Getriebeklappern im Leerlauf verhindern. Dies ist besonders bei Dieselmotoren nötig (Bilder 9.9 und 9.10).

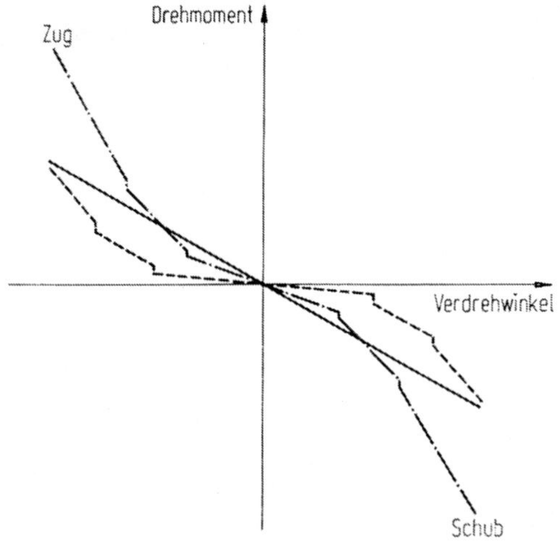


Bild 9.9. Drei symmetrische Federkennungen von Torsionsschwingungsdämpfern: (linear, schwach und stark progressiv)

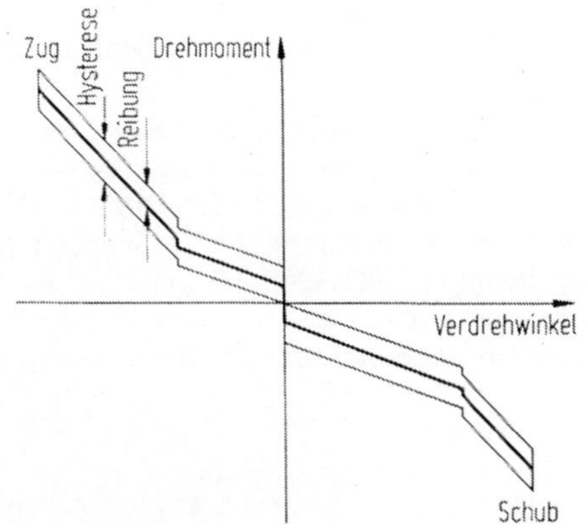


Bild 9.10. Asymmetrische Kennlinie eines Zweistufendämpfers mit Reibungsband (Hysterese)

Alle vorstehend erhobenen Forderungen lassen sich weitgehend und verhältnismäßig einfach mit Schraubendruckfedern aus hochwertigem Stahldraht erfüllen, die in entsprechenden Fenstern tangential angeordnet sind. Auch Druckkörper aus Gummi oder anderen elastischen Stoffen finden Verwendung.

Der prinzipielle Aufbau eines Torsionsschwingungsdämpfers ist in Bild 9.11, einige bewährte Ausführungen in Bild 10.7 dargestellt. Durch das tangentiale Vergrößern einzelner Nabenfenster und die Verwendung von unterschiedlich steifen Federn, die nacheinander zum Tragen kommen, entsteht die geknickte progressive Stufenkennung.

Um besonders große Arbeitswinkel zu erhalten (bis 60°), wird in Ausnahmefällen (Sportwagen) auch ein breiter elastischer Ring, etwa aus Silikonkautschuk, auf Verdrehung beansprucht (Gummitorsionsdämpfer, Bild 10.10). Die Funktion und Haltbarkeit stellen zwar zufrieden, doch zwingen Gewicht, Größe und Preis zur Zurückhaltung.

*Dämpfeinrichtung*

Zur Dämpfung der Schwingungen wird ausschließlich die mechanische Reibung herangezogen. Man erzeugt sie, indem man plane Flächen, meistens Reibringe, axial gegeneinander preßt (Bild 9.11). Durch Variation der Höhe des Axialdruckes, des Materials

der Reibringe (Reibpaarung) und der Größe des Reibdurchmessers stellt man das zur
Dämpfung nötige Reibmoment ein. An die Dämpfeinrichtung (Reibeinrichtung) werden
folgende Anforderungen gestellt:

— Konstantes Reibmoment, möglichst über die gesamte Scheibenlebensdauer: Dies verlangt gleich von Anfang an satt aufliegende Reibflächen (kein Einlaufsack), verschleiß-
  festes Reibmaterial und eine flache Federkennung der Axialkraft über den Verschleißweg.
— Unempfindlichkeit gegen Verölung: Der im Kupplungsraum nicht auszuschließende
  Öldunst soll die Eigenschaften der Reibpaarung (Höhe der Reibungszahl, Laufflächen-
  erneuerung) möglichst nicht beeinträchtigen.

Die für die Dämpfeinrichtung nötige axiale Kraft kann erzeugt werden durch:

— Tellerfeder: Sie kann einzeln zentral an der Nabe angeordnet sein (Bild 9.11) oder
  man kann auch mehrere Federn, etwa an den Abstandsbolzen, vorsehen.
— Vorgespanntes Abdeckblech, das als Tellerfeder wirkt: Dies ist eine einfache, be-
  währte und preiswerte Lösung (Bild 10.7a).
— Schraubendruckfeder: Sie haben als Nachteil einen verhältnismäßig großen axialen
  Raumbedarf.
— Blattfedern: In radialer Anordnung stellen sie eine bewährte Lösung dar (Bild 10.7b).
  Nachteilig ist die verhältnismäßig steile Kennung (Kraftverlust bei Verschleiß der
  Reibringe).

Natürlich sind weitere Dämpferarten möglich. Erwähnt werden sollen besonders die
Leerlaufdämpfer, die vor allem durch die Dieselmotoren im Personenwagensektor erforderlich wurden. Es sind dies im Idealfall eigene vorgeschaltete kleine Dämpfer, die
nur bei geringem Motordrehmoment wirken (Bild 10.8, (2)). Häufig sind sie jedoch aus
Platz- oder Preisgründen in dem Hauptdämpfer integriert. Manchmal werden sie auch
durch die Drehzahl (Fliehkraft) zu- und abgeschaltet.
   Über die zahlreichen Konstruktionsformen geben die Kataloge der Hersteller Auskunft.


### 9.4.3.2 Belagfederung

Die Belagfederung ist eine definierte Axialelastizität zwischen den beiden Kupplungs-
belagsringen. Sie wird durch gewölbte Stahlbleche erzeugt. Der Axialfederweg beträgt
in der Regel 0,5 bis 1,3 mm, wobei die höheren Werte im Personenwagenbau anzutreffen
sind (Bild 9.12).
   Die Aufgaben der Belagfederung sind:

— Verbesserung des Anfahrverhaltens: Durch die Axialelastizität zwischen den Belagringen erstreckt sich der Anfahrvorgang über einen deutlich größeren (Pedal-)Weg.
  Diese Dehnung erleichtert nicht nur das Anfahren wesentlich, sondern ergibt auch
  einen angenehm weichen, rupffreien Eingriff.
— Verringerung des Belagverschleißes: Die Belagfederung gleicht die unvermeidbaren
  Stärkeunterschiede der Belagringe sowie deren etwaigen Verzug bei Erwärmung
  weitgehend aus. Dadurch entsteht ein gleichmäßiges Tragbild mit geringerem Verschleiß. Es bilden sich keine überhitzten Traginseln.
— Vermeidung von Hitze- und Spannungsrissen: Ein gleichmäßiges Tragbild ergibt
  auch eine gleichmäßige Wärmeverteilung. So werden Hitzerisse an den Laufflächen
  sowie (radiale) Spannungsrisse vermieden oder doch erheblich herabgesetzt.
— Konstanthalten des Reibdurchmessers: Besonders bei großen Kupplungen mit ihren
  breiten Belagringen kann eine plötzliche starke Stoßbelastung (etwa Schneepflug in
  Wächte) zu einem tellerförmigen Verziehen der Anpreßplatte mit drastischer Ver-

kleinerung des Reibdurchmessers führen. Eine ausreichend große Belagfederung kann diese Erscheinung mildern und einen Ausfall des Fahrzeugs vermeiden: für hochbeanspruchte Nutzfahrzeuge ein wichtiger Gesichtspunkt.

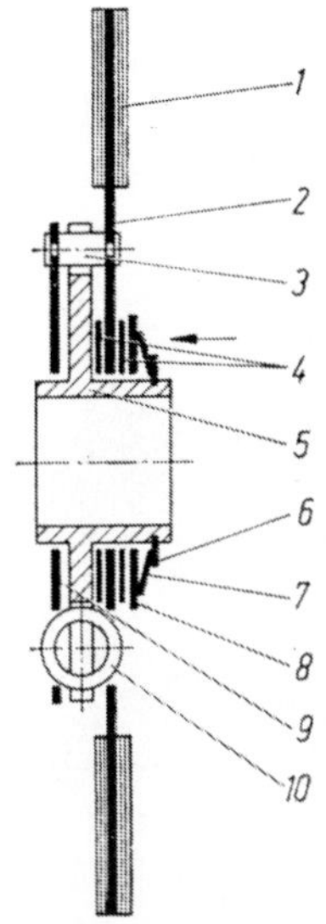

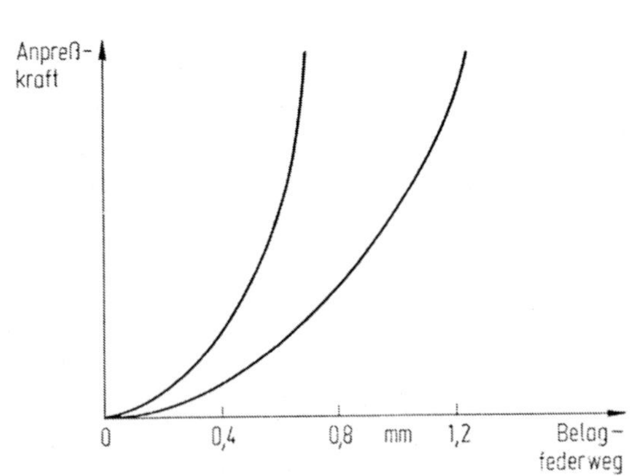


Bild 9.11

Bild 9.12

Bild 9.11. Schema einer Kupplungsscheibe mit eingebautem Torsionsschwingungsdämpfer. *1* Kupplungsbeläge, *2* Trägerscheibe, *3* Abstandsbolzen, *4* Reibringe, *5* Nabe, *6* Sicherungsring, *7* Tellerfeder für Reibkraft, *8* Druckring, *9* Abdeckblech, *10* Schraubendruckfeder für Torsionsdämpferfederung

Bild 9.12. Belagfederkennungen mit unterschiedlichem axialen Federweg

Am einfachsten und billigsten wird das Trägerblech, auf dem die Kupplungsbelagsringe Rücken an Rücken aufgenietet sind, in fahnenförmige Segmente unterteilt und axial vorgewölbt (Bild 9.13). Nachteilig ist die harte Federung mit wenig Federweg.

Der nächste konsequente Schritt ist, diese Belagfedersegmente aus hochwertigem Federbandstahl auszustanzen und auf eine Trägerscheibe zu nieten (Bild 9.14). Nach diesem bewährten Prinzip werden heute die meisten Kupplungsscheiben im Personenwagenbau hergestellt. Vorteilhaft sind freie Material- und Formwahl, nachteilig Festigkeitsprobleme in großen Abmessungen (Fahnenstiel).

Die besten konstruktiven Möglichkeiten bietet die Doppelsegmentscheibe, bei der jeweils zwei Federblechsegmente mit Vorspannung Rücken an Rücken genietet werden (Bild 9.15). Vorteile: Möglichkeit vorgespannter Kennungen, nur halber Federweg für jedes Segment und damit lange Lebensdauer, hohe Festigkeit, voller Weg der Belagfederung und damit optimale Anfahreigenschaften über die Lebensdauer der Kupplungsscheibe. Nachteile: etwas höheres Trägheitsmoment, teuer.

Bei großen Kupplungsscheiben für Nutzfahrzeuge hat sich eine Belagfederform durchgesetzt, bei der nur ein Belagring direkt auf die Trägerscheibe genietet wird. Der andere ist auf kreissegmentförmigen federnden Blechstücken befestigt, die ihrerseits auf die eigentliche Trägerscheibe genietet sind (Bild 9.16). Diese Konstruktion gewährleistet eine hohe Lebensdauer auch bei hoher Beanspruchung.

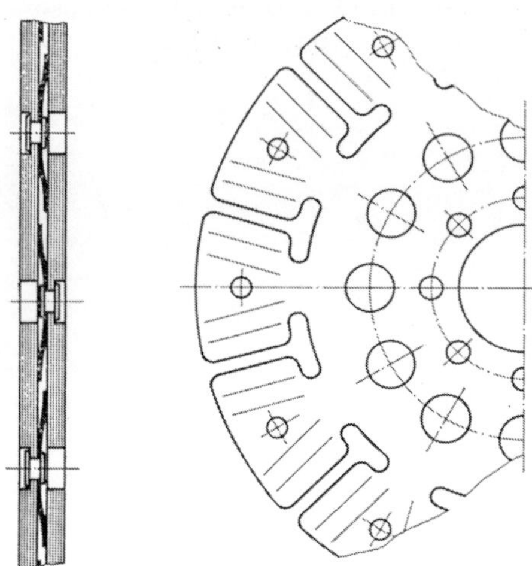

Bild 9.13.  Einfache Belagfederung durch axial vorgewölbte Segmente der Trägerscheibe

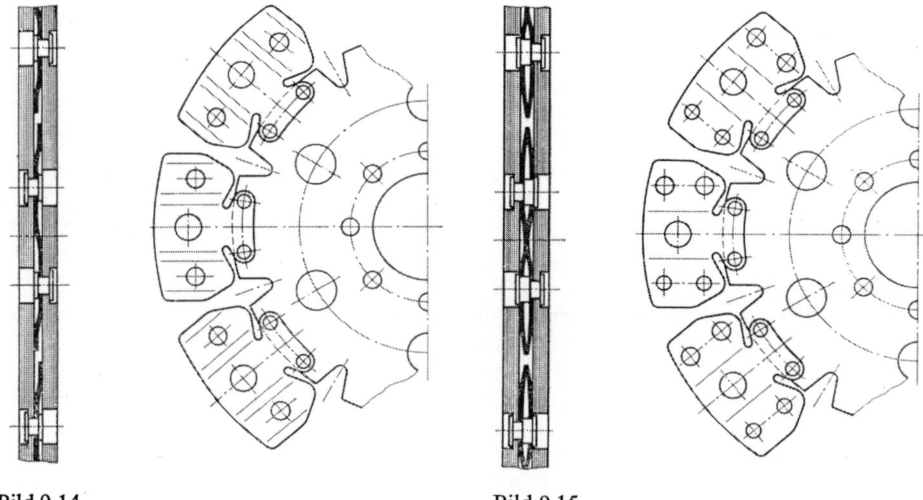

Bild 9.14                                        Bild 9.15

Bild 9.14.  Gebräuchliche Belagfederung mittels gesonderter gewölbter Federstahlsegmente

Bild 9.15.  Doppelsegment-Belagfederung mit gegeneinander vorgespannten Federstahlsegmenten

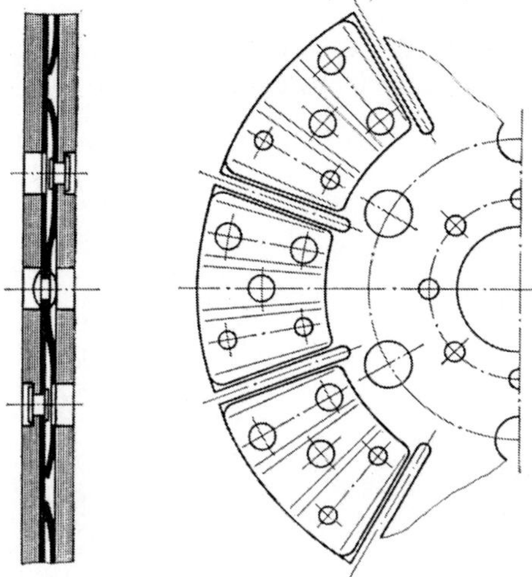

Bild 9.16. Nur einseitige Belagfederung für hochbeanspruchte Nutzfahrzeugscheiben

## 9.5 Ausrücker

### 9.5.1 Aufgabe und grundsätzliche Gesichtspunkte

Die Kupplungsdruckplatte, auf das Motorschwungrad geschraubt, dreht sich stets mit Motordrehzahl. Das Kupplungspedal und der Ausrückmechanismus sind hingegen fest mit dem Fahrzeug verbunden und stehen still. Aufgabe des Ausrückers ist es, die Ausrückkraft vom feststehenden Ausrückmechanismus auf die rotierende Kupplungsdruckplatte zu übertragen. Um diese Funktion mit möglichst geringen Reibungsverlusten erfüllen zu können, enthält der Ausrücker in der Regel ein Druckkugellager. Er wird daher oft auch als Ausrücklager bezeichnet.

Die Kraftübertragung vom Kupplungspedal zum Kupplungsausrücker kann im Kraftfahrzeugbau auf zwei Wegen erfolgen:

— Mechanisch: durch einen Kabelseilzug (Bowdenzug) oder, selten, durch ein Gestänge (Nutzfahrzeuge). Vorteile: billig, kaum störungsanfällig. Nachteile: schlechterer Gesamtwirkungsgrad durch Wegverluste und etwas höhere Reibung, Übertragen von Geräuschen.
— Hydraulisch: über einen Geberzylinder und einen Nehmerzylinder (Arbeitszylinder). Die Durchmesser der beiden Zylinder bestimmen die (hydraulische) Übersetzung. Vorteile: korrekte Lösung mit allen Variationsmöglichkeiten, Servounterstützung (Druckluft bei Nutzfahrzeugen, Unterdruck bei Pkw) einfach durchführbar, im Fahrzeug leicht unterzubringen, wenig Verluste, keine Geräuschübertragung. Nachteile: nicht wartungsfrei (Flüssigkeitskontrolle), teurer.

Im Zuge der angestrebten Wartungsfreiheit wurde auch der Ausgleich des Verschleißes der Kupplungsbeläge (Kupplungsnachstellung) automatisiert. Dies geht am einfachsten, wenn der Ausrücker dauernd an der Druckplatte anliegt, also stets mitläuft. Um einen Schlupf an der Berührungsstelle mit Sicherheit zu vermeiden, ist eine dauernde Axialkraft erforderlich (40 bis 60 N bei Pkw, etwa das Doppelte bei Nkw). Heute gehört diese automatische Kupplungsnachstellung, ebenso wie die der Fahrzeugbremsen, praktisch zum Ausrüstungsstandard.

Obwohl die Ausrücker fast einer reinen Axialbeanspruchung ausgesetzt sind, werden hier doch spezielle Radiallager (Schrägkugel- und Hochschulterlager) verwendet (Bild 9.17). Der Grund hierfür liegt im weit einfacheren Aufbau und in der günstigeren Haltung des Schmierfettes.

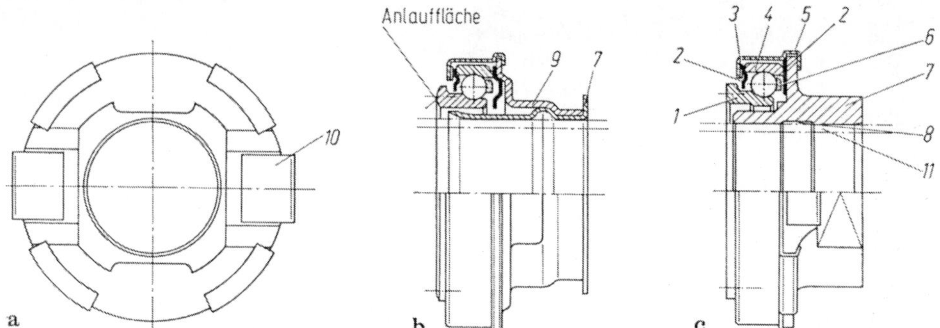


Bild 9.17. Selbstzentrierende, zentral geführte Kupplungsausrücker mit rotierendem Innenring. (Fichtel & Sachs AG), b) ballige Anlauffläche, Schiebehülse (7) aus Blech; c) gerade Anlauffläche, massive Schiebehülse (7). *1* Innenring des Lagers mit Anlauffläche; *2* Dichtscheibe; *3* Wellfeder für axiale Vorspannung zur Radialverschiebung; *4* Außenring des Lagers, radial verschiebbar; *5* Abdeckring aus Stahlblech; *6* Kunststoffkäfig; *7* Schiebehülse; *8* Schmiernut für Fettfüllung; *9* Gehäuse aus Stahlblech; *10* Anlagefläche für Ausrückgabel; *11* Führungshülse

Moderne Ausrücker haben heute stets eine Dauerschmierung für die gesamte Lebensdauer und sind daher wartungsfrei. Das gilt auch für die Schiebehülse. Nur für besonders schwere Einsatzfälle (Schlepper) wird ein Schmieranschluß für diese Gleitstelle Schiebe-/Führungshülse (Getriebehals) vorgesehen.

Für Membranfeder-Druckplatten mit geraden Federzungenenden besitzen die Ausrücker eine ballig geformte Anlauffläche (Bild 9.17b). Verschleißgünstiger und deshalb anzustreben sind aber gewölbte Federzungenenden mit geraden Stirnflächen des Ausrückers, Bild 9.6, 9.17c und 10.4). Die Anlauffläche des Ausrückers ist stets aus gehärtetem und geschliffenem Stahl.

Als Material für den Innen- und für den Außenring hat sich C15 mit höherem Kohlenstoffgehalt bewährt. Es bietet den Vorteil, nach dem Härten noch einen zähen Kern zu besitzen.

## 9.5.2 Bauarten

Die Wahl der für den Einsatzfall optimalen Ausrückerkonstruktion erfolgt zweckmäßig nach drei Gesichtspunkten:

*Zentral geführter oder schwenkbarer Ausrücker*

Die Ausrückgabel macht während des Ausrückvorganges eine Schwenkbewegung. Ist der Ausrücker nicht zentral geführt, sondern an der Ausrückgabel befestigt, entsteht zwangsläufig eine Radialbewegung. Der aus ihr resultierende Schlupf unter starkem Druck bei oft hoher Drehzahl (Gleitgeschwindigkeit), erfordert ein Gleitmittel, etwa Hartkohle oder Teflonfolie, an der Berührungsfläche. Klassisches Beispiel ist der ölgetränkte Grafitring in Blech- oder Gußfassung mit seinen Vorteilen: unempfindlich gegen jeglichen Versatz, völlig wartungsfrei, geräuschlos im Lauf und immun gegen jede Verschmutzung.

Nachteilig sind der mit höherer Belastung stark ansteigende Verschleiß sowie das hohe Reibmoment.

Ganz allgemein haben schwenkbare Ausrücker — wegen der höheren Belastung durch die zusätzliche Radialkomponente — eine geringere Haltbarkeit. Sie werden daher nur noch für untergeordnete Zwecke eingesetzt.

Natürlich bewirkt die Schwenkbewegung der Ausrückgabel auch bei zentral geführten Ausrückern Schlupf und Reibung. Diese wird jedoch durch gehärtete Anlageflächen an den Armen der Ausrückgabel und am Außenring des Lagers klein gehalten.

Im heutigen Fahrzeugbau haben sich zentral geführte Ausrücker durchgesetzt, weil nur mit ihnen die selbstnachstellende Kupplung mit automatischem Ausgleich des Belagverschleißes durch dauernd anlaufende Ausrücker problemlos verwirklicht werden kann. Diese Tatsache rechtfertigt den Mehrpreis für das zentrale Führungshülse und den aufwendigeren Ausrücker.

*Rotierender Innenring oder rotierender Außenring*

Die Praxis hat klar zugunsten des rotierenden Innenringes entschieden. Er bietet folgende entscheidende Vorteile: kleinere Umlaufgeschwindigkeit der Kugeln, wesentlich bessere Schmierfetthaltung durch stehenden Außenring (keine Fliehkraftwirkung auf das Fett), geringere, neu zu beschleunigende Masse bei jedem Anlauf (Kuppelvorgang). Dieser letzte Vorteil zählt nur bei nicht dauernd anlaufendem Ausrücker.

*Starre oder selbstzentrierende Ausrücker*

Selbstzentrierende Ausrücker gleichen einen Mittenversatz zwischen Kurbelwelle und Ausrückerführung bis etwa 1,5 mm in jeder Richtung selbsttätig aus (Bild 9.17). Dadurch werden Relativbewegungen zwischen den Membranfederzungen und dem Ausrücker vermieden und Verschleiß sowie Geräusche reduziert. Funktionsprinzip: Die bei Mitten-

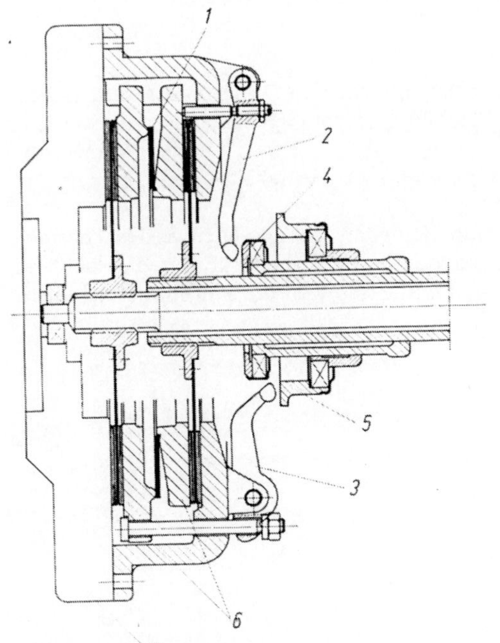

Bild 9.18. Zweifachkupplung mit unabhängiger Betätigung (getrennte Ausrücker und Hebelsätze). *1* Tellerfeder; *2* Ausrückhebel 1; *3* Ausrückhebel 2; *4* Ausrücklager 1; *5* Ausrücklager 2; *6* Anpreßplatten; 7 Motorschwungrad

versatz auftretende Radialkraft stellt selbsttätig den Anlaufteil des geteilten Ausrückers mittig.

Die für das Verschieben des Ausrückers nötige Radialkraft beträgt bei Personenwagen 40 bis 80 N, bei Nutzfahrzeugen etwa das Doppelte.

Bei der Massenfertigung des Personenwagenbaues fallen die Vorteile des selbstzentrierenden Ausrückers so sehr ins Gewicht, daß er inzwischen zum Ausrüstungsstandard gehört. Im Nutzfahrzeugbau hingegen mit den dort nötigen großen Lagerabmessungen werden heute zwar noch starre Ausrücker verwendet, doch arbeitet auch hier die Zeit für die Selbstzentrierer; besonders in Verbindung mit Membranfederdruckplatten.

*Sonderausführungen*

Für die Betätigung von Zweifachkupplungen („Doppelkupplungen") werden zwei unabhängige Ausrücker zu einer gemeinsamen Einheit so zusammengefaßt, daß ein Ausrücker zur Führung des anderen dient. Solche aufwendigen Spezialausrücker finden im Schlepperbau für Fahr- und Zapfwellenantrieb Verwendung (Bild 9.18).

### 9.5.3 Entwicklungstendenzen

*Ausrücker mit integriertem Nehmerzylinder*

Es handelt sich bei diesem Aggregat um einen um die Getriebeeingangswelle angeordneten Ringkolben-Nehmerzylinder, der an seiner Stirnfläche gleich den Ausrücker trägt. Statt des herkömmlichen Kolbens sind auch Abdichtungen mit Rollmembranen in Entwicklung. Eine solche kompakte Lösung ist sowohl im Personenwagenbau als auch für Nutzfahrzeuge einschließlich Schlepperbau von großem Interesse. Vorteile: einfach, viel weniger Bauteile, leichter, geringe Reibungsverluste. Nachteile: etwas teurer, Temperaturgrenze für Bremsflüssigkeit (dauernd 150 °C, kurzzeitig 180 °C), bei ziehend betätigten Kupplungen komplizierterer Aufbau.

*Kunststoffverwendung*

Schiebehülsen aus Thermo- oder aus Duroplast mit Glasfaseranteil und Grafit haben gute Aussichten, zunächst im Personenwagenbau serienmäßig eingeführt zu werden. Vorteile: völlig wartungsfrei (keine Schmierung nötig), leichter, weniger Verschleiß, später vielleicht billiger. Nachteile: spröde (Duroplast), Festigkeits- und Temperaturgrenze (180 °C mögliche Dauertemperatur).

Kugelkäfige aus Kunststoff sind heute schon Stand der Technik. Hier werden Thermoplaste bevorzugt eingesetzt, die manchmal auch mit Glasfaser verstärkt werden. Nachteile dieser Armierung: Bei Verschleiß können die Glasfaserspitzen die Kugeln beschädigen.

# 10 Beispiele bewährter typischer Konstruktion von Kraftfahrzeugkupplungen

Es ist beeindruckend, welche Vielfalt oft hervorragender Ideen beim Bau von Kraftfahrzeugkupplungen konsequent realisiert wurden. Im folgenden sollen einige besonders typische Beispiele (Bilder 10.1 bis 10.10) für viele stehen.

Um diese Beispiele mit einem Blick erfassen zu können und um ein lästiges Hin- und Herblättern zu vermeiden, werden sie mittels ausführlicher Bildlegenden erklärt, die auch gleich etwaige Hinweise enthalten.

Die Bilder 9.2 bis 9.18 des vorhergehenden Kapitels stellen großenteils eine Ergänzung dieser typischen Konstruktionsbeispiele dar.

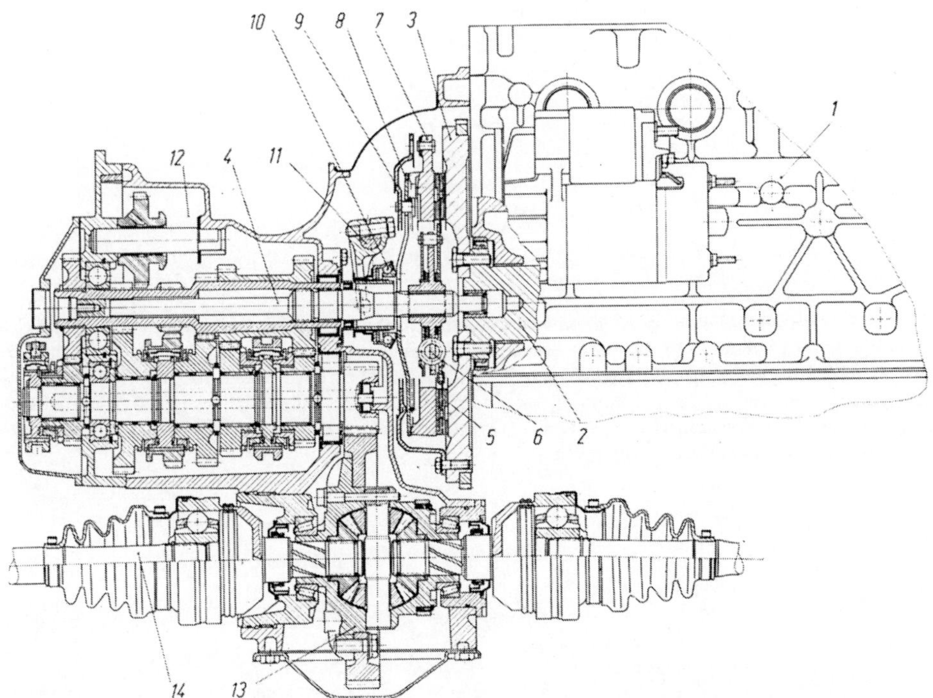

Bild. 101. Kupplungseinbau im Opel-Frontantriebsaggregat (Kadett/Ascona) 1,6-l-Motor; Fünfganggetriebe. (Opel AG). *1* Motor; *2* Kurbelwelle; *3* Schwungrad (Flachausführung); *4* Getriebeeingangswelle, zum leichten Kupplungsausbau herausziehbar; *5* Kupplungsscheibe ( ⌀ 200) mit Torsionsdämpfer *6*; *7* Anpreßplatte; *8* Membrantellerfeder; *9* Druckplattengehäuse aus Stahlblech; *10* Ausrücker mit rotierendem Innenring; *11* Ausrückwelle mit -gabel; *12* Fünfganggetriebe; *13* Differential; *14* Antriebshalbachse

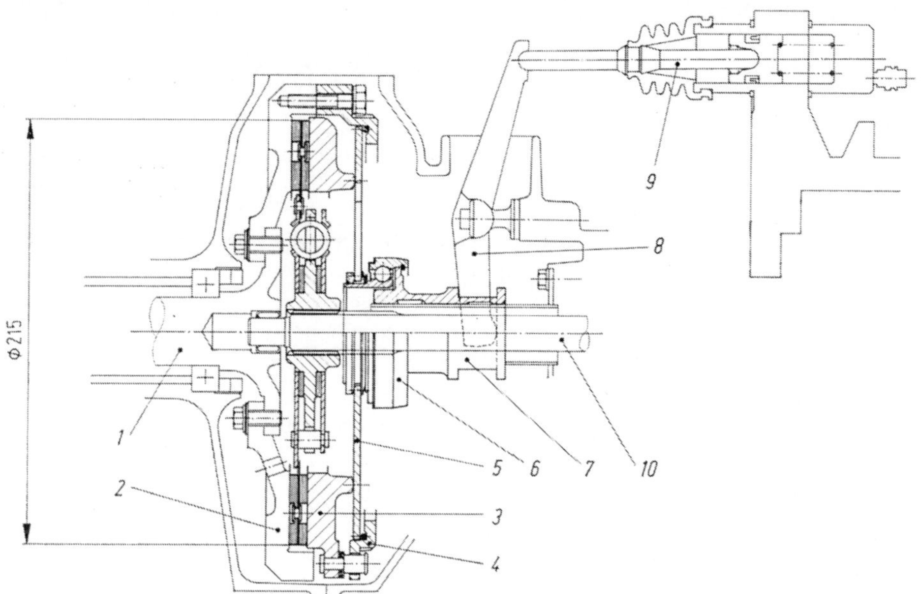


Bild 10.2. Einbaustudie der gezogenen Einscheibenkupplung im Alfa-Romeo Coupé (Transaxle-Bauweise). (Alfa-Romeo, Italien). *1* Verbindungswelle zur Motorkurbelwelle, *2* Schwungrad (Topfausführung), *3* Anpreßplatte, *4* Druckplattengehäuse mit Auflagedrahtring für Membrantellerfeder *5*, *6* Ausrücker mit Schnappverbindung und rotierendem Innenring, *7* Schiebehülse mit Anlagen für Ausrückgabel *8*, *9* Nehmerzylinder (Arbeitszylinder) der hydraulischen Kraftübertragung; *10* Getriebeeingangswelle

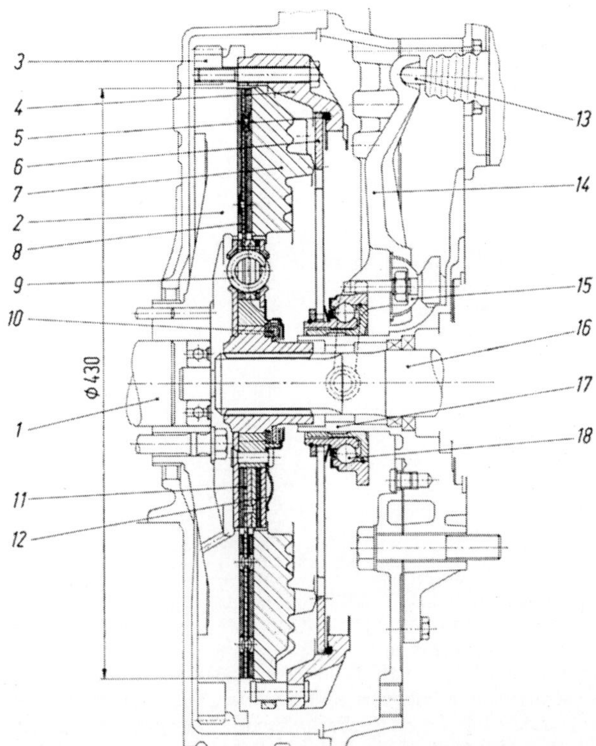

Bild 10.3. Membranfederkupplung, ziehend betätigt, für schwere Nutzfahrzeuge ($M_ü$ bis
1 600 Nm). (Fichtel & Sachs AG). *1* Motorkurbelwelle; *2* Motorschwungrad (flache Ausführung);
*3* Starterzahnkranz; *4* Druckplattengehäuse; *5* Drahtring als äußere Auflage von Membranfeder
*6*; *7* Anpreßplatte mit innerer Auflage (Kippkreis) von *6*; *8* Kupplungsscheibe; *9* Drehfederein-
richtung des Torsionsdämpfers (Hauptdämpfer); *10* Torsionsdämpfer (Vordämpfer) gegen Leerlaufklappern; *11* Torsionsdämpfer-Reibeinrichtung (Hauptdämpfer); *12* radiale Krallenfeder für
*11*; *13* hydraulischer Arbeitszylinder (Nehmerzylinder) für Ausrückkraft; *14* Ausrückgabel (zwei-
seitiger Hebel), *15* Lagerung von *14*; *16* Getriebeeingangswelle; *17* Führungshülse für gezogenen
Ausrücker *18* mit Schnappverbindung und rotierendem Innenring

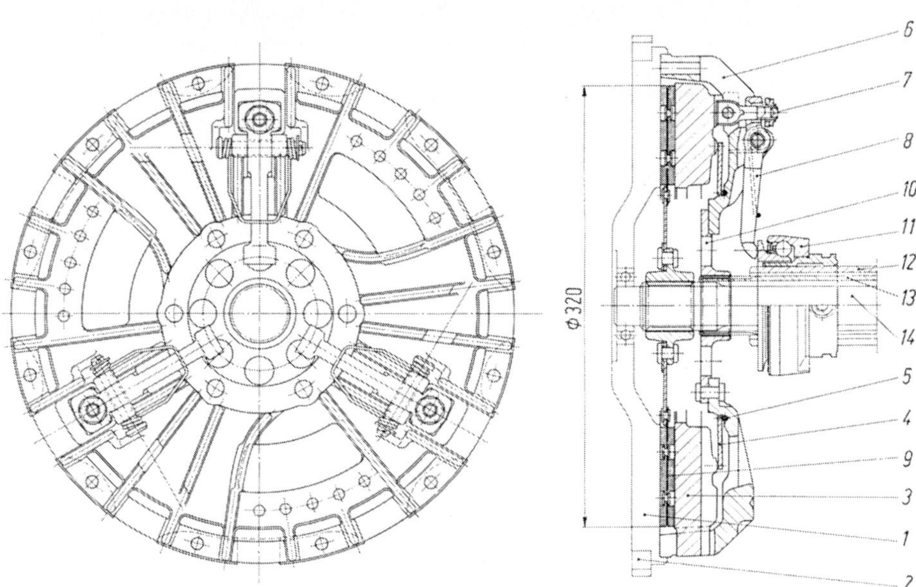


Bild 10.4. Nebenabtriebskupplung, drückend betätigt, mit Tellerfeder und geschmiedeten Ausrückhebeln (großes Übersetzungsverhältnis, wenig Wegverluste), hauptsächlich für Schlepper ($M_{ü}$ bis 380 Nm). (Fichtel & Sachs AG). Die Mitnehmerscheibe *10* für den Nebenabtrieb ist fest mit dem Druckplattengehäuse *6* vernietet. Der Nebenabtrieb kann nicht abgeschaltet werden und läuft stets mit Motordrehzahl. *1* Motorschwungrad (flache Ausführung); *2* Starterzahnkranz; *3* Anpreßplatte mit innerer Auflage für Tellerfeder *4* für Anpreßkraft; *5* Drahtring als äußere Auflage für *4*; *6* Druckplattengehäuse mit Kühlrippen; *7* Schwenkbolzen, übertragen Zugkraft von Hebel *8* auf Anpreßplatte *3*; *8* Ausrückhebel; *9* starre Kupplungsscheibe mit Belagfederung; *10* Nebenabtrieb; *11* Ausrücker mit rotierendem Innenring; *12* Führungshülse für *11*; *13* Hohlwelle für Nebenabtrieb *10*; *14* Getriebeeingangswelle für Hautpantrieb

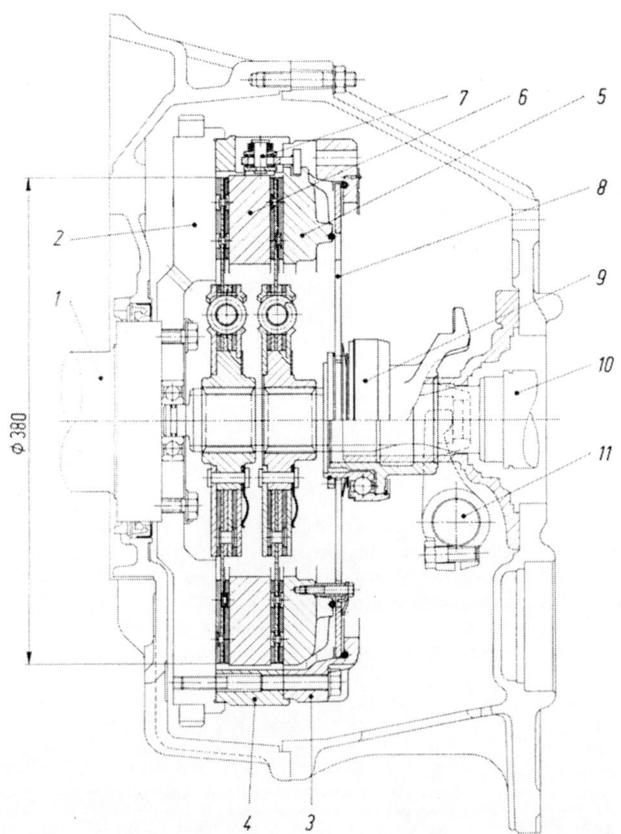

Bild 10.5. Zweischeiben-Membranfederkupplung, ziehend betätigt, für schwere Nutzfahrzeuge ($M_\ddot{u}$ bis 2300 Nm). (Fichtel & Sachs AG). *1* Kurbelwelle; *2* Motorschwungrad; *3* Druckplattengehäuse mit äußerem Auflagedrahtring für *8*; *4* Gehäusezwischenring; *5* Anpreßplatte mit innerem Auflagedrahtring für *8*; *6* Zwischenring (Zwischenscheibe) mit Verschiebeeinrichtung *7* zur Mittigstellung von *6*; *8* Membrantellerfeder; *9* gez. Ausrücker mit Schnappverbindung (in der oberen Bildhälfte Anlage für Ausrückgabel um 90° gedreht gezeichnet); *10* Getriebeeingangswelle; *11* Ausrückwelle mit Ausrückgabel

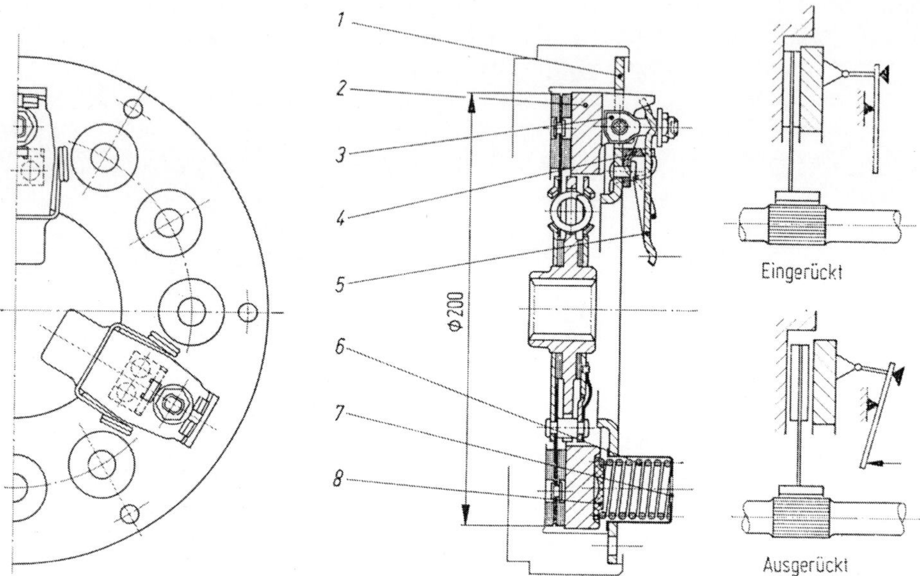

Bild 10.6. Schraubenfederkupplung, drückend betätigt, für leichte Fahrzeuge ($M_{\ddot{u}}$ bis 150 Nm). (Fichtel & Sachs AG). *1* Gehäuseplatte aus Stahlblech für Topfschwungrad; *2* Anpreßplatte mit Nocken für Mitnahme und für Schwenkbolzen *3* zum Abheben von *2*; *4* Stützwinkel mit (gehärteter) Schneidenlagerung für Ausrückhebel (Stahlblech) *5*; *6* Hauptfeder für Anpreßkraft; *7* topfförmige Federtülle; *8* wärmeisolierende Kunststoffunterlage für *6*

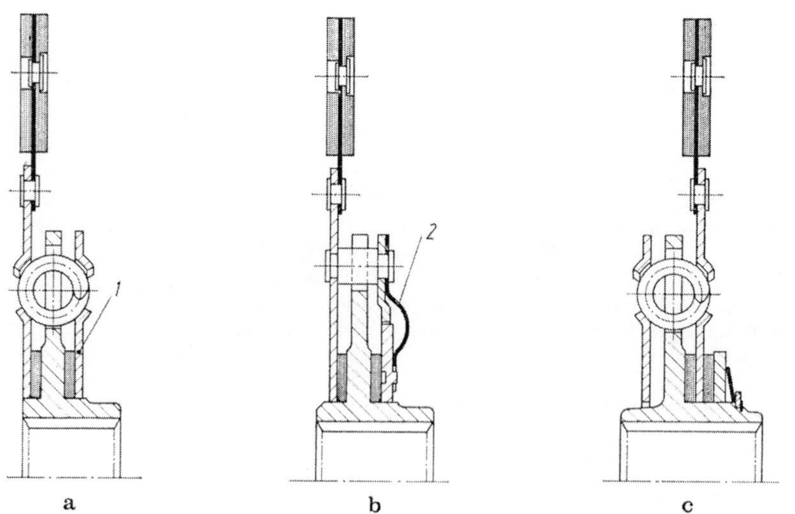

Bild 10.7. Häufige Ausführungen von Torsionsdämpfern in Kupplungsscheiben (vereinfacht dargestellt). Erzeugung der für das Reibmoment nötigen Axialkraft durch das vorgewölbte Abdeckblech (a); radiale Blattfedern (b); oder Tellerfeder (c). *1* vorgewölbtes Abdeckblech für axiale Reibkraft; *2* Blattfeder für Reibkraft

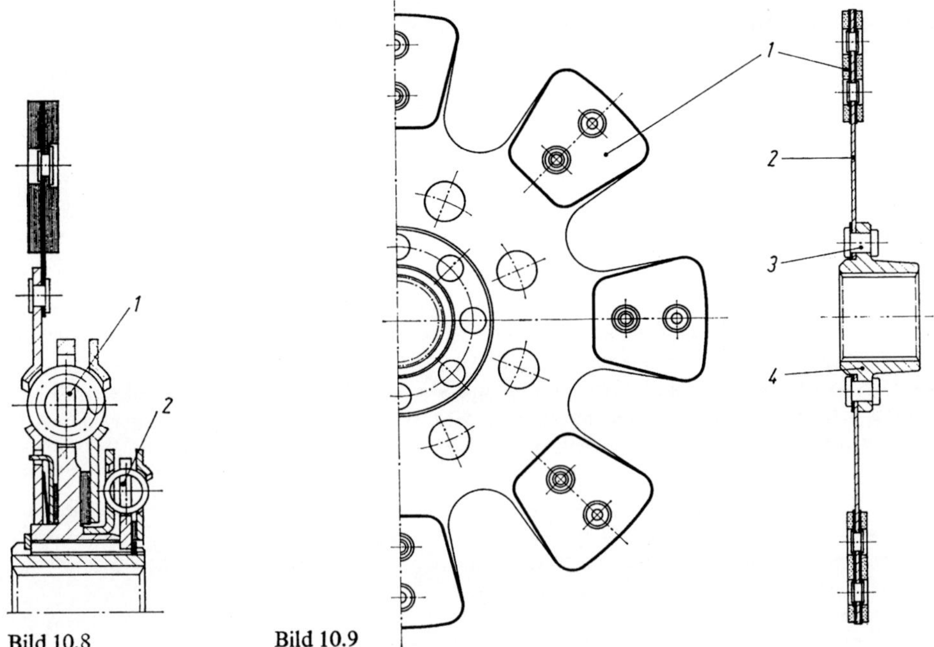

Bild 10.8                    Bild 10.9

Bild 10.8. Kupplungsscheibe mit Haupt- (*1*) und Vordämpfer (*2*) (vereinfacht dargestellt). (Fichtel & Sachs AG)

Bild 10.9. Starre Kupplungsscheibe mit metallkeramischen Sinterbelägen. (Fichtel & Sachs AG). *1* Belagsegmente, *2* Trägerscheibe, *3* Befestigungsnieten, *4* Scheibennabe

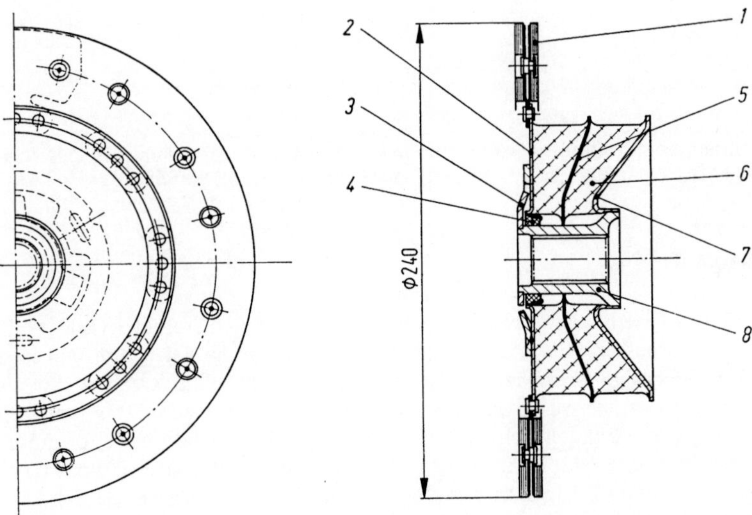

Bild 10.10. Kupplungsscheibe mit Gummitorsionsdämpfer für extrem große Drehwinkel (vereinfacht dargestellt). (Fichtel & Sachs AG). *1* Kupplungsbeläge mit Doppelsegment-Belagfederung, *2* Trägerscheibe mit aufgeschweißter Wegbegrenzung, *3* Wegbegrenzungsstern, *4* Lagerbuchse, *5* Zwischenblech, *6* Gummikörper, *7* Abschlußblech, *8* Scheibennabe

# 11 Reibsysteme ohne ebene Reibflächen

Alle in den vorhergehenden Abschnitten angegebenen Berechnungen und Hinweise gehen von ebenen Reibflächen aus, die senkrecht zur Drehachse stehen. Die Reibpartner sind eben, plan und werden mit parallelen Anpreß- und Druckplatten zum Reibschluß gebracht. Die Reibflächen müssen nicht senkrecht zur Drehachse stehen, sondern können dazu parallel, wie in Trommelbremsen (Bild 11.1) oder auf einer Kegelfläche (Bild 11.4) sein.

Unterschiedlich sind hierbei nur die Form der Reibfläche und die Bauteile zur Betätigung. Im Kapitel 2 abgeleitete Gleichungen für Schaltarbeit, Schaltleistung und die flächenbezogenen Kennwerte davon gelten auch für diese Reibsysteme. Ebenso sind die Angaben nach Abschnitt 5.3 zutreffend.

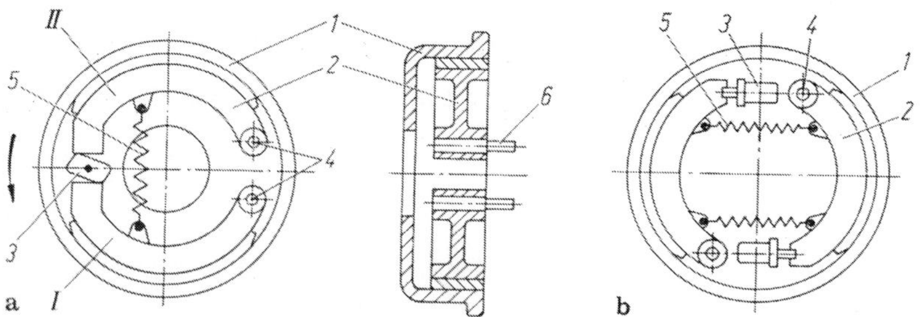

Bild 11.1. Trommelbremsen. a) Simplex-Trommelbremse; b) Duplex-Trommelbremse. *1* Bremstrommel, *2* Bremsbacken, *3* Betätigung, *4* Festpunkt, *5* Rückzugfeder, *6* Festbolzen

## 11.1 Trommelbremsen

In Fahrzeugen sind Trommelbremsen weithin bekannt. Die Bremstrommel *1* (Bild 11.1) hat an ihrem Innendurchmesser eine zylindrische Bremsfläche, an die der Bremsbacken *2* angepreßt wird. Der T-förmige Bremsbacken ist mit einem Bremsbelag versehen, der als Reibpartner zur Bremstrommel wirkt. An der Bremstrommel sind zumeist außen am größten Durchmesser Rippen angebracht, die den Wärmeabfluß verbessern und außerdem für erhöhte mechanische Stabilität sorgen. Bei der Simplex-Bremse (Bild 11.1a) hat jeder Bremsbacken *2* einen Festpunkt *4* in der auf dem Bild gezeigten Lage. Eine gemeinsame Betätigung *3*, als Doppelnocken ausgebildet, preßt die Bremsbacken an die Trommel, wenn der Nocken verdreht wird. Die Bremstrommel rotiert entsprechend Bild 11.1a nach links. Am Bremsbacken *I* wird, durch die Art der Backenlagerung und -betätigung bewirkt, die Reibkraft verstärkt; am Bremsbacken *II* wird sie vermindert gegenüber dem Zustand der Ruhe. Der Bremsbacken *I* wird als auflaufender und der

Bremsbacken *II* als ablaufender Backen bezeichnet. Der wesentliche Unterschied der Duplex-Bremse zur Simplex-Bremse ist die Lagerung und Betätigung der Bremsbacken. Jeder Bremsbacken hat einen eigenen Festpunkt und eine eigene Betätigung (Bild 11.1 b). Dadurch ergeben sich, je nach Drehrichtung, zwei auflaufende oder ablaufende Backen. Der auflaufende Bremsbacken hat eine Selbstverstärkung der Reibkraft. Das wird für die Hauptarbeitsrichtung ausgenutzt (in Fahrzeugen der Vorwärtsgang).

Außer den beiden Bremssystemen nach Bild 11.1 gibt es weitere, die der Spezialliteratur zu entnehmen sind.

Die Simplex-Bremse hat je einen auf- und ablaufenden Bremsbacken; bei der Duplex-Bremse sind es je nach Drehrichtung zwei auflaufende oder zwei ablaufende Bremsbacken. Dadurch kann eine unterschiedliche Bremswirkung erwartet werden. Für praktische Berechnungen wurde die „Bremsenkennung C" eingeführt. Sie ist definiert als der Quotient aus der Gesamtumfangskraft (Reibkraft) aller Bremsbacken und der Spannkraft eines Bremsbackens [57] (Bild 11.2).

$$C = \frac{\Sigma F_\mathrm{u}}{F_\mathrm{s}}.$$

Zur Berechnung der Bremsenkennung wurde Gl. (11.1) in einer früheren Arbeit angegeben [57]:

$$C = \frac{\Sigma F_\mathrm{u}}{F_\mathrm{s}} = \frac{\mu h/r}{\dfrac{a_0}{r} f(\psi_{1,2}) \mp \mu \left[ 1 - \dfrac{a_0}{r}\dfrac{1}{2}(\sin \psi_1 + \sin \psi_2) \right]} \qquad (11.1)$$

($\mu$ Reibwert). Die in Gl. (11.1) verwendeten Buchstaben gehen aus Bild 11.2 hervor.
Darin ist

$$f(\psi_{1,2}) = \frac{\sin 2\psi_2 - \sin 2\psi_1 + 2(\psi_2 - \psi_1)}{4(\sin \psi_2 - \sin \psi_1)}.$$

Für den auflaufenden Bremsbacken gilt das Minuszeichen, für den ablaufenden dementsprechend das Pluszeichen unter dem Bruchstrich für $C$ (Gl. (11.1)). Der $C$-Wert wird für jeden Backen errechnet und als Gesamtkennwert für die Bremse ergibt sich die Summe der Einzelwerte.

Wie sich die Bremsenkennung in Abhängigkeit vom Reibwert $\mu$ darstellt, zeigt Bild 11.3. Der auflaufende Bremsbacken hat eine progressive, der ablaufende eine degressive

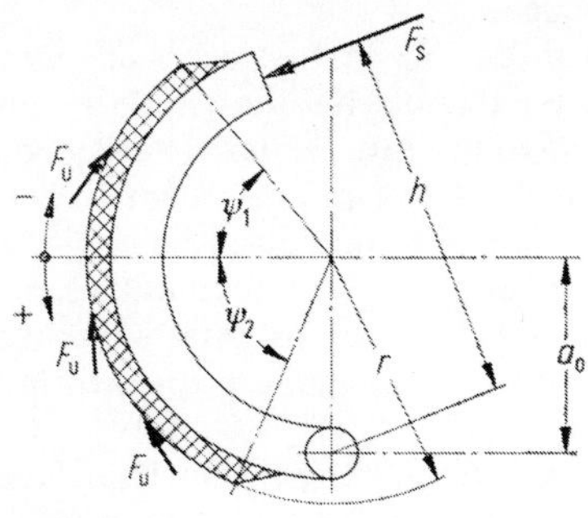


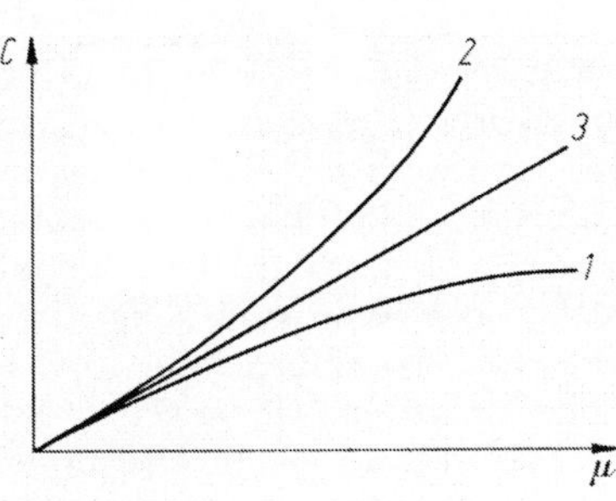


Bild 11.2

Bild 11.3

Bild 11.2. Kräfte und Bezeichnungen an einem Bremsbacken
Bild 11.3. Bremsenkennung $C$ als Funktion des Reibwertes $\mu$. *1* ablaufender Bremsbacken, *2* auflaufender Bremsbacken, *3* Scheibenbremse

Kennung. Die Scheibenbremse, Kurve *3*, folgt dem linearen Verlauf. Sie ist in ihrer Funktion eine Bremse mit ebener Reibfläche; das Drehmoment kann nach Gl. (2.4) berechnet werden, woraus die lineare Abhängigkeit hervorgeht.

## 11.2 Kegelkupplungen

Bei diesen Kupplungen findet der Reibkontakt auf Kegelflächen statt. Bild 11.4 stellt den Grundaufbau dar und zeigt die Kräfte. Bei der einfachen Kegelkupplung wirkt die Anpreßkraft $F_A$ auf einen Kegelteil und muß über den anderen nach außen abgestützt werden. Der Kegelwinkel $\psi$ und die Anpreßkraft $F_A$ (Bild 11.4) ergeben auf die kegelige Reibfläche eine Normalkraft

$$F_N = \frac{F_A}{\sin \psi}.$$

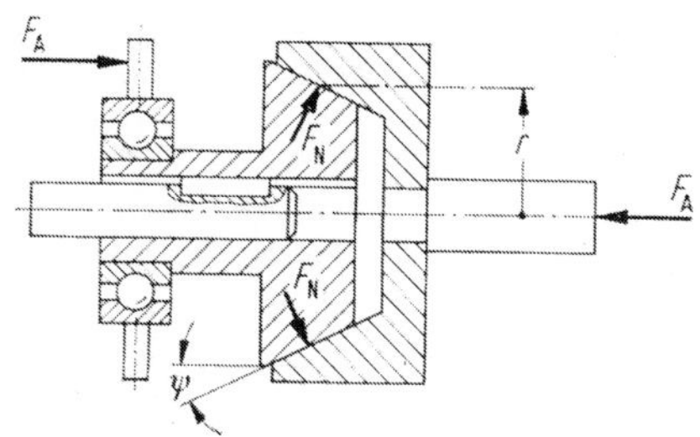

Bild 11.4. Einfachkegelkupplung

Mit dem Reibwert $\mu$ und dem wirksamen Radius $r$ kann das Drehmoment bestimmt werden:

$$M = F_N \mu r,$$

$$M = \frac{F_A}{\sin \psi} \mu r. \tag{11.2}$$

Würde in diese Gleichung $\psi = 90°$ ($\sin \psi = 1$) gesetzt, dann ergibt sich Gl. (2.1.6) mit der Reibflächenzahl $z = 1$. Damit zeigt sich die gleiche theoretische Basis von Kegelkupplungen und den Kupplungen mit ebenen Reibflächen.

Eine Doppelkegelkupplung stellt Bild 11.5 dar. Auf der Welle *I* ist der Außenmitnehmer *6*, auf der Welle *II* der Innenmitnehmer *7* befestigt. Bolzen *5* führen die Kupplungskörper *3* zum Innenmitnehmer. Greift eine Betätigungskraft an der Betätigung *1* an, dann werden die Kupplungskörper *3* über das Kniehebelsystem *2* mit dem Außenmitnehmer *6* in Reibkontakt gebracht. Der Ring *4* dient zur Ein- und Nachstellung. Das Kniehebelsystem mit Übertotpunkt-Sperre hält die Vorspannung des Reibkontaktes aufrecht, auch wenn nach dem Einschaltvorgang die äußere Betätigungskraft Null wird. Die Doppelkupplung (Bild 11.5) benötigt zur Drehmomentübertragung keine Abstützkraft von außen, wie sie gemäß Bild 11.4 notwendig ist.

Die Kegelkupplung wird in den meisten Synchronisiereinrichtungen von Kraftfahrzeugschaltgetrieben verwendet. Bild 11.6 zeigt die Schalteinrichtung mit zwei Zahnrädern. Die Zahnräder sind auf der Welle gelagert, es sind sogenannte Losräder. Der Synchronkörper *4* rastet mit einem Profil in die Welle ein. Am Außendurchmesser hat er ebenfalls ein Zahnprofil, in das die Schiebemuffe drehfest, aber axial verschiebbar eingreift. Soll ein Gang geschaltet werden, müssen Welle und Zahnrad drehfest verbunden werden. Im Augenblick der Schaltung besteht aber zwischen Welle und dem zu schaltenden Zahnrad

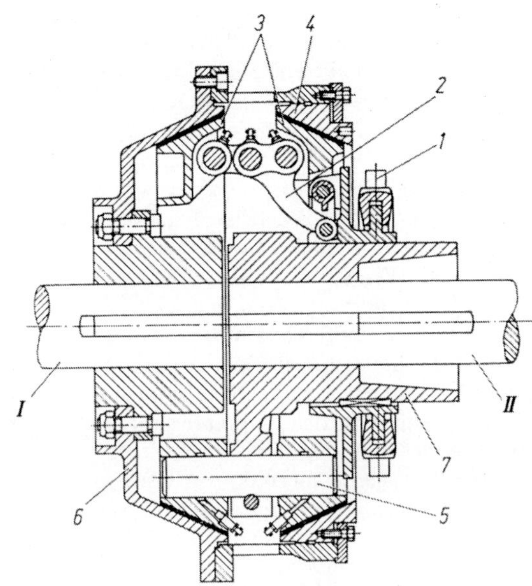

Bild 11.5. Doppelkegelkupplung. Nach [42]. (Hersteller: Lohmann & Stolterfoth AG). *1* Betätigung, *2* Kniehebelsystem, *3* Kupplungskörper, *4* Nachstellring, *5* Bolzen, *6* Außenmitnehmer, *7* Innenmitnehmer

eine Drehzahldifferenz. Werden jetzt Schaltverzahnungen gegeneinander geschoben, dann ratscht es, die Schaltung ist unmöglich und Schäden bleiben nicht aus.

Die Synchronisierung soll, wie der Name sagt, die am Schaltvorgang beteiligten Bauteile in der Drehzahl angleichen und dann, bei Differenzdrehzahl annähernd Null, die formschlüssige Verbindung ohne Ratschen ermöglichen. Zusätzlich soll eine Sperreinrichtung die Schaltung verhindern, solange der Drehzahlangleich nicht vollzogen ist.

Die Schaltung wird dadurch eingeleitet, daß die Hauptkupplung zum Motor gelüftet wird. Danach muß der bisher benutzte Gang herausgenommen werden. Die Schaltung erreicht eine Mittelstellung, den Leerlauf, Stellung A in Bild 11.6.

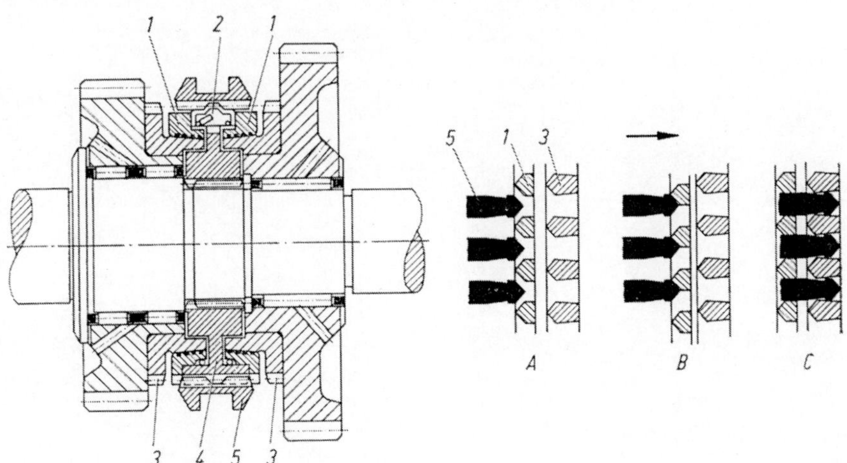

Bild 11.6. Kraftfahrzeug-Sperrsynchronisierung. (Zahnradfabrik Friedrichshafen AG). *1* Synchronring, *2* Druckstück, *3* Kupplungskörper, *4* Synchronkörper, *5* Schiebemuffe. A Leerlaufstellung, B Sperrstellung, C Eingeschaltet

Angenommen, die Schiebemuffe *5* soll nach rechts geschaltet werden. Am Anfang besteht eine Differenzdrehzahl zwischen der Welle und dem rechten Zahnrad, also auch zwischen dem Schaltmechanismus (Teile *1*, *2*, *4*, *5*) und dem Kupplungskörper *3*, der mit dem Zahnrad fest verbunden ist. Wird die Schiebemuffe *5* nach rechts verschoben, drückt sie über das Druckstück *2* den Synchronring *1* ebenfalls nach rechts, bis dieser mit dem Kupplungskörper *3* in Reibkontakt kommt. Der Synchronring wird in Richtung der Differenzdrehzahl mitgenommen, aber nur für einen kleinen Schwenkwinkel, dann ist er an einem Anschlag, der am Synchronkörper *4* vorhanden ist. Damit ist die Stellung B erreicht. Die Schiebemuffe *5* kann in die gewünschte Schaltrichtung nicht durchgeschoben werden, weil ihr der Synchronring den Weg sperrt. In dieser Phase gleicht die kegelige Reibpaarung der Teile *1* und *3* die Drehzahl von Welle und Zahnrad an. Die Schaltkraft an der Schiebemuffe hält weiterhin an, die Differenzdrehzahl geht gegen Null. Dann kommt der Augenblick, in dem sich über die schrägen Flächen an den Verzahnungen die Kräfte der Betätigung und Sperrwirkung aufheben. Nun kann die Schiebemuffe *5* mit ihrer Verzahnung in die Schaltverzahnung des Kupplungskörpers *3* ohne Ratschen einrasten. Der Schaltvorgang ist beendet, Stellung C.

Der Kegelwinkel beträgt an den Synchronisierungen zumeist 6,5°. Als Werkstoff wird für den Synchronring teilweise Messing-Knetlegierung verwendet, gegen Stahl in der Reibpaarung. Weiterhin wird auch die Reibpaarung Stahl gehärtet gegen Molybdän häufig angewendet. Das Molybdän ist auf einen Stahlträger aufgespritzt.

## 11.3 Magnetpulverkupplungen

Der Reibvorgang tritt in vielen Varianten bei der Bewegung von Bauteilen unterschiedlicher Form und Größe zutage. In der Technik von reibschlüssigen Kupplungen wird auch die Übertragungsfähigkeit magnetisierbarer Pulver angewendet. Das Produkt ist am Markt unter der technischen Bezeichnung Magnetpulververkupplung. Eine schematische Skizze zeigt Bild 11.7.

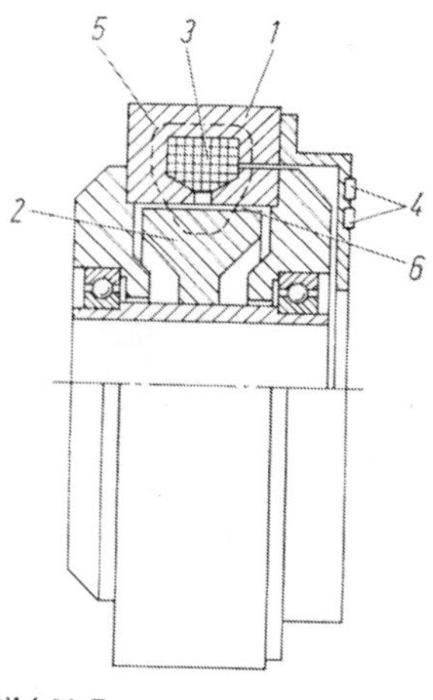

Bild 11.7

Bild 11.8

Bild 11.7. Schema einer Magnetpulverkupplung. Nach [18]. *1* Rotor 1, *2* Rotor 2, *3* Magnetspule, *4* Schleifringe, *5* Magnetfluß, *6* Luftspalt
Bild 11.8. Kennlinie einer Magnetpulverkupplung. Nach [55]

Die Magnetspule *3* ist in einem Rotor *1* befestigt. Sie wird über Schleifringe *4* mit Strom versorgt und erzeugt ein Magnetfeld *5*. Der Rotor *1* ist über Lager auf dem Rotor *2* geführt. In den Hohlraum der zwischen den Rotoren *1* und *2* entsteht, wird magnetisierbares feines Pulver eingebracht. Es gelangt auch in den Luftspalt *6*. Für das Magnetfeld *5* bildet dieses Pulver im Luftspalt eine Brücke, der Magnetkreis ist geschlossen.

Der Magnetismus führt das Pulver zu einer kompakten aber fließfähigen Masse zusammen. Zu jeder Stromstärke (Stärke des Magnetfeldes) gibt es ein Drehmoment bis zu dem das Pulver Kräfte relativ in Ruhe übertragen kann; danach werden sie mit Gleitbewegungen der Pulverteile aneinander weitergeleitet. Das Beispiel einer Drehmomentkennlinie über dem Spulenstrom zeigt Bild 11.8. Mit der Stromstärke kann ein bestimmtes Drehmoment eingestellt werden. Ein höheres Drehmoment bringt die Kupplung zum Rutschen.

Der Anwendungsbereich dieser Kupplung ist dort, wo weich angefahren, Überlasten abgesichert oder Spannungen/Kräfte geregelt werden sollen. Bei Schlupf gilt auch in diesem System Gl. (2.3.1). Die zulässige Schlupfleistung ist deshalb ebenfalls eine Frage der möglichen Wärmeabfuhr.

Praktische Erfahrungen weisen auf Veränderungen des Pulvers hin. Hohe Zeitanteile von Schlupf verändern Größe und Struktur des Pulvers, die Kupplung bekommt ein unterschiedliches Betriebsverhalten gegenüber dem Neuzustand.

# Literaturverzeichnis


1. Baule, G.: Papier-Reibbelag für Lamellenkupplungen. Antriebstechnik 7 (1968) 373–376
2. Bausch, E.: Grenzen der Schaltarbeit an Reibelementen von Kupplungen und Bremsen. Antriebstechnik 18 (1979) 367–370
3. Basedow, G.: Berechnung der Rutschzeit von Anlaufkupplungen bei veränderlichem Lastmoment. Antriebstech. 11 (1972) 98–100
4. Beisel, W.: Untersuchungen zum Betriebsverhalten naßlaufender Lamellenkupplungen. Diss. Techn. Univ. Berlin 1983
5. Bohmhammel, H.: Entwicklung von Reibbelägen für Kupplungen und Bremsen. Gummi, Asbest, Kunststoffe 1973: 924–930; 1063–1072. 1974: 34–38; 183–185; 370–372; 524–528; 738–742; 926–934
6. Duminy: Beurteilung des Betriebsverhaltens schaltbarer Reibkupplungen. Diss. Techn. Univ. Berlin 1979
7. Gemeinholzer, G.: Ölgekühlte Lamellenkupplungen. Sonderdruck aus „Werkst. u. Betr.", Jahrg. 1971. Information der Fa. Hoerbiger & Co., Schongau
8. Görlich, D.: Theoretische Untersuchungen der Schwingungsvorgänge beim Schalten von Reibungskupplungen. Diss. Univ. Karlsruhe 1968
9. Harmuth, H.: Hauptkupplungen im Kraftfahrzeug. VDI-Ber. 73 (1963) 123–129
10. Harmuth, H.: Kupplungen. In: Automobiltechnisches Handbuch, 18. Aufl., S. 345–388, Berlin: Techn. Verl. Cram 1966
11. Harmuth, H.: Die Kupplung als Konstruktionselement im Automobil. Automobil-Revue, 63 (1968) Nr. 49, S. 35–50; H. 50, S. 35–43
12. Hasselgruber, H.: Die Berechnung der Temperaturen an Reibungskupplungen. Diss. Techn. Hochsch. Aachen 1953
13. Hasselgruber, H.: Temperaturberechnungen für mechanische Reibkupplungen. Schriftenreihe Antriebstechnik Bd. 21, 1959
14. Kaebernick, H.: Verteilung des Kühlöls im Lamellenpaket von ölgekühlten Kupplungen. Ind.-Anz. 96 (1974) 2382–2383
15. Kaebernick, H.: Untersuchung zur Ölströmung im Lamellenspalt einer ölgekühlten Kupplung. Z. wirtsch. Fertig. 69 (1974) 369–371
16. Kaebernick, H.: Zulässige Wärmebelastung von ölgekühlten Lamellenkupplungen. Z. wirtsch. Fertig. 70 (1975) 126–130
17. Kollmann, K.: Das Verhalten von Reibkupplungen. Tech. Mitt. 51. Jahrg., S. 349–356
18. Köhne/Ogrodowski: Die Magnetpulverkupplung, Funktion und Anwendung. Digest angew. Antriebstech. 4 (1976) Nr. 11, S. 27
19. Köck, W.: Moderne Kraftfahrzeug-Kupplungen. Antriebstech. 14 (1975) 689–693, 15 (1976) 75–78
20. Kraus, H.: Entwicklungstendenzen heutiger Kraftfahrzeugkupplungen. Automobiltech. Z., 71 (1969) Nr. 9
21. Krüger, H.: Das Reibungsverhalten der nassen Lamellenkupplung. Konstr. 17 (1965) 54–60
22. Krüger, H.: Das Temperaturverhalten der nassen Lamellenkupplung. Konstr. 17 (1965) 93–99
23. Lauster, E.; Staberoh, U.: Wärmetechnische Berechnungen bei Lamellenkupplungen. VDI-Z. 115 (1973) 122–126

24. Lebedeu, Bykova, Luck: Zur Theorie der Lamellen-Schaltkupplungen. Maschinenbautech. 30 (1981) 215–221
25. Muhr, K.-H.; Niepage, P.: Zur Berechnung von Tellerfedern mit rechteckigem Querschnitt und Auflageflächen. Konstr. 18 (1966) 24–27
26. Niemann, G.; Ehrlenspiel, K.: Anlaufreibung und Stick-Slip bei Gleitpaarungen. VDI-Z. 105 (1963) 221–233
27. Pahl, G.: Schaltvorgang an reibschlüssigen Kupplungen. Vorlesungsmanuskript. Techn. Hochsch. Darmstadt 1984
28. Pahl, G.: Förderung der Kreativität im Grundlagenfach Maschinenelemente durch methodisches Konstruieren. Konstr. 34 (1982) 316–318
29. Pokorny, J.: Untersuchung der Reibungsvorgänge in Kupplungen mit Reibscheiben aus Stahl und Sintermetall. Diss. Techn. Hochsch. Stuttgart 1960
30. Recknagel: Physik: Mechanik, 9. Aufl. Berlin: Verl. Technik
31. Rückert, H.: Dimensionierung von Reibkupplungen nach der zulässigen Wärmebelastung. Antriebstech. 13 (1974) 673–678
32. Sebulke, J.: Wärmetechnische Auslegung von Trockenreibungs- und Rutschkupplungen. Antriebstech. 20 (1981) 376–382
33. Schalitz, A.: Kupplungs-Atlas, 4. Aufl. Ludwigsburg: Verl. Thum
34. Schach, W.: Kenngrößen und Berechnung von Lamellenkupplungen. Antriebstech. 3 (1964) 222–228
35. Schneider, R.: Auslegung von Magneten. Unveröffentl. Information der Zahnradfabrik Friedrichshafen AG.
36. Schramm, D.: Reibelemente für die Industrie. Antriebstech. 21 (1982) 620–625
37. Schultz/Grunow: Hütte I, 28. Aufl., S. 793. Berlin: Ernst & Sohn
38. Seybold, H.: Ein Verfahren zur Ermittlung der Auslegung einer Kraftfahrzeug-Schaltkupplung. Automobiltech. Z. 83 (1981) 355–358
Berechnungsbericht Nr. EF-1 1/79. Bayerische Motorenwerke, München
39. Steinhilper, W.: Der Kraftfluß in unter Last geschalteten Lamellenkupplungen und das übertragbare Drehmoment. Konstr. 19 (1967) 262–267
40. Steinhilper, W.: Der zeitliche Temperaturverlauf in Reibungsbremsen und Reibungskupplungen beim Schaltvorgang. Diss. Tech. Hochsch. Karlsruhe 1962
41. Stribeck, R.: Die wesentlichen Eigenschaften der Gleit- und Rollenlager. Z. VDI 46 (1902) 1341
42. Stübner/Rüggen: Kupplungen, Einsatz und Berechnung. München: Hanser 1961
43. Tomm, D.; Tebbe, G.: Einfluß der Kupplung auf die durch Schwingungen im Antriebsstrang von Kraftfahrzeugen verursachten Geräusche in Handschaltgetrieben. VDI-Ber. Nr. 456 (1982)
44. Vogelpohl, G.: Die Stribeck-Kurve als Kennzeichen des allgemeinen Reibungsverhaltens geschmierter Gleitflächen. VDI-Z. 96 (1954) 261–268
45. Völker, U.; Gade, U.: Herstellung, Eigenschaften und Einsatzmöglichkeiten gesinterter Reibwerkstoffe. Antriebstech. 7 (1968) Nr. 2
46. Winkelmann, S.: VDI-Ber. 299 (1977) 63–70
47. Interner Versuchsbericht der Zahnradfabrik Friedrichshafen AG
48. Das Motoren ABC. Druckschrift der Siemens AG
49. Grundlagen Pneumatik. Druckschrift 7500128.05.09.81 VDH der Herion KG, Fellbach
50. Konstruktions-Tips 2. Druckschrift der MIBA Gleitlager AG, Vorchdorf
51. Technische Unterlagen der Rich. Klinger AG, Gumpoldskirchen
52. Technische Unterlagen der Jurid-Werke GmbH, Reinbeck
53. Technische Unterlagen der Hoerbiger & Co. KG, Schongau
54. Technische Unterlagen der Raybestos-Manhattan GmbH & Co., Radevormwald
55. Technische Unterlagen der Maschinenfabrik Hans Lenze KG, Extertal
56. FVA-Arbeitsblatt zum Forschungsvorhaben Nr. 53, Stand Dez. 1982. Forschungsvereinigung Antriebstechnik, Frankfurt
57. Das Fachwissen des Ingenieurs, Bd. 4, S. 64. Leipzig: Fachbuchverlag 1968
58. Großes Handbuch der Mathematik. Köln: Buch und Zeit Verl. 1967

59. VDI-Richtlinie 2241, Blatt 1: Schaltbare fremdbetätigte Reibkupplungen und -bremsen, Begriffe, Bauarten, Kennwerte, Berechnungen. Berlin, Köln: Beuth 1982
60. VDI-Richtlinie 2241, Blatt 2: Schaltbare fremdbetätigte Reibkupplungen und -bremsen, systembezogene Eigenschaften, Auswahlkriterien. Berlin, Köln: Beuth 1984
61. VDI-Ber. 73 (1963)
62. VDI-Richtlinie 2240: Wellenkupplungen. Systematische Einteilung nach ihren Eigenschaften. Berlin, Köln: Beuth 1971
63. VDE 0580/10.70: Bestimmungen für elektromagnetische Geräte. Berlin: VDE-Verl.

# Sachverzeichnis